煤矿全员素质提升丛书

意见·硬措施·条例
——煤矿职工专项培训教材

本书编写组 编

应急管理出版社
·北 京·

图书在版编目（CIP）数据

意见·硬措施·条例：煤矿职工专项培训教材/本书编写组编.
--北京：应急管理出版社，2024（2024.5 重印）
（煤矿全员素质提升丛书）
ISBN 978-7-5237-0485-1

Ⅰ.①意… Ⅱ.①本… Ⅲ.①煤矿—矿山安全—安全培训—教材 Ⅳ.①TD7

中国国家版本馆 CIP 数据核字（2024）第 045240 号

意见·硬措施·条例——煤矿职工专项培训教材
（煤矿全员素质提升丛书）

编　　者　本书编写组
责任编辑　成联君　尹燕华
责任校对　孔青青
封面设计　解雅欣

出版发行　应急管理出版社（北京市朝阳区芍药居 35 号　100029）
电　　话　010-84657898（总编室）　010-84657880（读者服务部）
网　　址　www.cciph.com.cn
印　　刷　天津嘉恒印务有限公司
经　　销　全国新华书店

开　　本　710mm×1000mm $^{1}/_{16}$　**印张**　$20^{3}/_{4}$　**字数**　388 千字
版　　次　2024 年 3 月第 1 版　2024 年 5 月第 2 次印刷
社内编号　20240170　　**定价**　78.00 元

本书编写组

主　编：宁尚根

副主编：袁新军　侯凯凯　宁昭曦　黄翔宇　郭　玉
魏世忠　杨　智　王成帅　王铭荷　武　帅

编　写：张宗平　闫俊丽　张腾飞　杨　雷　叶　波
梁院生　宁洪进　隋　杨　卢晓曼　唐小芸
张昌进　张广华　朱　波　徐燕春　彭　丽

主　审：魏乐平　张　振

前　言

党中央、国务院高度重视矿山安全生产工作，始终把矿山作为安全生产工作的重中之重。党的十八大以来，习近平总书记多次对矿山安全生产工作作出重要指示批示，充分彰显了大国领袖时刻把人民安危放在心上的深厚为民情怀，为做好矿山安全生产工作提供了根本遵循和行动指南。2018 年党和国家机构改革，应急管理部成立，2020 年依托煤矿安全监察体制、整合非煤矿山安全监管职能，将国家煤矿安全监察局更名为国家矿山安全监察局，“国家监察、地方监管、企业负责”的矿山安全监管监察体制进一步完善，为做好新时代矿山安全生产工作提供了体制保障。

矿山安全生产事关人民群众生命财产安全，事关经济发展和社会稳定大局，是安全生产的重中之重。为深入贯彻落实党的二十大精神和习近平总书记重要指示批示精神，经党中央、国务院同意，中共中央办公厅、国务院办公厅印发了《关于进一步加强矿山安全生产工作的意见》（以下简称《意见》）。为坚决防范遏制矿山领域重特大生产安全事故，按照国务院常务会议和全国安全生产电视电话会议部署，针对当前矿山安全存在的突出问题，国务院安委会出台了《关于防范遏制矿山领域重特大生产安全事故的硬措施》（以下简称《硬措施》）。为了加强煤矿安全生产工作，防止和减少煤矿生产安全事故，保障人民群众生命财产安全，推动矿山安全生产工作高质量发展，促进煤矿安全生产形势稳定好转，国务院颁布了《煤矿安全生产条例》（以下简称《条例》)。

本教材根据《国务院安委会办公室关于学习宣传贯彻〈中共中央办公厅 国务院办公厅关于进一步加强矿山安全生产工作的意见〉的通知》《国家矿山安全监察局关于深入学习宣传贯彻〈国务院安委会关于防范遏制矿山领域重特大生产安全事故的硬措施〉的通知》《应急管理部 国家矿山安全监察局关于贯彻落实〈煤矿安全生产条例〉的通知》要求，根据《意见》《硬措施》《条例》具体条文内容，组织有关专家、学者和安全培训教师编写。

本教材是全国第一本《意见》《硬措施》《条例》三合一培训教材，主要包括《意见》《硬措施》《条例》出台的背景和意义、条文理解、贯彻落实等内容。本教材力求做到三者内容融会贯通，内容朴实，同时又列举了近年来的事故案例分析，精心编摘学习要点，全面吸收、融汇了《意见》《硬措施》《条例》出台的重要意义、特点和创新点、原文学习要点，具有一定的权威性、先进性、科学性、实用性和可操作性，同时配套PPT培训课件和考试试题以方便煤炭企业学习培训使用。

本教材适用于煤矿“五职”矿长、“五科”技术人员和煤矿全体从业人员深入认识和了解《意见》《硬措施》《条例》的有关要求，同时也可供矿山安全监管监察人员、矿山安全培训机构和有关院校师生参考。

由于时间仓促，缺乏经验，教材难免有不妥之处，恳请各位读者提出宝贵意见和建议。

本书编写组

2024年3月

目　录

中共中央办公厅　国务院办公厅关于进一步加强矿山安全生产工作的意见／1

第一章　背景和意义／3
第二章　条文理解／8
第三章　贯彻落实／73

关于防范遏制矿山领域重特大生产安全事故的硬措施／77

第一章　背景和意义／79
第二章　条文理解／83
第三章　贯彻落实／104

煤矿安全生产条例／107

第一章　背景和意义／109
第二章　条文理解／119
第三章　贯彻落实／305

附录／307

附录一　《意见》考试试卷／309
附录二　《硬措施》考试试卷／313
附录三　《条例》考试试卷／317

中共中央办公厅　国务院办公厅关于进一步加强矿山安全生产工作的意见

2023 年 9 月 6 日，《中共中央办公厅　国务院办公厅关于进一步加强矿山安全生产工作的意见》（厅字〔2023〕21 号）发布，这是新中国成立以来第一个经党中央、国务院同意印发的矿山安全生产领域的纲领性文件。《意见》共 7 部分 24 项重要举措。

PPT 课件

第一章

背 景 和 意 义

学习要点

要点 1 ☞ 出台的背景

矿山安全生产事关人民群众生命财产安全，事关经济发展和社会稳定大局，是安全生产的重中之重。近年来，在党中央、国务院高度重视下，在地方各级党委政府、各有关部门和矿山企业共同努力下，在社会各界大力支持下，全国矿山安全生产形势总体稳定。但同时也出现了一些新情况、新问题，迫切需要出台一个与新形势、新体制、新任务、新要求相适应，引领当前和今后一个时期全国矿山安全生产工作高质量发展的指导性文件。

党的十八大以来，习近平总书记多次对矿山安全生产作出重要指示批示，为做好新时代矿山安全生产提供了根本遵循和行动指南。

《意见》在 2013 年国务院办公厅印发的《关于进一步加强煤矿安全生产工作的意见》，以及 2022 年国家矿山安全监察局印发的《关于加强非煤矿山安全生产工作的指导意见》的基础上，结合煤矿和非煤矿山的相关规定起草编写。

2021 年 7 月，在矿山安全生产专项督导、开展专题研究等工作基础上，应急管理部、国家矿山安全监察局牵头成立起草组，组织业务骨干起草了《关于进一步加强矿山安全生产工作的意见（代拟稿）》，征求了 31 个地方党委政府和新疆生产建设兵团、26 个中央和国家机关有关部门、78 家省级矿山安全监管监察和行业管理部门、23 家企业和行业协会意见，开展了专家评审、合法性审查、与宏观政策取向一致性评估等工作，历经多次修改，形成送审稿。2023 年 8 月 25 日，经党中央、国务院同意，中共中央办公厅、国务院办公厅印发了《关于进一步加强矿山安全生产工作的意见》。

《意见》起草始终坚持以习近平新时代中国特色社会主义思想为指导，深入贯彻党的二十大精神，坚持统筹发展和安全，坚持人民至上、生命至上，完善和落实“国家监察、地方监管、企业负责”的矿山安全监管监察体制，强化系统治理、依法治理、综合治理、源头治理，着力推进安全生产责任落实，着力推动产业结构优化升级，着力夯实安全生产基层基础，着力提升安全生产法治水平，着力防范化解重大安全风险，推动矿山实现更高质量、更有效率、更可持续、更为安全的发展，为全面建设社会主义现代化国家营造良好安全生产环境。

要点 2 ☞ 主要内容

《意见》深入贯彻党的二十大精神，坚持人民至上、生命至上，统筹发展和安全，分为 7 个部分：第一至第六部分是重点任务，从严格矿山安全准入、推进矿山转型升级、防范化解重大安全风险、强化企业主体责任、落实地方党政领导责任和部门监管监察责任、推进矿山安全依法治理等 6 个方面作出针对性部署安排。第七部分是强化组织实施，针对加强组织领导、研究配套政策、加强资金保障、建立协调机制、强化责任追究等提出具体工作要求。

要点 3 ☞《意见》的特点

《意见》显著的特点就是“务实”。突出了从源头上把关，有效避免规划上、设计上、建设上的先天缺陷；体现了前瞻性思考、全局性谋划、整体性推进矿山安全生产工作，既统筹政府和企业、煤矿和非煤，又注重立足当前、着眼长远，标本兼治、综合施策；总结了煤矿安全生产方面积累的成功经验，拓展到非煤矿山，推动非煤矿山做大做强、提质增效，整体提升办矿水平。

《意见》具有以下鲜明特点：

一是坚持人民至上，始终把保护矿工生命安全作为出发点和落脚点，条条举措都是“红线意识”的细化、实化、具体化，着力提升矿工的获得感、幸福感、安全感。

二是坚持守正创新，总结推广近些年来煤矿安全工作经验和基层创造的行之有效做法，固化拓展安全生产专项整治三年行动制度性成果，同时敢于突破和创新，提出了一系列创新举措，着力以新安全格局保障新发展格局。

三是坚持问题导向，直奔主题、直面问题，什么问题突出就解决什么问题，既从体制、法制、机制等方面作出了一系列部署，又从党委政府、部门、企业等层面提出一系列要求，着力推动实现“两个根本”。

四是坚持系统观念，立足于前瞻性思考、全局性谋划、整体性推进矿山安全生产工作，统筹政府与企业、煤矿与非煤、当前与长远、治标与治本，对“人、机、环、管”各个重点环节作出了全方位、全过程的制度性安排，着力推动矿山向本质安全迈进。

要点4 ☞《意见》的重要作用

《意见》以习近平新时代中国特色社会主义思想为指导，深入贯彻党的二十大精神，坚持统筹发展和安全，坚持人民至上、生命至上，既注重守正和创新相结合，认真总结近年来成熟经验和好的做法，又注重问题导向和目标导向相统一，着力从根本上消除事故隐患、从根本上解决问题，提出了一系列加强和改进矿山安全生产工作的重大任务和措施举措，对进一步推动我国矿山安全治理模式向事前预防转型、确保矿山安全高质量发展具有十分重要的作用。

要点5 ☞《意见》的重要意义

《意见》充分体现了以习近平同志为核心的党中央对矿山安全生产工作的高度重视，是新体制新机制下做好矿山安全生产工作的基本遵循，具有重大现实意义和深远历史意义。为做好当前和今后一个时期矿山安全生产工作指明了方向和路径，对推动矿山行业安全发展、高质量发展具有里程碑意义。

1.《意见》出台是贯彻落实习近平总书记关于安全生产重要指示精神的迫切需要

《意见》是新中国成立以来第一个经党中央、国务院同意印发的矿山安全生产领域纲领性文件，是习近平总书记重要指示批示精神的内化、深化、转化，贯穿了“两个至上”的价值导向、“红线意识”的政治要求、“两件大事”的辩证关系和“两个根本”的实现路径，提出了一系列加强矿山安全生产工作的治本之策。各级地方党委政府、各有关部门和矿山企业要切实增强政治自觉、思想自觉和行动自觉，深刻认识到抓好《意见》贯彻落实，既是坚定拥护“两个确立”、坚决做到“两个维护”的政治要求，也是推动矿山安全生产事业发展进步的实践要求。

2.《意见》出台是加快推进矿山安全治理模式向事前预防转型的迫切需要

党的二十大报告提出：“坚持安全第一、预防为主，建立大安全大应急框架，完善公共安全体系，推动公共安全治理模式向事前预防转型。”实现向事前预防转型，必须强化源头管控、过程管控、常态管控、工程管控，把安全风险管控挺在隐患前面、把隐患排查治理挺在事故前面。《意见》坚持立足于防，构建了“矿山安全准入、隐蔽致灾因素普查、重大灾害治理、重大隐患排查整治、安全基础提升、风险监测预警”等一整套、全过程风险动态管控工作机制，明确了矿山安全治理模式转型的科学方法和具体路径。各地区、各有关部门和矿山企业要清醒地认识到事前发力再被动也是主动、事后发力再主动也是被动，必须在狠抓预防上下硬功夫、真功夫、苦功夫，切实推动安全生产关口前移，真正做到未雨绸缪、防患于未然，真正把问题解决在萌芽之时、成灾之前。

3.《意见》出台是大力提升矿山安全治理效能的迫切需要

2020年9月，中共中央办公厅、国务院办公厅印发的《国家矿山安全监察局职能配置、内设机构和人员编制规定》明确提出，要进一步完善“国家监察、地方监管、企业负责”的矿山安全监管监察体制。当前，国家监察督政职能发挥不充分，地方监管执法效能不高，企业负责的内生动力不足等问题，仍不同程度存在。《意见》立足转变治理理念、完善治理体系、提高治理能力、增强治理效能，坚持和强调了源头治理、系统治理、综合治理、依法治理，进一步明确了国家监察和地方监管职责定位，重申了“三管三必须”要求，强化了企业主体责任，为大力提升矿山安全治理效能提供了制度保障。

4.《意见》出台是压紧压实矿山安全各方责任的迫切需要

责任制是安全生产的核心和灵魂。几乎每一起重特大事故都暴露出各方责任不落实的问题。如，内蒙古阿拉善新井露天煤矿“2·22”特别重大坍塌事故、陕西延安新泰煤矿“8·21”重大瓦斯爆炸事故，都凸显企业违法蛮干、监管部门不严不实、地方党委政府失管失察等问题。可以说，安全生产最大的隐患就是责任不落实。《意见》共7个部分，其中有2个部分专门讲责任，既对企业主体责任提出了新要求，也对地方党政领导责任进行了明确细化，强调要强化安全监督检查，建立责任倒查机制，构建了一条完整的矿山安全生产责任链，为推动矿山安全责任进一步落实提供了深化措施。大家要知轻重、晓利害，守土有责、守土负责、守土尽责，同时发力、同向发力、综合发力，共同筑牢矿山安全“挡水坝”“防火墙”。

5.《意见》出台是不断推进矿山行业高质量发展的迫切需要

党的二十大报告指出：“高质量发展是全面建设社会主义现代化国家的首要任务。”矿业处于产业链的最前端，在国民经济中占有重要的基础性、支撑性、保障性地位，在推动高质量发展中具有举足轻重的作用。当前，全国矿山总数约36万座，其中非煤矿山32万座，中小型非煤矿山占比达86%，“小、散、差”的状况没有根本改变，低水平、粗放式的矿业开发模式不仅难以保障矿产品有效供应，而且还会造成资源浪费、环境破坏、事件频发。因此，《意见》前两部分就是严格准入和转型升级，对灾害严重煤矿准入、非煤矿山源头管控、关闭退出、整合重组、升级改造提出了具体要求。我们要抓住政策机遇期，该严格准入的决不放松条件，该淘汰退出的积极引导，该整合重组的大力推动，该升级改造的主动谋划实施，推动矿山行业实现更高质量、更有效率、更加公平、更可持续、更为安全的发展。

我们要深刻认识《意见》出台的重大意义，自觉把思想和行动统一到习近平总书记重要指示批示精神和党中央、国务院重大决策部署上来，切实增强抓好贯彻落实的思想自觉、政治自觉和行动自觉，把贯彻落实《意见》作为一项重大政治任务，动真碰硬、真抓实干，攻坚克难、善作善成，确保各项任务措施落地生根。

第二章

条　文　理　解

一、严格矿山安全生产准入

先天不足，后天难补。一个矿一旦投产就是几十年的生命周期，只有从源头上把好关，才能有效避免规划上、设计上、建设上的先天缺陷，才能有效降低安全风险。

> （一）严格灾害严重煤矿安全准入。停止新建产能低于 90 万吨/年的煤与瓦斯突出、冲击地压、水文地质类型极复杂的煤矿。新建煤与瓦斯突出、冲击地压、水文地质类型极复杂的煤矿原则上应按采煤、掘进智能化设计。

学习要点

严格高危行业领域安全准入条件，能有效避免规划、设计、建设等方面的先天缺陷，是源头防控事故的重要举措。本条明确了煤与瓦斯突出、冲击地压、水文地质类型极复杂等 3 类灾害严重煤矿的准入限制条件。

要点 1 ☞ 灾害严重煤矿

灾害严重煤矿是指高瓦斯矿井、煤（岩）与瓦斯（二氧化碳）突出矿井、水文地质类型复杂或极复杂矿井、冲击地压矿井 4 类煤矿。

我国煤矿灾害严重，极易发生重特大事故，新中国成立以来发生的 25 起煤矿百人矿难中，有 21 起是瓦斯和水害事故。《意见》第一条就对灾害严重煤矿准入提出要求。

严格 3 类灾害严重煤矿安全准入的主要原因：

（1）治灾难度大。瓦斯、水害、冲击地压等一直是威胁煤矿安全的重大灾害，是引发煤矿重特大事故的主要风险。特别是当前煤与瓦斯突出、冲击地压等灾害机理不明，防治难度大，对这类矿井有必要设立更高的安全准入条件。

（2）保障安全投入。煤与瓦斯突出、冲击地压、水文地质类型极复杂等煤矿的重大灾害防治是系统工程，需要大量的资金投入、先进的技术装备、专业的技术人才、高素质的施工队伍和高水平的管理能力，规模小的煤矿难以保障足够的资金和技术力量。灾害严重煤矿治灾成本较高，产能规模过小，难以形成规模效应，不仅影响企业安全生产投入和管理技术人才引进，难以具备足够的灾害治理能力，也容易导致一些企业灾害治理打折扣、违规超能力生产。

（3）保护资源环境。煤矿已经走上大型化、集约化、规模化发展道路，截至 2023 年初，煤矿平均单矿产能规模已达 132 万吨/年。集约化、规模化开采是煤矿发展大势所趋，对 3 类灾害严重矿井设定产能限制，有利于提升煤矿技术装备和安全管理水平，推进合理开采利用资源、保护生态环境，防止资源浪费。

（4）减少井下人员。灾害严重矿井因治灾需要，井下作业人员普遍较多，通过智能化建设能够减少井下作业人员数量，让尽可能少的从业人员暴露在采掘一线高风险的作业环境中，有利于实现从根本上防范遏制重特大事故。

在安全准入审查时，要将本条作为重要内容，严格把关、划出红线，采取有效措施防止一些煤矿企业利用假数据、假鉴定等手段或做纸面文章规避准入限制。

要点 2 ☞ 停止新建灾害严重煤矿规定

《意见》明确要求，停止新建产能低于 90 万吨/年的煤与瓦斯突出、冲击地压、水文地质类型极复杂的煤矿。这些煤矿产能规模过小，必然会严重影响企业安全投入和安全管理，极易发生重大人员伤亡事故。

本条从产能规模进行限制，其中对冲击地压、水文地质类型极复杂煤矿首次提出产能限制要求。

（1）国务院安全生产委员会《安全生产治本攻坚三年行动方案》矿山子方案规定：停止新建产能低于 90 万吨/年的煤与瓦斯突出、冲击地压、水文地质类型极复杂的煤矿。

（2）应急管理部、国家矿山安全监察局印发《“十四五”矿山安全生产规划》要求：严格煤矿安全准入。

① 停止审批山西、内蒙古、陕西新建和改扩建后产能低于 120 万吨/年的煤矿，宁夏新建和改扩建后产能低于 60 万吨/年的煤矿，其他地区新建和改扩建后产能低于 30 万吨/年的煤矿。

② 停止审批新建和改扩建后产能低于 90 万吨/年的煤与瓦斯突出煤矿。

③ 停止审批新建开采深度超 1000 米和改扩建开采深度超 1200 米的大中型及以上煤矿，新建和改扩建开采深度超 600 米的其他煤矿。

④ 停止审批新建和改扩建产能高于 500 万吨/年的煤与瓦斯突出煤矿，新建和改扩建产能高于 800 万吨/年的高瓦斯煤矿和冲击地压煤矿。

要点 3 ☞ 在建新建灾害严重煤矿规定

《意见》明确要求，新建煤与瓦斯突出、冲击地压、水文地质类型极复杂的煤矿原则上应按采煤掘进智能化设计，体现少人则安、无人则安理念。

本条从采掘设计进行限制，要求新建的 3 类煤矿原则上应按采煤、掘进智能化设计，考虑到煤矿智能化技术发展的成熟程度，对煤矿采煤、掘进环节智能化设计提出准入限制，是符合当前实际的。

（1）国务院安全生产委员会《安全生产治本攻坚三年行动方案》矿山子方案规定：

① 新建煤与瓦斯突出、冲击地压、水文地质类型极复杂的煤矿原则上应按采煤、掘进智能化设计。

② 提升矿山自动化、智能化水平。加快灾害严重、高海拔等矿山智能化建设，打造一批自动化、智能化标杆矿山。灾害严重矿井、发生较大及以上事故的矿山，必须进行智能化改造。

（2）应急管理部、国家矿山安全监察局印发《“十四五”矿山安全生产规划》要求：推动新建、改扩建矿井及大型煤矿、灾害严重煤矿实现智能化开采。

（二）严格非煤矿山源头管控。严格按照矿产资源规划、国土空间规划和用途管制要求，科学合理设置矿山。矿产资源勘查应达到规定程度，相邻矿山生产建设作业范围最小距离应满足相关安全规定，普通建筑用砂石露天矿山不得以山脊划界。除符合规定的情形外，新设采矿权范围不得与已设采矿权垂直投影范围重叠，可集中开发的同一矿体不得设立 2 个以上采矿权。采矿许可证证载规模是拟建设规模，矿山设计单位可在项目可行性研究基础上，充分考虑资源高效利用、安全生产、生态环境保护等因素，在矿山初步设计和安全设施设计中科学论证并确定实际生产建设规模，矿山企业应当严格按照经审查批准的安全设施设计建设、生产。

（三）规范安全生产行政许可。煤矿、金属非金属地下矿山、尾矿库等矿山的安全设施设计审查和安全生产许可证审批由省级以上矿山安全监管部门负责，不得下放或者委托。矿山安全监管部门应当制定矿山建设项目安全设施设计审查规范，严格实质内容审查，不得仅对程序和形式进行审查。矿山开发没有进行一次性总体设计的，原则上不得审批安全设施设计。1 个采矿权范围内原则上只能设置 1 个生产系统。审批首次申请安全生产许可证的，应进行现场核查。

学习要点

矿山安全生产事关人民群众生命安全，相关行政许可事项必须依法严格规范管理。本条从审批权限、审查形式、审批条件等方面对矿山安全生产行政许可提出具体要求。

要点 1 ☞ 审批权限不得层层下放

《意见》明确要求，煤矿的安全设施设计审查和安全生产许可证审批由省级以上矿山安全监管部门负责，不得下放或委托。

近年来，由于安全生产行政许可审批无序下放、把关不严，造成矿山安全生产条件先天不足，直接或间接埋下事故隐患，诱发矿山生产安全事故屡见不鲜。比如，2022 年贵州三河顺勋煤矿“2・25”重大顶板事故、利民煤矿“3・2”较大瓦斯瞒报事故等，就暴露出安全生产许可审批层层下放、层层放水等问题。

目前，煤矿安全生产许可证审批由省级矿山安全监管部门负责，煤矿安全设施设计审查由省级煤矿安全监管部门负责，不得向市、县级层层下放或委托。主要原因是：

（1）压实审批责任。安全生产行政审批事项事关广大矿工生命安全，国务院多次强调，对直接涉及公共安全和人民群众生命健康等特殊重点领域，“放管服”一定要慎重，不能为了下放而下放，更不能为了怕承担责任而下放，造成源头失守。

（2）确保审查质量。矿山安全生产审查审批是一项技术性较强的工作，省级以上监管部门在调动专业力量和专家资源方面有着明显优势，有利于提升技术审查质量。

（3）有利公平公正。省级以上监管部门开展行政许可审批审查工作，受到的地方保护主义干扰相对较少，能够更为公平公正地开展审批审查。

（4）有利基层减负。落实国家关于加强基层安全监管执法的相关要求，让基层监管部门更专注于检查执法工作。

严把安全准入关，既不能搞“带病”审批、容缺后补，又不能层层下放、放而不管，造成源头失守、恶性循环。今后一旦出大事故，要对准入把关进行倒查，对失职渎职的进行严肃追责。

要点 2 ☞ 审查形式必须实质审查

一方面，《意见》要求矿山安全监管部门要制定矿山建设项目安全设施设计审查规范。目前，煤矿领域已有相应审查规范标准，金属非金属矿山、尾矿库已有安全设施设计和施工验收报告编制大纲，下一步随着条件成熟也将分行业领域出台相应规范。

另一方面，《意见》对审查形式提出了更高要求，要求审查必须要组织专业人员对其进行技术性实质审查，不得仅对程序和形式进行审查，首次申请安全生产许可证的，还要进行现场核查。

煤矿属于高危行业，对其安全生产条件必须严格把关，特别是首次申请安全生产许可证的企业，必须赴现场进行核查，防止企业不按设计建设施工，先天埋下事故隐患。审查安全设施设计时，必须严格实质内容审查，该现场核查的必须去现场，发现没有进行一次性总体设计的、1 个矿权范围内有多个生产系统的原则上不得审批，特殊情况必须进行论证。

在实质审查和现场核查过程中，煤矿企业不得以假图纸、假资料应付审查。

要点 3 ☞ 煤矿开发必须整体规划设计

《意见》要求，新建、改扩建矿山开发没有进行一次性总体设计的，原则上不得审批安全设施设计。所称一次性总体设计包括初步设计和安全设施设计。要求 1 个采矿权范围内原则上只能设置 1 个生产系统。所称 1 个生产系统是指具有相对独立的采掘生产系统及通风、运输（提升）、供配电、防排水等辅助系统的作业单位。

实践中有的煤矿企业为减少前期资金投入或者尽早产生经济效益，人为将矿山进行分期设计、分期建设，有的煤矿企业对一个采矿许可证的矿产资源随意设置多个生产系统，缺乏整体和长期的规划，导致前后设计衔接不畅、布局混乱、系统复杂，安全管理难度加大、安全风险加剧。

在新建、改扩建、资源整合矿山初步设计、安全设施设计审查过程中，要严格把关，发现没有一次性总体设计、1 个矿权设置多个生产系统的，不得审批，特殊情况应严格论证，由有关审批单位、人员和审查专家对审查结果终身负责。

要点 4 ☞ 煤矿安全设施设计审查

煤矿安全设施设计审查由省级以上矿山安全监管部门负责，不得下放或者委托。《条例》第四十一条规定，省、自治区、直辖市人民政府负有煤矿安全生产监督管理职责的部门审查煤矿建设项目安全设施设计，应当自受理之日起 30 日内审查完毕，签署同意或者不同意的意见，并书面答复。

煤矿建设项目没有安全设施设计或者安全设施设计未按照规定报经有关部门审查同意的，依照《中华人民共和国安全生产法》第九十八条规定规定予以处罚：

（1）责令停止建设或者停产停业整顿，限期改正，并处十万元以上五十万元以下的罚款，对其直接负责的主管人员和其他直接责任人员处二万元以上五万元以下的罚款。

（2）逾期未改正的，处五十万元以上一百万元以下的罚款，对其直接负责的主管人员和其他直接责任人员处五万元以上十万元以下的罚款。

（3）构成犯罪的，依照刑法有关规定追究刑事责任。

要点5 ☞ 煤矿安全生产许可证审批

按照“先取证后生产”原则实施准入管理，明确煤矿企业进行生产前，应当依照《安全生产许可证条例》《煤矿企业安全生产许可证实施办法》规定的条件取得安全生产许可证。煤矿企业应当以矿（井）为单位，依照规定取得安全生产许可证。

《煤矿企业安全生产许可证实施办法》第十四条规定，对已经受理的申请，安全生产许可证颁发管理机关应当指派有关人员对申请材料进行审查；对申请材料实质内容存在疑问，认为需要到现场核查的，应当到现场进行核查。

《条例》第六十一条规定，未依法取得安全生产许可证等擅自进行煤矿生产的，应当责令立即停止生产，没收违法所得和开采出的煤炭以及采掘设备；违法所得在10万元以上的，并处违法所得2倍以上5倍以下的罚款；没有违法所得或者违法所得不足10万元的，并处10万元以上20万元以下的罚款。

二、推进矿山转型升级

转型升级是实现矿山行业高质量发展的必然要求。煤炭行业的发展历程表明，如果没有产业结构的优化，就不会有安全生产形势持续稳定好转。煤矿曾经是重特大事故重灾区，新中国成立以来全国80余起百人事故，煤矿就占25起。

进入新世纪以来，国家持续推进煤矿整顿关闭、淘汰落后产能，煤矿数量由最高时的8万多处减少到目前的4300多处，事故遇难人数由最高时近7000人下降到2022年的245人。当前我国矿山特别是非煤矿山仍然存在“小、散、差”的问题，加快推进矿山转型升级已经迫在眉睫、刻不容缓。在总结经验和教训的基础上，《意见》提出，实施关闭退出、整合重组、改造升级“三个一批”措施。

（四）分类处置不具备安全生产条件的矿山。对未依法取得采矿许可证、安全生产许可证擅自从事矿产资源开采的，越界开采、以采代建、持勘查许可证采矿且拒不整改的，与煤共（伴）生金属非金属矿山经停产整顿仍达不到煤矿安全生产条件的，使用应当淘汰的危及生产安全的工艺、设备且拒不整改仍然生产建设的，或者经停产整顿仍不具备安全生产条件的矿山，依法予以关闭取缔。对长期停工停产、资源枯竭的矿山，灾害严重且难以有效防治的煤矿，积极引导退出。

学习要点

矿山作为高危行业，具备安全生产条件是最起码的底线。对不具备安全生产条件的矿山，必须依法关闭取缔、引导退出。推进不具备安全生产条件的矿山关闭退出，是防范遏制矿山事故、推进矿山高质量发展的重要举措。本条结合近年来矿山安全生产面临的突出问题，明确了关闭取缔、引导退出的有关情形。

要点 1 ☞ 关闭取缔存在重大违法违规行为的矿山

《意见》明确了无证非法盗采、越界开采、以采代建、以采代探、达不到条件拒不整改等 5 种关闭取缔情形，都是近年来矿山领域存在的重大非法违法行为，是关闭取缔的重点对象。确定 5 类关闭取缔对象，是深刻吸取近年来发生的矿山重特大事故教训，充分考虑上述行为的严重危害，为不法企业划定红线、明确底线，形成有力震慑。矿山安全监管监察部门在检查执法中，发现上述情形，要敢于斗争、毫不留情，严格执法标准，坚决提请地方人民政府予以关闭。

要点 2 ☞ 关闭取缔煤矿的有关规定

（1）《安全生产法》第一百一十三条规定，生产经营单位存在下列情形之一的，负有安全生产监督管理职责的部门应当提请地方人民政府予以关闭，有关部门应当依法吊销其有关证照：

① 存在重大事故隐患，一百八十日内三次或者一年内四次受到本法规定的行政处罚的。

② 经停产停业整顿，仍不具备法律、行政法规和国家标准或者行业标准规定的安全生产条件的。

③ 不具备法律、行政法规和国家标准或者行业标准规定的安全生产条件，

导致发生重大、特别重大生产安全事故的。

④ 拒不执行负有安全生产监督管理职责的部门作出的停产停业整顿决定的。

(2)《条例》第七十条规定，煤矿企业存在下列情形之一的，应当提请县级以上地方人民政府予以关闭：

① 未依法取得安全生产许可证等擅自进行生产的。

② 3 个月内 2 次或者 2 次以上发现有重大事故隐患仍然进行生产的。

③ 经地方人民政府组织的专家论证在现有技术条件下难以有效防治重大灾害的。

④ 有《中华人民共和国安全生产法》规定的应当提请关闭的其他情形。

(3)《意见》规定对 4 类煤矿依法予以关闭取缔：

① 对未依法取得采矿许可证、安全生产许可证擅自从事矿产资源开采的。

② 越界开采、以采代建、持勘查许可证采矿且拒不整改的。

③ 使用应当淘汰的危及生产安全的工艺、设备且拒不整改仍然生产建设的。

④ 经停产整顿仍不具备安全生产条件的。

要点 3 ☞ 引导退出煤矿有关规定

《意见》要求对长期停工停产、资源枯竭的煤矿，灾害严重且难以有效防治的煤矿，积极引导退出。

1. 关闭退出煤矿类型

(1) 长期停产停工的矿井。

(2) 未落实整改措施且已过期的矿井。

(3) 技术装备严重滞后、安全条件差，且无法整改达标的矿井。

(4) 煤炭资源枯竭，无法实现产业转型的矿井。

(5) 违规生产、安全事故频发等问题严重，拒不整改的矿井。

2. 关闭退出步骤

(1) 立即停止生产。

(2) 提出关闭退出申请，填写相关表格并提交给煤炭行政主管部门。

(3) 煤炭行政主管部门组织专家进行现场评估，审核符合关闭退出标准的矿井。

(4) 制定关闭退出方案。

(5) 向有关部门申请启动关闭退出预案。

(6) 拍卖或者变卖企业财产并进行清理处置。

(7) 安全、环保和人员安置等工作做好后，解除矿井开采许可证。

(8) 告知相关单位和当地群众关闭退出情况。

3. 引导政策支持

政策引导主动退出一批，通过煤炭产能置换、中央财政奖补资金支持等政策，以华北、西北、西南、“两湖一江”及黑龙江省为重点，引导资源条件差、竞争力弱、生态环境影响大的30万吨/年以下煤矿主动退出。在产能置换政策方面，鼓励地方组织企业集中交易退出产能指标，分类处置期间关闭退出的30万吨/年以下煤矿采取集中交易形式的，退出产能指标折算比例可在现有政策基础上提高20%。在中央财政奖补资金方面，2020年前关闭退出的30万吨/年以下煤矿，符合工业企业结构调整专项奖补资金支持条件的，可按有关程序和规定申领、使用专项奖补资金。

《“十四五”矿山安全生产规划》要求，采用综合法治化和市场化等方式，分类型、分期限、分措施推动落后产能淘汰退出，进一步加大落后煤矿淘汰力度，持续推进冲击地压、煤与瓦斯突出、水文地质类型复杂极复杂等灾害严重煤矿淘汰退出，引导长期停产停建、无法保证正常安全投入、非机械化开采的矿山，开采深度超过1200米的煤矿等有序退出。争取各级财政资金支持，采取“以奖代补”等形式，关闭达不到煤矿相关标准的煤矿。

（五）推进尾矿库闭库销号。对运行到设计最终标高、不再排尾作业、停用超过3年或者没有生产经营主体的尾矿库，应当及时闭库治理并销号。完成闭库治理的尾矿库，应由县级以上地方政府公告销号，不再作为尾矿库进行使用，不得重新用于排放尾矿。

（六）实施非煤矿山整合重组。鼓励大型矿山企业兼并重组和整合技改中小型非煤矿山企业。推动同一个矿体分属2个以上不同开采主体的非煤矿山，生产建设作业范围最小距离不满足相关安全规定的非煤矿山，以山脊划界的普通建筑用砂石露天矿山等企业整合重组，统一开采规划、生产系统和安全管理。

（七）加快矿山升级改造。推动中小型矿山机械化升级改造和大型矿山自动化、智能化升级改造，加快灾害严重、高海拔等矿山智能化建设，打造一批自动化、智能化标杆矿山。地下矿山应当建立人员定位、安全监测监控、通信联络、压风自救和供水施救等系统。新建、改扩建金属非金属地下矿山原则上采用充填采矿法，不能采用的应严格论证。中小型金属非金属地下矿山不得有4个以上生产水平同时采矿。尾矿库应当建立在线安全监测系统，新建四等、五等小型尾矿库应当采用一次性建坝。

学习要点

机械化、自动化、智能化是矿山企业实现本质安全的必由之路。推动矿山升级改造是提升现有矿山安全生产水平的关键措施，也是提高矿山本质安全水平的必由之路。本条从分类推进矿山改造升级、提升3类非煤矿山办矿水平、强化安全监测监控系统建设3个方面推动矿山升级改造。

要点1 ☞ 煤矿智能化建设

《意见》要求，推动中小型矿山机械化升级改造和大型矿山自动化、智能化升级改造，加快灾害严重、高海拔等矿山智能化建设，打造一批自动化、智能化标杆矿山。

我国既有世界先进水平的大型矿山，也有比较落后的中小型矿山；既有安全生产“先天条件”好、容易开采的矿山，也有灾害严重、海拔较高等开采难度很大的矿山。近年来，坚持人民至上、生命至上，以科技创新为驱动，以减人增安为目标，采取了一系列措施推动矿山智能化建设，呈现出加速发展、全面发展态势。现在全国建有煤矿智能化工作面共1400个，有智能化工作面的煤矿达到730处，产能占比达到59.5%。但是，我国矿山智能化建设总体水平还不够高，还存在部分地区和部分企业认识不够到位、建设进展不够平衡、相关标准规范不够健全、部分技术装备适应性还不够强等问题。

《意见》对矿山智能化建设专门作出部署，为加快矿山智能化建设步伐提供了宝贵机遇。重点从以下4个方面抓好贯彻落实：

一是加强顶层设计。完善法规标准，加快推进矿山数字化智能化高质量发展，着力解决发展不平衡、不充分等问题，积极引导灾害严重和高海拔等地区加快矿山智能化建设，推动灾害严重矿井无害化、少害化开采，高海拔矿区远程化低海拔作业。

二是加大政策扶持。在产能核增、安全生产标准化评定、安全生产费用使用等方面予以精准支持，重点推动智能化高标准建设、常态化运行，不断提高智能化建设的安全效益、经济效益、社会效益。

三是强化服务指导。积极引导高校、科研院所、矿山和科技企业协同开展科技攻关，全力推动无人驾驶、智能钻爆、新能源技术等在露天煤矿广泛应用。

四是选树智能化矿山先进典型。重点突出无人少人、数据融合共享、矿山智能化无人化驾驶、机器人研发应用等典型场景，分不同地区、不同类型、不同规模，遴选一批建设水平高、示范性强的自动化、智能化标杆矿山，充分发挥示范引领作用，引导更多矿山走智能化高质量发展之路。

《“十四五”矿山安全生产规划》要求，实施矿山智能化发展行动计划，协同推进矿山自动化、智能化建设相关政策配套，分级分类推进矿山智能化建设。推动新建、改扩建矿井及大型煤矿、灾害严重煤矿实现智能化开采。小煤矿深化机械化换人、自动化减人专项行动，逐步向智能化过渡。选树一批安全高效的自动化、智能化标杆矿山，强化示范引领作用，以点带面推动全国矿山企业升级改造工作。

要点 2 ☞ 强化安全监测监控等系统建设

《意见》要求地下矿山应当建立人员定位、安全监测监控、通信联络、压风自救和供水施救等系统。

地下矿山建设“五大系统”是预防事故以及事故发生时开展自救互救、紧急避险而达到减少伤亡目的的重要技术保障。煤矿安全避险“六大系统”是指监测监控系统、人员定位系统、紧急避险系统、压风自救系统、供水施救系统和通信联络系统。煤矿应建立应急演练制度，科学确定避灾路线，编制应急预案，每年开展一次“六大系统”联合应急演练。加强入井人员培训，使其熟悉各种灾害情况的避灾路线，并能正确使用安全避险设施。

1. *矿井监测监控系统*

矿井监测监控系统是指可以实现对煤矿井下瓦斯、一氧化碳浓度、温度、风速等动态监控的自动化系统。矿井监测监控系统中心站实行 24 小时值班制度，当系统发出报警、断电、馈电异常信息时，能够迅速采取断电、撤人、停工等应急处置措施，充分发挥其安全避险的预警作用。

2. *井下人员定位系统*

井下人员定位系统是指通过入井人员携带识别卡，确保能够实时掌握所有井下各个作业区域人员的动态分布及变化情况的系统。当发生紧急情况时，可以准确掌握井下作业人员的位置，为事故应急救援提供依据。

3. *井下紧急避险系统*

井下紧急避险系统是指在灾害事故发生时，为不能撤到安全区域的人员建立的避险场所和设施。井下紧急避险系统包括临时避难硐室、永久避难硐室和救生舱。煤与瓦斯突出矿井应建设采区避难硐室；突出煤层的掘进巷道长度及采煤工作面走向长度超过 500 米时，必须在距离工作面 500 米范围内建设避难硐室或设置救生舱。煤与瓦斯突出矿井以外的其他矿井，从采掘工作面步行，凡在自救器所能提供的额定防护时间内不能安全撤到地面的，必须在距离采掘工作面 1000 米范围内建设避难硐室或救生舱。紧急避险设施应具备安全防护、氧气供给保障、有害气体去除、环境监测、通信、照明、动力供应、人员生存保障等基本功能，在无任何外界支持的条件下其额定防护时间不低于96小时。

4. *矿井压风自救系统*

矿井压风自救系统是指为了实现所有采掘作业地点在灾变期间能够提供压风供气，为事故现场人员提供氧气的系统。空气压缩机一般设置在地面，而在深部多水平开采的矿井，空气压缩机安装在地面难以保证对井下作业地点有效供风时，可安装在其供风水平以上2个水平的进风井井底车场安全可靠的位置。突出矿井的采掘工作面要设置压风自救装置。其他矿井的掘进工作面要安设压风管路，并设置供气阀门。

5. *矿井供水施救系统*

矿井供水施救系统是指为了保证发生火灾、爆炸等事故现场人员用水的需要而事先配装的实时供水系统。《煤矿安全规程》要求建设完善的防尘供水系统，除设置三通及阀门外，还要在所有采掘工作面和其他人员较集中的地点设置供水阀门，以保证各采掘作业地点在灾变期间能够实现提供应急供水的要求。

6. *矿井通信联络系统*

矿井通信联络系统是指一旦事故发生实施救援时保证畅通、有效地传递重要信息的系统。按照在灾变期间能够及时通知人员撤离和实现与避险人员通话的要求建设完善通信联络系统。在主副井绞车房、井底车场、运输调度室、采区变电所、水泵房等主要机电设备硐室和采掘工作面以及采区、水平最高点处安设电话。井下避难硐室、井下主要水泵房、井下中央变电所和突出煤层采掘工作面、爆破时撤离人员集中地点等，设有直通矿调度室的电话。要积极推广使用井下无线通信系统、井下广播系统，以确保发生险情时，可及时通知井下人员撤离。

（八）提高科技创新支撑能力。强化矿山安全科技支撑体系建设。加强矿山重大灾害预防与治理研究，组织重大关键技术攻关。推进矿山信息化、智能化装备和机器人研发及应用。实施一批矿山安全类重大科技项目。研究推进建设矿山安全领域全国重点实验室。

学习要点

科技是第一生产力，人才是第一资源、创新是第一动力。科技创新是推动矿山安全治理模式向事前预防转型的关键所在，为矿山高质量发展提供了不竭的动力源泉，在矿山安全领域发挥了巨大作用。新技术、新材料、新工艺的大量应用，进一步夯实了安全基础，提升了本质安全水平，对遏制矿山生产安全事故发挥了重要作用。

但目前，矿山重大灾害治理机理研究还不够，新技术研发、新装备研究应用还不够，与新形势新任务新要求相比还有较大差距。本条从强化矿山安全科技支撑体系建设、加强矿山重大灾害预防与治理研究、推进矿山智能化装备和机器人研发及应用等3个方面对科技创新提出了要求。

要点1 ☞ 强化矿山安全科技支撑体系建设

矿山安全生产必须紧紧依靠科技进步，关键要全面构建矿山安全科技支撑体系。近年来，我国矿山安全科技支撑体系初步形成，有力支撑保障了矿山安全生产，对遏制事故发生起到了显著作用。但同时也存在经费投入不足、人才储备不到位、重大科技项目数量不多等问题。

基于此，本条提出要强化安全科技支撑体系建设，主要做好以下几个方面工作：

（1）国家有关部门要加强对矿山安全生产科技支撑体系建设的支持力度，从项目、资金、人才等方面予以充分保障，支持从国家层面开展一批制约矿山安全生产的重大科技项目，推动建设一批矿山安全领域全国重点实验室。

（2）各地要结合当地矿山安全工作实际，进一步完善体制机制，加快出台完善相关制度文件，构建具有地方特色的科技支撑体系，加快实施一批符合实际需求的重大科技项目。

（3）大型国有和民营矿山企业要发挥自身优势，起到带头示范作用，积极构建符合实际需求的科技支撑体系，并结合实际开展重大科技项目课题研究，成熟后积极推广应用，为企业安全发展提供根本保障。中小型矿山企业要加快应用先进适用技术，有力提升科技水平。

（4）组建一批“产学研用”一体化矿山安全科技支撑平台。依托重点矿山企业、科研院所和高等院校，推动协同创新，加强产学研融合。在整合已有设施和力量的基础上，组建一批“产学研用”一体化的研发创新平台及成果转化平台，加速科技成果转化及产业化应用，支撑矿山安全技术水平持续提升。

要点2 ☞ 加强重大灾害预防与治理研究

矿山重大灾害预防和治理是矿山安全的核心工作，是预防事故发生的治本之策。当前，我国在煤矿瓦斯、火、水等灾害方面的预防与治理研究取得了显著成效，有效遏制了事故频发多发势头。但在部分重大灾害机理研究、超前预防等方面还有很多难题尚未攻克，很多重大技术难题没有完全得到解决。

基于此，本条提出要加强重大灾害预防与治理研究，主要从以下几方面做好工作：

（1）国家各有关部门和地方各级人民政府应结合矿山重大灾害防治工作实际，调动广大高校、科研机构和企业发挥各自优势，从政策、资金、人才、项目等方面予以支持，加强对瓦斯、水、火、冲击地压（岩爆）、顶板等方面的重大灾害预防与治理研究，组织开展重大关键技术攻关，尽快形成一批研究成果，投入到实际生产过程中。

（2）广大矿山企业要主动作为，加大防灾治灾投入力度，从资金和人员等方面提供保障，加大研究力度，形成适合本企业的灾害防治模式。

（3）深入开展煤与瓦斯突出矿井、高瓦斯矿井、瓦斯超限事故多发煤矿"一通三防"重点监察。实施一批瓦斯综合治理和水害、火灾、爆破灾害、冲击地压防治工程，实现超前治理和精准治理。

（4）进一步查明煤与瓦斯突出等灾害时空分布，精准划分矿山灾害地质类型，形成矿山灾害全国"一张图"和防治基础数据库，推动透明矿山建设。重点推进西南地区瓦斯区域化智能高效防控、深地多物理场监测识别及冲击地压防控、矿山膏体充填工艺、东部大采深矿井底板和西部高强度开采矿井顶板水害精准防控、矿山火灾环境信息感知与精准治理、智能化瓦斯煤尘爆炸隔抑爆等技术装备的研发应用。

要点3 ☞ 推进智能化装备和机器人研发与应用

矿山信息化、智能化装备和机器人研发及应用，是提高矿山安全科技支撑能力、实现转型升级的必由之路。我国现阶段大力开展矿山相关装备和机器人研发与应用，为矿山智能化打下坚实基础，有力保障了矿山安全生产。但同时也存在装备研发与应用基础研究不够、科技成果推广不足等问题。

基于此，本条提出推进矿山信息化、智能化装备和机器人研发及应用，主要从以下方面推动落实：

（1）国家各有关部门和各级地方人民政府要发挥主导作用，围绕信息化、智能化装备和机器人、露天矿无人驾驶技术等研发和应用问题，整合国内优势科技资源，发挥科研机构、科研实力强的高校和先进企业的技术优势，推动开展基础科学研究，力求理论方面取得关键突破。

（2）加强推广应用。加强产、学、研相结合，打造重大科技成果研发、试验、检测、孵化、生产、应用、推广功能完整的矿山安全生产技术支撑链条，积极引导矿山企业减少危险工序和环节的作业人员，扩大信息化、智能化装备和机器人的应用，强化安全保障能力。

（3）打造矿山智能化技术创新研发平台、矿用机器人综合性能检测基地和矿山智能生产新技术新模式安全性分析验证平台等基础平台。推进矿山工业互联网及智能装备的研发与应用，推进矿用装备智能化，实现装备自感知、自决策、自控制功能，研发智能化关键技术与成套装备和矿山高危岗位、事故救援、井下抢险作业机器人，推进大断面快速掘锚系统、岩巷全断面掘进装备、大倾角矿用盾构机等先进工艺和设备的井下试验应用。推广应用智能化成熟技术装备，重点推进采掘智能化、辅助系统无人化、井下固定岗位无人值守或远程监控、巡检机器人的应用。推进机器人替代重点岗位、危险作业人员。重点研发和推广安全防控、侦查巡检、应急救援等矿山机器人。

（4）开展矿山智能化作业和危险岗位的机器人替代示范，推动建设一批无人少人智能化示范矿山、智能化采掘工作面。不断提高矿山装备水平，实现机械化、自动化、信息化、智能化迭代升级。强化矿山装备制造、使用、维护、检测、报废等全生命周期管理，提高设备安全可靠程度，消除因设备故障引发的生产安全事故。

要点4 ☞ 实施一批矿山安全类重大科技项目

推动先进矿山安全生产科研成果的应用，加强矿山安全应用试点示范。深化开展矿山安全生产先进适用技术遴选，引导和推进矿山企业加快应用先进适用技术。推进矿山企业和科研院所积极开展重大灾害治理技术交流合作，进一步加大推广应用瓦斯防治、水害防治、冲击地压治理、采空区治理、边坡防治、防灭火、智能感知、粉尘防治、爆破震动控制、采空区废石或尾砂高浓度充填等先进适用技术装备。遴选煤矿智能化开采技术、煤田火灾精确探测与低成本治理技术、煤矿突出危险区域动态预测与可视化技术、急倾斜“三软”煤层安全高效开采技术，中东部老矿区深部承压开采矿井水灾区域防治技术、低成本高效充填开采技术、深部储能岩体爆破诱导开采技术等先进技术，逐步纳入科技攻关和重点推广目录。

深化开展重大灾害及耦合危害发生机理科研攻关，着力破解重大安全风险预警、动态监测与可视化、主动预警与智能决策及防控等关键技术和装备瓶颈。加强关键技术和装备攻关，推动矿山典型事故防控与应急救援专项科研攻关。加快破解核心基础零部件、先进基础工艺、关键基础材料等共性关键技术瓶颈，提升煤机制造工业基础能力。加强矿山智能化关键技术的研发，重点突破精准地质探测、矿岩识别、透明地质、设备精准定位、复杂条件智能综采和快速掘进、辅助运输环节无人驾驶、固定场所少人化或无人化值守等制约矿山智能化发展的关键技术和装备，提升智能装备的成套化和国产化水平。鼓励研究保护凿岩人员的轻便型液压支架等作业现场人员安全防护类技术和产品。

要点 5 ☞ 研究推进建设矿山安全领域全国重点实验室

重点实验室是矿山安全生产与安全监管监察科技创新体系的重要组成部分，是国家矿山安全监察局组织开展高水平研发活动、聚集和培养优秀科技人才、进行高层次学术交流和促进科技成果转化的重要基地，也是研究前沿技术、共性关键技术，引领行业技术创新，提升矿山安全领域科技攻关能力的重要平台。

在整合已有设施和力量的基础上，推动创建矿山安全数字工程技术重点实验室；整合优化灾害防治科研机构，推动创建矿山安全相关的国家重点实验室、国家矿山安全技术创新中心、矿山深部开采与重大灾害防治国家研究中心；推动创建矿山重大灾害机理、监测预警和防治等技术装备研究重点实验室，开展矿山重大灾害、矿山深部开采与重大灾害防治等相关研究。

《国家矿山安全监察局重点实验室管理办法（试行）》（矿安综〔2021〕67号）规定：重点实验室主要围绕矿山安全领域及前沿技术应用方向进行布局建设。

（1）基础性研究。布局建设瓦斯、冲击地压、岩爆、水害、火灾、热害、爆炸、高陡边坡滑坡、尾矿库溃坝、采空区塌陷等灾害及多灾种叠加预防与治理领域基础研究方面的重点实验室。

（2）关键技术攻关。布局建设生产安全事故风险感知识别能力、监测预警预报、监管监察、风险预防控制、矿山灾害治理、矿山地质勘探等技术攻关方面的重点实验室。

（3）先进装备研发。布局建设矿山掘进类、采矿类、提升运输类、深井制冷类、安控类、救援类等领域先进装备和智能机器人研发方面的重点实验室。

（4）高新技术应用。布局建设云计算、物联网、大数据、人工智能、卫星遥感、无线通信、虚拟现实、数字孪生、区块链等高新技术在矿山安全领域创新应用方面的重点实验室。

三、防范化解重大安全风险

把风险化解在隐患前、把隐患消除在事故前，是矿山安全治理模式转型的重要途径。这一部分占整个《意见》条目数量的1/4，对“人、机、环、管”各个重点环节，作出全方位、制度性安排，提出了防范化解重大安全风险的方法路径，努力实现关口前移、超前治理，加强管理、确保可靠，及时预警、迅速处置。

（九）健全矿山安全管理体系。矿山企业应当健全以安全风险分级管控和隐患排查治理双重预防机制为核心的安全生产标准化管理体系。严格开展风险辨识评估并实施分级管控，定期开展全员全覆盖隐患排查治理，建立风险隐患台账清单，实行闭环管理。各级矿山安全监管监察部门应当推动企业切实提高风险隐患排查和整改质量，建立重大隐患治理督办制度，在重大隐患消除前跟踪监管，并监督整改销号。对排查整改不到位导致重大隐患依然存在或发生事故的，依法追究企业及相关责任人责任。

学习要点

在矿山领域构建完善双重预防性工作机制，是全面提升矿山安全管理水平的根本途径。双重预防机制是安全生产关口前移的重要手段和方法。近年来，国家矿山安全监察局积极推进风险分级管控、隐患排查治理、安全生产标准化为一体的安全生产管理体系，取得了一定成效。《意见》明确，矿山安全生产标准化管理体系的核心，就是加强风险分级管控和隐患排查治理；指出了矿山双重预防工作机制的工作要点，必须要抓好风险辨识管控、隐患排查治理、实行闭环管理。

针对一些地区和企业排查整治安全隐患不彻底，导致一些重大隐患常治长存、侥幸蛮干等突出问题，《意见》特别强调切实提高风险隐患排查和整改质量。各级矿山监管监察部门要对企业重大隐患进行跟踪督办直至销号，对排查整改不到位导致重大隐患依然存在或发生事故的，依法追究企业及相关责任人责任。

本条从健全安全生产标准化体系、强化风险隐患排查治理、建立重大隐患治理督办制度等 3 个方面健全矿山安全管理体系。

要点 1 ☞ 健全安全生产标准化体系

《意见》明确安全生产标准化体系核心是双重预防工作机制，指明了构建现代矿山安全管理体系的方法路径。

安全生产标准化建设是煤矿企业传统有效的管理模式，是煤矿的“传家宝”，是经过实践证明的有效安全管理方法。经过半个多世纪的发展，煤矿安全生产标准化建设的内涵不断丰富、要素不断完备。

各煤矿企业要深入落实落细习近平总书记强调的构建双重预防工作机制重要指示精神，以安全生产标准化建设为载体，加快健全以双重预防机制为核心的安全生产标准化管理体系，实施量化考核，健全组织机构及人员配备，严格对标建设、严格过程控制、严格动态自检，构建要素完备、自主运行、动态达标、持续改进的现代煤矿企业管理体系，逐步与国际先进安全管理体系接轨，全面提升煤矿安全管理水平。

要点2 ☞ 强化风险分级管控和隐患排查治理

《意见》坚持关口前移，对安全风险开展辨识评估、实施分级管控，对事故隐患开展全员全覆盖排查治理，并建立风险、隐患清单，实施闭环销号管理，为矿山企业构建完善双重预防工作机制指明了方法路径。主要考虑是，风险、隐患、事故存在内在逻辑关系，风险辨识不清、管控不到位将会形成事故隐患，隐患排查不到位、治理不彻底将可能引发生产安全事故。构建双重预防工作机制，就是要在传统“治隐患”的前端增加一道防线，通过“控风险”来防止隐患出现，实现关口前移。

一方面，要控风险。矿山企业定期对全矿危险因素开展全覆盖的风险辨识评估，开采条件发生变化等特殊情况时要开展专项辨识评估，列出安全风险管控清单，细化风险等级、实施分级管控，严防风险失控造成隐患。

另一方面，要治隐患。矿山企业定期组织全员开展覆盖矿山各环节、各系统隐患排查，建立隐患台账，并按照分级治理、分级督办的原则，严格落实隐患整改销号，形成辨识风险、管控风险、排查隐患、治理隐患的工作闭环。

要点3 ☞ 建立重大隐患治理督办制度

《意见》着眼于提高风险隐患排查和整改质量，强调建立重大隐患治理督办制度，并明确对排查整改不到位的情况严肃追责。主要考虑是，一些企业隐患排查不全面、整改不彻底，特别是一些重大隐患长期得不到治理、常治长存，有的企业甚至明知存在重大隐患仍侥幸蛮干，导致重特大事故发生。

一方面，各级监管监察部门要将监管监察的关口前移，督促企业提高风险隐患排查和整改质量，既要督促隐患的排查整改，又要督促风险的分级管控，严防风险分级管控和隐患排查治理搞形式、走过场，自查自改避重就轻，在鸡毛蒜皮的小问题上打转转，导致重大风险、重大隐患漏管失控。

另一方面，各级监管监察部门要强化重大隐患跟踪督办，在重大隐患消除前跟踪监管，并监督整改销号，着力解决发现重大隐患一罚了之、重执法检查轻督促整改，屡查屡罚仍挡不住事故等问题。对排查整改不到位导致重大隐患依然存在或发生事故的企业及相关责任人员，要依法严肃追责问责，触犯刑法的，要依法追究刑事责任。

（十）强化重大灾害治理。矿山企业应当查明隐蔽致灾因素，实施煤与瓦斯突出、冲击地压、水害等重大灾害分区管理、超前治理。将煤矿灾害等级鉴定纳入安全检测检验范围，及时公示鉴定结果。规范煤矿生产能力管理和核定工作。金属非金属露天矿山采场及排土场边坡高度大于 100 米的，应当逐年进行边坡稳定性分析。金属非金属地下矿山采空区体积超过规定的，应当及时进行稳定性专项评估。尾矿库排洪构筑物每 3 年应进行一次质量检测。

学习要点

灾害不治，矿无宁日。重大灾害治理始终是推进事前预防的重中之重、关键环节。随着开采深度和强度增加，煤矿瓦斯、水害、冲击地压等灾害不断加重，有的多种灾害耦合叠加，治理难度越来越大，大量矿山隐蔽致灾因素普查不清、治理不绝。比如，2022 年河北唐山桃树峪铁矿“9・2”重大透水事故，就是没有查清采空区积水情况，造成 15 人遇难。《意见》要求各矿山企业常态化制度化开展矿山隐蔽致灾因素普查治理，实施瓦斯、冲击地压、水害等重大灾害分区管理，划定可采区、缓采区和禁采区，缓采区经过有效治理并论证可采后方可进行采掘作业，实现由被动防范向主动治理转变、由单一治理向综合治理转变、由井下局部治理向地面区域治理转变。

本条从查明隐蔽致灾因素、强化煤矿灾害等级鉴定管理、规范生产能力核定、强化非煤矿山灾害风险治理等 5 个方面对强化重大灾害治理提出要求、超前治理灾害。

要点 1 ☞ 矿山隐蔽致灾因素普查

常态化制度化开展矿山隐蔽致灾因素普查治理，推动重大灾害分区管理、超前治理，实现由被动防范向主动治理转变、由单一治理向综合治理转变、由井下局部治理向地面区域治理转变。对未查清、未探明、未治理到位的，不得进行采掘作业，坚决不与灾害“拼刺刀”。

矿山隐蔽致灾因素是导致矿山生产安全事故发生的重要危险源。煤矿隐蔽致灾因素主要包括：井田内及周边采空区（含大面积悬顶）、废弃老窑（井筒）、封闭不良钻孔，断层、裂隙、褶曲、陷落柱、岩浆岩侵入等，煤层厚度变化及分层特征，顶板厚硬岩层、煤层顶板岩层结构与力学性能、巷道顶底板岩层分布与力学参数，地表河流、水体、地下含水体、导水裂缝带，瓦斯富集区，煤层自燃倾向性、井下火区（高温异常区），古河床冲刷带、煤层风氧化带、火烧区、天窗等不良地质体，井田内油气井，可采煤层及顶底板岩层冲击倾向性、地层应力集中区、上覆遗留煤柱等情况。煤矿应当结合实际，全面查清隐蔽致灾因素。

煤矿要根据矿井瓦斯、水害、火灾、冲击地压等灾害特点开展重点普查。高瓦斯矿井和煤与瓦斯突出矿井要测定煤层瓦斯压力、含量及其他与突出危险性相关的参数，编制矿井瓦斯地质图。水文地质类型复杂、极复杂矿井要查明影响安全开采的水文地质条件，包括各种含水体的水源、水量、水位（水压）、水质和导水通道等。生产矿井和资源整合矿井要查明井田内及周边采空区分布、形成时间、范围、积水积气状况等，以及废弃老窑（井筒）闭坑时间、开采煤层、开采范围及是否开采煤柱和充填等情况，编制矿井水文地质图。符合煤层（岩层）冲击倾向性鉴定条件的矿井必须开展鉴定工作，冲击地压矿井应当查明地层应力集中区、上覆坚硬岩层分布特征、上覆遗留煤柱、煤层厚度变化、孤岛开采等情况。新建矿井或生产矿井进入新煤层、新采区开采时，必须全面查清隐蔽致灾因素，否则不得继续建设和生产。各类煤矿要将未来 3 ~ 5 年内采掘接续规划区域作为普查的重中之重。

要点 2 ☞ 实施重大灾害分区管理、超前治理

我国是矿山灾害最严重的国家，瓦斯、冲击地压、水等灾害呈加重趋势，有的多种灾害耦合叠加，大量矿山隐蔽致灾因素普查不清，极易发生重特大事故。查明隐蔽致灾因素是预防矿山事故的基本前提，实施煤与瓦斯突出、冲击地压、水害等重大灾害分区管理、超前治理，是实现预防为主、源头治理的有效途径。

基于此，《意见》提出对重大灾害实施分区管理、超前治理，重点抓好以下工作：

一是查明隐蔽致灾因素。各矿山企业应当结合自身实际，自行或者委托有关单位及时、全面查明本企业隐蔽致灾因素，并采取有效管控措施。各地矿山安全监管监察部门应指导企业开展好隐蔽致灾因素普查工作，及时督促工作推进不力的矿山企业。

二是推动治理模式转变。实现由被动防范向主动治理转变、由单一治理向综合治理转变、由局部治理向区域治理转变。煤矿已实施防治水“三区”管理，其他灾害严重的矿山也要落实，根据不同灾害种类划分区域，经过有效治理并论证可采后方可进行采掘作业。

1. 煤与瓦斯突出

防突工作必须坚持“区域综合防突措施先行、局部综合防突措施补充”的原则，按照“一矿一策、一面一策”的要求，实现“先抽后建、先抽后掘、先抽后采、预抽达标”。突出煤层必须采取两个“四位一体”综合防突措施，做到多措并举、可保必保、应抽尽抽、效果达标，否则严禁采掘活动。

在采掘生产和综合防突措施实施过程中，发现有喷孔、顶钻等明显突出预兆或者发生突出的区域，必须采取或者继续执行区域防突措施。

2. 冲击地压

冲击地压防治应当坚持“区域先行、局部跟进、分区管理、分类防治”的原则。

冲击危险性评价可采用综合指数法或其他经实践证实有效的方法。评价结果分为四级：无冲击地压危险、弱冲击地压危险、中等冲击地压危险、强冲击地压危险。

煤层（或者其顶底板岩层）具有强冲击倾向性且评价具有强冲击地压危险的，为严重冲击地压煤层。开采严重冲击地压煤层的矿井为严重冲击地压矿井。

经冲击危险性评价后划分出冲击地压危险区域，不同的冲击地压危险区域可按冲击危险等级采取一种或多种的综合防治措施，实现分区管理。

3. 水害

煤矿必须落实防治水的主体责任，推进防治水工作由过程治理向源头预防、局部治理向区域治理、井下治理向井上下结合治理、措施防范向工程治理、治水为主向治保结合转变，构建理念先进、基础扎实、勘探清楚、科技攻关、综合治理、效果评价、应急处置的防治水工作体系。

煤矿应当按规定开展隐蔽致灾因素普查工作，根据普查结果，编制煤矿防治水“三区”管理报告，将煤层划分可采区、缓采区、禁采区。

煤矿应当以采掘工程平面图为底图，分煤层绘制防治水“三区”管理图，分别用绿色、黄色、红色粗实线圈出可采区、缓采区和禁采区，并附文字注记说明不同的水害类型及划分时间。报告及图纸应当根据“三区”动态转换情况及时更新。

严禁在禁采区内进行采掘作业，严禁在缓采区内进行回采作业和与水害探查、治理无关的掘进作业。

要点 3 ☞ 将煤矿灾害等级鉴定纳入安全检测检验范围

煤矿灾害等级鉴定专业性强，对鉴定机构和鉴定人员的技术水平、专业素养要求较高。当前，煤矿灾害等级鉴定没有纳入安全检测检验范围，鉴定机构不需要通过资质认可即可开展相关业务，一些不具备鉴定能力的机构和人员大量涌入，导致屡屡出现虚假鉴定、失实鉴定等情况，给矿山企业安全带来很多不确定因素。

基于此，《意见》提出将煤矿灾害等级鉴定纳入安全检测检验范围要求，重点抓好以下工作：

一是从源头上进行把关，将煤矿灾害等级鉴定纳入安全检测检验范围，实行资质认可制度，从硬件和软件两方面提出要求，从根本上杜绝不具备条件的机构进入灾害鉴定行业，提高鉴定机构整体服务质量。

二是建立鉴定结果公示制度，及时督促有关机构公布鉴定结果，充分发挥社会监督作用，规范鉴定机构从业行为。

三是加大对灾害鉴定机构的监督检查力度，对不规范从业行为、出具虚假鉴定报告的机构严格依法处理，充分运用行业禁入、纳入黑名单等手段措施，倒逼鉴定机构依法规范从业。

1. 瓦斯等级鉴定

矿井瓦斯等级划分为：低瓦斯矿井、高瓦斯矿井、煤（岩）与瓦斯（二氧化碳）突出矿井（以下简称“突出矿井”）。

（1）高瓦斯矿井等级鉴定工作，由具备鉴定能力的煤矿企业或者委托具备相应资质的鉴定机构承担。

（2）突出煤层和突出矿井的鉴定工作应当由具备煤与瓦斯突出鉴定资质的机构承担。

除停产停建矿井和新建矿井外，矿井内根据《防治煤与瓦斯突出细则》第十三条按突出煤层管理的，应当在确定按突出煤层管理之日起6个月内完成该煤层的突出危险性鉴定；否则，直接认定为突出煤层。鉴定机构应当在接受委托之日起4个月内完成鉴定工作，并对鉴定结果负责。

（3）在鉴定过程中，煤矿提供的相关数据及图纸资料等与实际不符、弄虚作假甚至干扰鉴定工作，导致矿井瓦斯等级降低的，应当由安全生产许可证发放部门撤销其安全生产许可证。

（4）矿井名称、鉴定结果、鉴定机构（单位）等与鉴定有关的信息应当公开。

2. 煤的自燃倾向性鉴定

煤的自燃倾向性分为容易自燃、自燃、不易自燃3类。

（1）新建或者改扩建矿井应当将平均厚度为0.3 m以上煤层的自燃倾向性鉴定结果报省级煤炭行业管理部门、煤矿安全监管部门和矿山安全监察机构。

（2）生产矿井延深新水平时，必须对揭露的平均厚度为0.3 m以上煤层的自燃倾向性进行鉴定。

（3）露天煤矿应当对开采煤层自燃倾向性进行鉴定。

（4）煤的自燃倾向性鉴定工作应当由具备鉴定能力的机构承担，承担单位对鉴定结果负责。

3. 冲击地压矿井鉴定

冲击地压矿井鉴定按《冲击地压矿井鉴定暂行办法》（矿安〔2023〕58 号）执行。有下列情况之一的矿井，应当进行煤层（顶底板岩层）冲击倾向性鉴定：

（1）有强烈震动、瞬间底（帮）鼓、煤岩弹射等动力现象。

（2）埋深超过 400 m 的煤层，且煤层上方 100 m 范围内存在单层厚度超过 10 m、单轴抗压强度大于 60 MPa 的坚硬岩层。

（3）开采煤层埋深大于 800 m。

（4）相邻矿井开采的同一煤层发生过冲击地压或经鉴定为冲击地压煤层。

（5）冲击地压矿井开采新水平、新煤层。

（6）井田范围内发生震级 2.0 级以上矿震事件。

在矿井井田范围内发生过冲击地压现象的煤层，或者经鉴定煤层（或者其顶底板岩层）具有冲击倾向性且评价具有冲击危险性的煤层为冲击地压煤层。有冲击地压煤层的矿井为冲击地压矿井。

煤矿企业（煤矿）应当委托能够执行国家标准（GB/T 25217.1、GB/T 25217.2）的机构开展煤层（岩层）冲击倾向性的鉴定工作。鉴定单位应当在接受委托之日起 90 天内提交鉴定报告，并对鉴定结果负责。煤矿企业应当将鉴定结果报省级煤炭行业管理部门、煤矿安全监管部门和煤矿安全监察机构。

要点 4 ☞ 规范煤矿生产能力管理和核定工作

煤矿生产能力管理和核定是规范煤矿生产的重要基础性工作。当前，部分地区对核增生产能力把关不严，有的煤矿灾害治理能力与生产能力不匹配，有的煤矿能力核增后管理迅速滑坡，给煤矿安全生产带来重大安全风险隐患。

基于此，《意见》提出规范煤矿生产能力管理和核定工作，重点抓好以下工作：

一是生产能力核定工作应由省级以上生产能力主管部门组织开展，不得违规下放。

二是严格能力核定，严把核增标准，对不具备安全条件、长期不达产、灾害升级或者重大灾害严重得不到有效治理的煤矿，及时核减产能。

三是强化对核增产能煤矿的动态监管，及时对核增产能煤矿开展产能释放效能评估，对不符合核增条件的煤矿，严格要求退回原有产能。

四是强化对产能核定工作的监督检查，对核定工作过程中弄虚作假的煤矿企业和擅自降低标准的有关主管部门，按有关规定严肃处理，工作中发现主管部门有关人员涉嫌违纪违法的，及时将线索移交有关部门处理。

煤矿生产能力是保障煤矿安全生产确定的产量上限，是煤矿依法组织生产，煤炭行业管理部门、煤矿安全监管部门和煤矿安全监察机构依法实施监管监察的依据。煤矿生产能力管理和核定工作执行应急管理部、国家矿山安监局、国家发展改革委、国家能源局颁布的《煤矿生产能力管理办法》和《煤矿生产能力核定标准》。

（1）煤矿生产能力分为设计生产能力和核定生产能力。

① 设计生产能力是指由依法批准的新建、改扩建煤矿和煤矿技术改造项目设计确定，建设施工单位据以建设，竣工验收确定的生产能力。

② 核定生产能力是指正常生产煤矿，因地质、生产技术条件、采煤方法或工艺等发生变化，致使生产能力发生较大变化，按照规定重新核定，最终由负责煤矿生产能力核定工作的部门审查确认的能力。

（2）核定生产能力的煤矿，必须具备以下条件：

① 依法取得采矿许可证、安全生产许可证、企业法人营业执照，依法依规组织生产，没有非法、违法行为。

② 有健全的生产、技术、安全管理机构，配备矿长、总工程师和分管安全、生产、机电的副矿长及满足工作需要的专业技术人员。

③ 有完善的生产、技术、安全管理制度和安全生产责任制。

④ 各安全、生产系统健全完善，运行正常。

⑤ 矿井（采场）生产布局合理，生产技术装备等符合规定。

⑥ 有完备的设计、图纸等资料。

（3）有下列情形之一的煤矿，应当组织进行生产能力核定：

① 采场条件或提升、运输、通风、排水、供电、瓦斯抽采、地面等系统（环节）之一发生较大变化。

② 实施采掘机械化、智能化改造，采煤方法、采掘（剥）生产工艺有重大改变。

③ 煤层赋存条件、资源储量发生较大变化。

④ 其他生产技术条件发生较大变化。

（4）有下列情形之一的煤矿，不得核增生产能力：

① 安全保障能力建设、机械化改造等不符合《国务院办公厅关于进一步加强煤矿安全生产工作的意见》（国办发〔2013〕99 号）有关规定的。

② 生产技术、工艺、装备或生产布局不符合国家有关规定或采用限制类生产工艺的。

③ 高瓦斯、煤与瓦斯突出、冲击地压、水文地质类型复杂极复杂等灾害严重的。

④ 产能低于国家或省级相关文件所确定引导退出煤矿规模的。

⑤ 正在履行改扩建、技术改造建设项目程序的。

⑥ 非综合机械化开采的。

⑦ 矿井采用单回路供电的。

⑧ 同时生产采煤工作面个数超过 2 个的。

⑨ 采掘（剥）接续紧张的。

⑩ 安全生产标准化等级为三级或不达标的。

⑪ 开采同一煤层的相邻矿井为煤与瓦斯突出或冲击地压矿井，未进行鉴定的。

⑫ 有安全生产领域联合惩戒失信行为且未满期限的。

⑬ 发现存在超能力生产等重大事故隐患未满半年或未整改完成的。

⑭ 1 年内，发现其上级公司向煤矿下达超能力产量和经济指标的。

⑮ 煤矿井下单班作业人数超过有关限员规定的。

⑯ 露天煤矿批复用地达不到 3 年接续要求，采煤对外承包，或将剥离工程承包给 2 家（不含）以上施工单位的。

⑰ 2 年内因采场布局不合理、采掘接续紧张导致生产安全死亡事故的。

⑱ 开采范围与自然保护区、风景名胜区、饮用水水源保护区重叠的。

⑲ 存在“未批先建”“批小建大”等违法违规行为的。

⑳ 国家相关政策禁止或安全生产形势不宜核增的。

（5）有下列情形之一的煤矿，应及时评估矿井生产能力是否符合实际，并及时核减不具备安全保障条件的产能。

① 发生煤与瓦斯突出或冲击地压事故的。

② 初次被鉴定为煤与瓦斯突出矿井、冲击地压矿井和水文地质类型极复杂矿井的。

③ 工作面回采深度突破 1000 m 的。

④ 近 2 年内连续发生生产安全死亡事故，或发生较大及以上生产安全事故的。

⑤ 非停产限产原因，连续 2 年实际原煤产量达不到登记生产能力 70% 的。

（6）有下列情形之一的煤矿，应及时核销生产能力：

① 因资源枯竭或资源整合等，办理注销手续的。

② 被依法实施关闭的。

③ 其他原因需要核销的。

（7）煤矿应当按照均衡生产原则，安排年度、季度、月度生产计划，合理组织生产。年度原煤产量不得超过生产能力，月度原煤产量不得超过生产能力的10%。煤矿应在显著位置公示煤矿生产能力和年度、月度生产计划，接受社会、群众和舆论监督。

> （十一）严格设备设施安全管理。完善矿山井下特种设备安全标志审核发放和监督机制。定期对取得矿山井下特种设备安全标志的在用设备设施开展安全可靠性检验。建立矿用安全设备全生命周期智慧监管平台，实行矿用设备安全责任追究制度。

学习要点

设备设施是矿山企业生产的基础，更是安全生产的重要因素，设备设施的安全运行对企业安全生产至关重要，设备设施的自身质量、安装质量、维护质量和使用质量直接影响其安全状态。近年来，因设备设施带病运行导致的矿山生产安全事故时有发生，有的甚至造成重大人员伤亡，教训十分深刻。

当前，矿山井下特种设备安全标志审核发放和监督机制不够完善，安标发放后监督的有效性不足；部分矿山企业不注重设备设施维护保养，没有按要求定期进行安全可靠性检验；对矿用安全设备设施追溯不够，没有形成全生命周期监管机制。《意见》要求，完善矿山井下特种设备安全标志审核发放和监督机制，定期开展安全可靠性检验，确保公平公正、科学客观；建立矿用安全设备全生命周期智慧监管平台，强化溯源管理，实行矿用设备安全责任追究制度。

本条从矿山完善井下特种设备安全标志审核发放和监督机制、定期进行可靠性检验和全生命周期监管等3个方面对设备设施提出相关要求。

要点1 ☞ 完善矿山井下特种设备安全标志审核发放和监督机制

矿山井下特种设备实行准入制度，必须取得安全标志后方可投入使用。为严格井下特种设备管理，规范矿用产品安全标志有关工作，国家建立了审核发放和监督工作机制，明确了审核发放的制度规则，并对证后监督提出有关要求，取得了一定成效。但同时也存在安全标志管理定位不清晰、审核发放体系运行不畅、监督检查不够有效等问题。

基于此，《意见》提出要完善安全标志审核发放和监督机制，主要从以下方面做好工作：

一是研究完善审核发放机制。国家有关部门要结合工作实际，研究提出矿用产品安全标志管理制度改革整体方案，明确安全标志管理定位，健全安全标志制度监督管理体系和运行体系，优化安全标志审核发放机制，确保审核发放过程公平公正，保障市场主体权益。

二是强化监督检查。安全标志审核发放单位要加强对持证人或其产品的监督检查，进一步完善监督检查机制，丰富监督检查方式方法，对存在违法违规行为的，要及时暂停、撤销其矿用安全标志，严肃追究设计、制造、审批、安装、使用等单位责任，并向国家有关部门上报有关监督检查情况。各地监管监察部门在日常执法检查中发现矿用安全标志存在问题的，要及时将相关情况通报安全标志审核发放单位。

要点 2 ☞ 定期对取得矿山井下特种设备安全标志的在用设备设施开展安全可靠性检验

矿山井下特种设备工作环境相对复杂，随着使用时间增长，各项性能都会受到影响，如果不定期进行安全可靠性检验，就无法及时发现存在的安全隐患，无法保障企业安全生产和从业人员的生命安全和身体健康。

基于此，《意见》提出对在用设备设施开展安全可靠性检验，主要做好以下工作：

一是矿山企业要落实主体责任。必须按照国家有关规定定期对在用设备设施进行可靠性检验，检验结果不符合要求的，应当及时维修或更换相关设备设施。

二是中介机构要依法规范从业。受委托的中介机构要严格依照相关法规标准开展检测工作，保证出具的报告真实、客观、准确。

三是加大执法检查力度。各地矿山安全监管监察部门要将矿山井下特种设备的安全可靠性检验作为日常执法检查重要内容，督促矿山企业按规定常态化开展检验工作，确保在用设备设施安全可靠性。检查中发现中介机构存在违法违规行为的，要严格依法进行处罚。

要点 3 ☞ 建立矿用安全设备全生命周期智慧监管平台，实行矿用设备安全责任追究制度

建立矿用安全设备全生命周期智慧监管平台，能通过信息化、智能化的手段对设备生产、使用、检验、报废等各个环节进行监管，有效弥补监管力量不足，提高信息的获取效率和范围，增强早发现、早预防和及时打击违法违规行为的能力。

基于此，《意见》提出要建立全生命周期智慧监管平台，同时实行矿用设备责任追究制度，主要做好以下工作：

一是推进重要矿用安全设备全生命周期管理。国家和地方有关部门要研究建立重要矿用设备出厂、入库、入矿、使用、运维、检修、报废各环节的动态数据链，积极研究建立矿用安全设备全生命周期智慧监管平台，为设备质量鉴定、使用维护、监管监察、隐患排查、事故溯源提供支撑。

二是严格矿用设备安全责任追究制度。各地监管监察部门对日常执法检查和事故调查中发现矿用设备不满足安全生产条件的，应当依法严格追究设备制造生产、检测检验等有关单位责任，对不属于本部门职责的，应当将有关情况通报有关单位和部门进行处理。

要点4 ☞ 煤矿井下特种设备安全标志

《煤矿安全规程》第十条规定，煤矿使用的纳入安全标志管理的产品，必须取得煤矿矿用产品安全标志。未取得煤矿矿用产品安全标志的，不得使用。试验涉及安全生产的新技术、新工艺必须经过论证并制定安全措施；新设备、新材料必须经过安全性能检验，取得产品工业性试验安全标志。

（1）目前纳入安全标志管理的煤矿矿用产品共12个大类、118个小类。对纳入煤矿矿用产品安全标志管理的设备，煤矿企业必须选择、采购安全标志在有效期内的产品。产品到矿后应验收，核查安全标志标识、证书及其与产品铭牌、使用说明书所载信息的一致性。产品采购、到矿时安全标志有效，方为合法产品。

（2）煤矿使用的纳入安全标志管理的产品，必须具有安全标志。对煤矿用的设备、材料、仪器仪表等产品实行安全标志制度，明确规定凡属“煤矿用设备、材料、仪器仪表等类产品执行安全标志产品目录”所列产品，均执行安全标志制度，并在取得安全标志后，该产品方准许在煤矿安装使用。任何单位和个人不得出售、采购和使用纳入安全标志管理目录但未取得安全标志的矿用产品。无安全标志的往往是伪劣产品，未经检验合格，如果使用很可能导致重大事故的发生。煤矿企业要建立和完善煤矿产品使用、保养、检测检验、维修、报废等环节的管理制度，采购、使用矿用安全标志管理目录的产品时，必须首先查验该产品是否已取得煤矿矿用产品安全标志，未取得的不得采购和使用。

（3）试验涉及安全生产的新技术、新工艺，是指未在煤矿井下或本矿区及条件相近其他矿区应用的技术和工艺。为防范新技术、新工艺试验中造成事故，在试验之前应组织开展论证。试验新技术、新工艺的论证可由煤矿或委托第三方机构组织实施，安全措施应包括预防、监测、控制、管理措施及应急预案。

（4）试验涉及安全生产的新设备、新材料，指尚未在煤矿井下或本矿区及条件相近其他矿区应用、纳入矿用产品安全标志管理的设备和材料。由于缺乏相应标准和安全使用规范，应取得产品工业性试验安全标志。新产品工业性试验安全标志审核发放过程中仅仅考核安全性能，在井下试验时煤矿应与研发单位共同研究制定相关安全保障措施。

（5）涉及安全生产的新技术、新工艺、新设备、新材料，由于没有经过实践应用，对其性能还没有完全了解和掌握，到底存在哪些不安全因素，实践应用中会带来哪些危害，如何加以控制，应该采取哪些相应的安全技术措施，对这些问题认识不足，就容易酿成事故。因此，实际生产中对涉及安全生产的新技术、新工艺、新设备、新材料不宜盲目使用，需要进行严密的论证或进行相应的安全性能检验和鉴定，充分了解其性能，制定相应的安全技术措施，方可试验。因此，试验涉及安全生产的新技术、新工艺、新设备、新材料前，必须经过论证、安全性能检验和鉴定，并制定安全措施，这是确保试验安全的一项重要制度。

要点5 ☞ 煤矿井下特种设备检验

煤矿设备的安全性和可靠性直接关系到煤矿生产的安全和稳定。为了确保煤矿设备的正常运行和安全生产，制定了一系列的煤矿设备检验检测标准，以保障煤矿设备的安全性和可靠性。

（1）对设备的外观和结构进行检验。①需要对设备外观是否完整、结构是否牢固进行检查，确保设备在使用过程中不会出现外观缺陷和结构松动等问题。②需要对设备的标识和警示标志进行检查，以确保设备在使用过程中能够清晰地显示相关的标识和警示信息。

（2）对设备的性能进行检验。需要对设备的各项性能指标进行检测，包括设备的工作效率、能耗情况、运行稳定性等。通过对设备性能的检验，可以确保设备在使用过程中能够正常运行，并且具有较高的工作效率和稳定性。

（3）对设备的安全性能进行检验。需要对设备的安全保护装置和安全控制系统进行检测，以确保设备在使用过程中能够及时发现并处理安全隐患，保障人员和设备的安全。

（4）对设备的环境适应性进行检验。需要对设备在不同环境条件下的适应性进行检测，包括设备在高温、低温、潮湿等环境条件下的工作情况。通过对设备环境适应性的检验，可以确保设备在各种环境条件下都能够正常运行。

要点6 ☞ 煤矿安全设备管理

煤矿企业必须建立设备、设施检查维修制度，制定运行、维修、保养、巡回检查制度，来确保设备性能稳定、设施运行良好。随着煤矿生产现代化水平的不断提高，越来越多的设备、设施投入使用，对煤矿安全生产的影响也越来越大。

设备使用要实行定人、定机、凭证操作，严格执行岗位责任制和设备操作规程，单人使用的设备由操作者负责；对多班制生产的设备，操作工人必须执行设备交接班制度，设备均应有运行记录。运行记录对准确查清事故原因、性质和责任，对事故前设备的运行状态进行确认，十分重要。

（十二）规范非煤矿山外包工程管理。非煤矿山企业统一负责外包工程施工单位的安全管理。金属非金属地下矿山严禁将爆破作业专项外包。金属非金属地下基建矿山掘进工程承包单位数量不得超过 3 家。大中型金属非金属地下生产矿山采掘工程承包单位数量不得超过 2 家，小型金属非金属地下生产矿山采掘工程承包单位数量不得超过 1 家，承包单位严禁转包和分包采掘工程及爆破作业项目。承包单位应当向项目部派出项目负责人、技术人员和特种作业人员；项目负责人、技术人员应当具有矿山相关专业中专以上学历或者中级以上专业技术职称，且不得在其他矿山兼职。力争到 2025 年年底，生产矿山建立本单位采掘（剥）施工队伍或者委托具备相应条件的企业整体管理。

（十三）加强停工停产矿山安全管控。停工停产整改的矿山应当制定整改方案，限定单班下井人数，同一作业地点控制在 10 人以内，并向矿山安全监管监察部门报告后方可进行整改作业。地方政府及有关部门应当对停工停产整改煤矿实施驻矿盯守，对其他停工停产矿山落实驻矿盯守或者巡查责任，并按规定进行复工复产验收，因监督检查不力，停工停产期间继续组织建设生产的，依法严肃追究企业及相关责任人责任。

学习要点

停工停产矿山漏管失控，导致事故频繁发生。停工停产矿山数量多、占比高、管理差、风险大，屡屡漏管失控引发重大事故，亟须弥补漏洞、强化管控。

比如，2021 年新疆昌吉丰源煤矿“4 · 10”重大透水事故造成 21 人遇难，青海海北柴达尔“8 · 14”重大溃砂溃泥事故造成 20 人遇难，2022 年贵州三河顺勋煤矿“2 · 25”重大顶板事故造成 14 人遇难，这些均发生在停产矿山，且都存在拒不执行停产指令、擅自组织生产作业等问题。

目前，全国共有长期停产停建煤矿近 1000 处、非煤矿山 1.4 万多处，因隐患整改等原因临时停产停建煤矿 400 余处。现行法律法规对停工停产矿山的安全监管规定和要求较少。《意见》提出了有针对性的管控要求，停工停产整改的矿山，应当制定整改方案，限定下井人数，同一个作业地点控制在10人以内（不含）。地方政府及有关部门要对停产整改矿山驻矿盯守或巡查，并按规定要求进行复工复产验收，因监督检查不力，停工停产期间继续组织建设生产的，要严肃追究企业和监管人员责任。

本条从限定下井作业人员、压实监管责任等方面加强停工停产矿山安全监管。

要点1 ☞ 限定停工停产整改矿山下井人数

《意见》明确了无论是被责令停工停产整改还是自行停工停产整改的矿山企业，均要在进行整改作业前做好制定整改方案、限定下井人数、向监管监察部门报告等3件事。其中，整改方案要明确整改责任、措施、资金、时限、预案等内容；下井人数不仅要限定单班人数，同一作业地点也应控制在10人以内（不含）。

煤矿井下作业场所特殊，停工停产改变矿井连续作业的进程，会引发瓦斯、顶板、水害等新的风险因素集聚，煤矿需要根据自身特点制定针对性安全防范措施，明确具体整改方案。

通过限定下井人数能从源头上防范停工停产矿山假借整改之名组织生产。限定同一作业地点控制在10人以内，是结合当前我国矿山开采整体技术水平和整改作业特点，综合考虑后确定的。

要点2 ☞ 强化停工停产整改矿山监督检查

《意见》明确强化停工停产矿山监督的3种手段，即驻矿盯守、巡查、复工复产验收，同时明确了对监督检查不力的责任追究。

推进地方政府及有关部门落实停工停产矿山属地监管责任，确保每一处矿山都有人盯、有人管，防止漏管失控。对因监督检查不力，停工停产期间继续组织建设生产的，不仅要依法严肃追究企业责任，还要追究包含监管人员在内的相关责任人责任。

因煤矿和非煤矿山在数量、监管监察体制等方面的现实差异，对停工停产整改非煤矿山由各地结合实际采取驻矿盯守或巡查的形式进行监督，而对煤矿必须采取驻矿盯守。

各地要结合矿山安全实际，明确停工停产矿山驻矿盯守、安全巡查的范围、内容、计划、责任，加强驻矿人员监督管理，切实发挥好驻矿盯守“探头”作用。

要点3 ☞ 停工停产煤矿管理

煤矿要加强停工停产期间安全风险防范工作。明确停工停产时限，制定专项安全技术措施，严格执行矿领导带班制度和24小时值班制度，要加强日常巡检工作，主要负责人、值班人员保持24小时通信畅通。

（1）临时停工停产煤矿必须确保井下通风、排水、安全监控等系统正常运行，设备检修时要严格制定并落实专项措施，严禁违规动火作业。

（2）长期停工停产煤矿要定期检查井下通风、排水、安全设备设施等，严格落实井下防灭火措施，做好隐患排查治理工作。

（3）要做好应急值守工作，遇有突发事件和紧急情况必须立即向属地矿山安全监管监察部门报告，及时启动应急预案，快速果断处置。

要点4 ☞ 煤矿复工复产验收

《煤矿安全规程》第十六条规定，井工煤矿必须制定停工停产期间的安全技术措施，保证矿井供电、通风、排水和安全监控系统正常运行，落实24 h值班制度。复工复产前必须进行全面安全检查。

1. 认真做好复工复产验收前期工作

矿山复工复产前，必须由主要负责人组织制定复工复产方案，严格落实重大灾害治理措施，对各系统、各环节开展全面安全风险研判、制定落实管控措施；要组织全员深入开展隐患排查，按照“五定”原则严格落实治理措施。矿山主要负责人要讲好开工第一课、带好开工第一班，确保关键人员齐全、安全培训到位、灾害治理到位、风险管控到位、隐患治理到位、设备设施维护到位、技术措施到位后，方可申请复工复产。矿山上级企业要派出工作组驻矿指导复工复产工作，充分研判复工复产中存在的安全风险，指导制定管控措施，并组织开展全面检查验收，对因检查把关不严导致事故的，要倒查上级企业责任。

2. 严把复工复产验收关口

对停工停产的矿山由上级企业组织验收，对停工停产时间超过1个月、发生生产安全事故或发现重大事故隐患、安全生产系统不稳定不可靠、封闭井口（采区）的矿山，在上级企业验收合格后，由属地矿山安全监管部门组织验收。验收过程中，必须对矿山各系统、各环节开展全覆盖的检查，严把安全条件关，严格按照矿山复工复产有关规定，对标对表逐项组织验收，对不符合安全条件的，一律不得通过复工复产验收；要严把人员配备关，“五职矿长”和“五科”专业技术人员不齐全，特殊工种不能满足要求，职工培训不合格，新上岗人员未按规定进行培训的，一律不得通过复工复产验收；要严把隐蔽致灾因素普查关，隐蔽致灾因素没有查清，没有制定相应灾害治理措施的，灾害等级该升级不升级、该戴帽不戴帽的，一律不得通过复工复产验收。要做到验收通过一个、复工复产一个，严防“一哄而上”，无序复产、“带病”复产引发事故。

（十四）提升风险监测预警处置能力。加强矿山多灾种和灾害链综合监测、风险早期识别和预警预报能力建设。矿山集中地区应当建立区域性矿山救援队伍。地下矿山、尾矿库“头顶库”应当建立应急广播等通信系统，确保应急指令能第一时间传达至影响范围内所有人员。加强应急预案演练、评估和修订。每年汛期前地方政府应当组织尾矿库“头顶库”企业与下游居民开展联合演练。强化灾害性天气预警预报，遇极端天气严禁人员入井。

学习要点

科技赋能，耳聪目明。提升矿山风险监测预警处置能力是推进矿山安全治理模式向事前预防转型的重要方向，是防范化解重大安全风险、预防生产安全事故、及时开展事故救援与处置的重要环节。

本条重点围绕加强矿山灾害预警预报和应急处置、区域性矿山救援队伍建设以及应急预案演练、评估和修订 3 个方面对提升风险监测预警处置能力提出具体要求。

要点 1 ☞ 加强矿山灾害预警预报和应急处置

提升科技赋能水平，逐步建成全国矿山安全风险监测“一张网”，加强矿山多灾种和灾害链综合监测、风险早期识别和预警预报能力建设，加快露天矿边坡、尾矿库坝体在线监测系统建设，加快入井人员唯一性检查技术应用，推广“无监控不作业”。

《意见》要求加强矿山多灾种和灾害链综合监测、风险早期识别、预警预报能力和应急通信系统建设，不断扩大矿山安全感知数据的覆盖面，大力推进风险监测预警和核查处置，有效防范化解矿山重大安全风险，第一时间通知受灾范围内所有人员及时撤离。

全国煤矿安全风险监测预警“一张网”已基本建成，加强矿山多灾种和灾害链综合监测、风险早期识别和预警预报能力建设，推动入井人员唯一性检查技术应用，推广井下所有作业地点“无监控不作业”，实现从“人防”到与“技防”并重转变。但也存在监测灾害种类覆盖不全、风险识别不够精准和预警预报不及时等问题。

（1）国家矿山安监局、财政部印发的《煤矿及重点非煤矿山重大灾害风险防控建设工作总体方案》（矿安〔2022〕128 号）要求：煤矿重大灾害风险防控的 AI 视频智能辅助监管监察系统、应急处置视频智能通信系统和重大违法行为智能识别分析系统（包括建设智慧监管监察平台、安装矿端监测监控设备和软件、开展煤矿重大安全风险隐患排查整治等）。

（2）国家矿山安全监察局综合司《关于进一步加强煤矿防灭火和瓦斯防治工作的通知》（矿安综〔2021〕70号）要求，充分发挥风险监测预警系统作用。煤矿企业必须做好煤矿安全监控系统的运行维护工作，按规定对安全监控设备进行调校、测试，确保甲烷（瓦斯）电、风电闭锁有效；严禁过滤屏蔽安全监控、人员位置监测等系统的上传数据。各级煤矿安全监管监察部门要安排专人查看国家矿山安全风险监测预警系统，及时督促煤矿处置存在的安全风险。对瓦斯超限浓度超过1.5%、超限时长大于10分钟的，要督促煤矿上级公司进行追查；对瓦斯超限浓度超过3%、超限时长大于5分钟的，要立即安排专人现场查明原因，督促煤矿制定措施、认真整改、严肃追责，并向国家矿山安全监察局报告。对存在高频率、高浓度、高时长瓦斯超限报警的煤矿要开展重点检查。

（3）在煤矿方面，以防范化解煤矿瓦斯、火灾、水害、冲击地压等重大安全风险为目标，构建了煤矿企业到地方监管监察部门到国家监察机关的互通网络，已经联网接入了所有正常生产建设煤矿的安全监控、人员定位、视频监控等感知数据。可实时监测全国60余万个传感器、80余万名入井作业人员、3.9万户作业视频监控数据，共享了气象和电力大数据，用电监测现已覆盖了全国75%的煤矿企业，开发了多种风险分析预警功能，可以有效地监测瓦斯和一氧化碳浓度超限、异常波动、高值报警，以及井下作业人数、用电量异常等情况，并可对未来24小时受台风以及50毫米以上强降雨等极端天气威胁的矿山企业进行分析预警。

国家矿山安全监察局出台了矿山灾害情况发生重大变化及时报告和出现事故征兆等紧急情况及时撤人制度，但也存在个别矿山未认真执行的问题。

要点2 ☞ 建立区域性矿山救援队伍

矿山救援队伍是应对和处置矿山生产安全事故的主要力量，在矿山应急抢险救援中发挥着关键作用。针对救援力量分布不均、覆盖不全面，预案修订不及时、演练不到位等问题，《意见》要求加强区域性应急救援队伍建设。虽然目前全国已建成42支国家矿山应急救援队伍，主要承担区域重特大、特别复杂矿山事故的应急救援任务，各地区各矿山也建立了一定数量的救援队伍，但是仍不能满足应急救援时间和区域覆盖等要求，本条旨在解决救援力量分布不均、覆盖不全面、到达时限不达标的问题。

各地要根据矿山分布情况，针对现有救援力量达不到上述要求的问题，依托大型企业、工业园区等，整合和加强现有队伍，在矿山集中区域建立专业化、区域性矿山救援队伍，满足覆盖范围和到达时限要求，不断增强矿山专业救援能力。

要点3 ☞ 加强应急预案演练、评估和修订

加强应急预案管理，是减少事故人员伤亡和事故损失的重要途径。地方政府、有关部门和各矿山企业按规定组织应急救援演练、评估和修订工作，能够不断提升灾害处置和应急救援能力，确保事故发生时能够及时、协调、有序地开展应急处置工作。目前，各有关单位基本编制了相应的应急预案，但存在预案修订不及时、演练不到位、评估走过场、效果不达标等诸多问题。

《煤矿安全规程》第十七条规定，煤矿企业必须建立应急救援组织，健全规章制度，编制应急救援预案，储备应急救援物资、装备并定期检查补充。煤矿必须建立矿井安全避险系统，对井下人员进行安全避险和应急救援培训，每年至少组织1次应急演练。

（1）煤矿企业应当按照《安全生产法》第八十一条、《生产安全事故应急预案管理办法》（新修订2019年7月11日公布，自2019年9月1日起施行）的规定，参照《生产经营单位生产安全事故应急预案编制导则》（GB/T 29639—2020）的要求，结合本企业生产特点和实际，编制应急预案（应急救援预案）。煤矿也应当根据本矿的实际情况，结合《煤矿灾害预防与处理计划》编制应急预案（应急救援预案）。煤矿企业每年至少要组织1次综合或专项应急演练，每半年至少组织1次现场处置方案演练。

（2）煤矿企业要根据有关法律法规，结合自身情况和安全生产特点，建立健全应急管理工作制度，对应急管理人员进行必要的培训，保障应急管理工作规范、有效开展。要对存在的危险因素较多、危险性较大、事故易发多发区域和环节以及重大危险源开展全面细致的风险评估，对各种危险因素进行综合的分析、判断，掌握其危险程度，按照危险因素特点和危险程度制定相应的应急预案。应急预案应至少每三年修订一次，修订情况应有记录并归档，并报安全生产监督管理部门和有关主管部门备案，并抄报所在地煤炭生产监管机构。要根据本单位实际情况，以满足应急救援实际需要为原则，有针对性、有选择地配备相应数量、种类的应急救援器材、设备和物资，建立使用状况档案，并进行经常性维护和保养，保证这些器材、设备和物资随时处于正常运行状态，在发生事故时用得上、用得好。

煤矿企业要强化应急预案编制和管理工作，编制的综合应急预案和专项应急预案之间应当相互衔接，并与相关地方人民政府及其部门、应急救援队伍和涉及的其他单位应急预案相衔接，提升从业人员安全意识和应急处置技能。要结合实际，持续强化应急预案演练、评估和修订等工作，普及生产安全事故预防、避险、自救和互救知识，不断提升应急抢险和处理能力。

要点4 ☞ 井下应急广播等通信系统

井下应急广播系统可以在矿井发生生产安全事故的紧急情况下，可以通过调度指挥中心（广播系统控制中心）调度安排，由井下广播终端定点、定区域或全体广播，帮助井下生产人员及时到达指定安全地点，为生产人员安全撤离、减少人员伤亡、减少煤矿安全事故发挥重要作用。

系统主要包括信号源部分、系统管理软件及管理用上位机、智能广播控制主机、信号传输部分、矿用隔爆兼本安型音箱等。在发生突发事件需要紧急撤离时，地面调度指挥人员可利用该系统以扩音喊话的方式向现场发送指令，指挥现场人员迅速、有序、安全地撤离危险区域。现场人员也可通过井下任意终端就地喊话、对讲，汇报现场情况，从而最大限度地减少灾害影响和受灾后救援过程中的次生影响。

四、强化企业主体责任

企业安全主体责任真正落实之日，方是安全生产形势根本好转之时。企业主体责任涉及很多方面，《意见》没有面面俱到，着重解决突出问题，主要从落实主要负责人责任、健全安全管理机构、强化安全基础管理3个方面压紧压实企业主体责任。

> （十五）落实主要负责人责任。矿山及其上级企业主要负责人（含法定代表人、实际控制人、实际负责人）依法履行安全生产第一责任人责任，加大安全投入和安全培训力度，及时研究解决矿山安全生产重大问题。矿山企业总部应当加强下属企业监督检查，主要负责人应当定期到生产现场督促检查安全生产工作，严禁下达超能力生产计划或者经营指标。推广矿长安全生产考核记分制度。

学习要点

企业主要负责人是落实企业主体责任的关键。企业主要负责人是本单位安全生产第一责任人，是落实企业主体责任的关键人，对本单位的安全生产工作全面负责。

一些煤矿企业主要负责人责任不落实、长期不到矿、到矿不下井、只管赚钱不管安全等问题突出，甚至雇佣假班子、搞成假履职。《意见》明确了矿山及其上级企业主要负责人切实担负起第一责任人法定职责。要加大安全投入和培训力度，及时研究解决矿山安全生产重大问题，总部应当加强下属企业监督检查，主要负责人应当定期到生产现场督促检查，严禁下达超能力的生产计划或经营指标。

本条从推进矿山及其上级企业主要负责人履职、矿山企业总部及主要负责人履职、矿长安全生产考核等3个层面进一步压实主要负责人责任。

要点1 ☞ 矿山及其上级企业主要负责人界定及其职责

《意见》要求，矿山及其上级企业主要负责人（含法定代表人、实际控制人、实际负责人）依法履行安全生产第一责任人责任，加大安全投入和安全培训力度，及时研究解决矿山安全生产重大问题。

1. 主要负责人界定

矿山及其上级企业主要负责人（含法定代表人、实际控制人、实际负责人），主要负责人是指有限责任公司、股份有限公司的董事长、总经理或者个人经营的投资人，其他生产经营单位的厂长、经理、矿长（含实际控制人）等人员。

2. 主要负责人职责

《安全生产法》第二十一条规定，生产经营单位的主要负责人对本单位安全生产工作负有下列职责：

（1）建立健全并落实本单位全员安全生产责任制，加强安全生产标准化建设。

（2）组织制定并实施本单位安全生产规章制度和操作规程。

（3）组织制定并实施本单位安全生产教育和培训计划。

（4）保证本单位安全生产投入的有效实施。

（5）组织建立并落实安全风险分级管控和隐患排查治理双重预防工作机制，督促、检查本单位的安全生产工作，及时消除生产安全事故隐患。

（6）组织制定并实施本单位的生产安全事故应急救援预案。

（7）及时、如实报告生产安全事故。

要点2 ☞ 强调矿山及其上级企业主要负责人责任

《意见》重申企业主要负责人安全生产第一责任人地位，对其在安全投入、安全培训及研究解决重大问题上的主要职责进行强调。

针对一些矿山企业主要负责人长期不到矿、到矿不下井，甚至搞“假班子、假履职”，只顾效益不管安全等突出问题，强调了法定代表人、实际控制人、实际负责人在安全生产上负有同等责任，倒逼具有决策权的负责人真正履职尽责，及时研究解决遇到的安全生产重大问题。

针对当前存在的安全投入不足、从业人员素质低下、“草台班子”“路边队”等突出问题，强调了安全投入和安全培训两项职责。各地区有关部门要强化主要负责人履职情况专项检查，发现“不履职、假履职”的，依法严肃处理问责。

要点 3 ☞ 强调矿山企业总部及主要负责人责任

《意见》首次对矿山企业总部及主要负责人责任进行明确，要求其加强对下属企业监督检查、合理下达生产经营计划、指标。主要目的是：

（1）补齐责任短板。企业总部对下属企业安全生产决策起着举足轻重的作用，但从实际情况看，一些企业安全生产责任从下到上逐级递减，总部把中间管理层级当作逃避追责的“防火墙”“隔离盾”，自身责任缺失。因此，有必要对矿山企业总部的责任进一步明确。

（2）推进科学决策。针对企业总部到基层监督检查少、不了解基层实际就盲目决策的问题，要求矿山企业总部必须落实对下属企业监督检查责任，主要负责人必须定期到井下等生产现场一线督促检查安全生产工作。

（3）遏制盲目超产。针对一段时期以来企业总部盲目下达或变相下达超能力生产计划及经营利润指标，导致矿山“三超”、采掘接续失调、灾害治理滞后等问题，《意见》强调企业总部严禁下达超能力生产计划或者经营指标。各地区有关部门要按照权限把矿山企业总部纳入监督检查范围，发现超能力下达指标等突出问题的，要依法依规处罚问责。

要点 4 ☞ 下达煤矿超能力生产计划或者经营指标

《意见》要求，矿山企业总部严禁下达超能力生产计划或者经营指标。

（1）《煤矿重大事故隐患判定标准》（应急管理部令第 4 号）：煤矿或者其上级公司超过煤矿核定（设计）生产能力下达生产计划或者经营指标的，属于重大事故隐患。

① 煤矿或者其上级公司对本矿下达的生产计划，超过煤矿核定（设计）生产能力的。

② 煤矿或者其上级公司对本矿下达的年度生产经营指标，经过成本核算，需要煤矿生产的原煤产量超过煤矿核定（设计）生产能力才能完成的。

（2）《煤矿安全生产标准化管理体系基本要求及评分方法（试行）》要求：总体生产经营目标超设计（核定）生产能力的，“安全生产目标”大项不得分，属于大的扣分项，扣 30 分。

要点 5 ☞ 推广矿长安全生产考核记分制度

强化对矿长等主要负责人的考核是推进其落实责任的重要手段。近年来，山西、山东、安徽、陕西、四川、河南等省份相继出台《煤矿矿长安全生产考核记分办法》或《煤矿矿长安全生产考核记分细则》，在一定周期内（一般为 1 年）对矿长安全履职情况进行记分，实现了动态管理和过程监管，调整了一批安全生产知识和管理能力不合格的矿长，有力促进了矿长安全责任落实。《意见》将这一经验做法向全国矿山领域推广，推动矿长充分发挥头雁效应，深入落实安全生产第一责任人责任。各地可结合自身实际，认真加以学习借鉴。

煤矿矿长安全生产考核累积记分周期（即记分周期）为 12 个月，从每年 1 月 1 日起计算。对煤矿落实安全生产主体责任不到位，出现重大事故隐患、违法违规行为、发生生产安全事故及其他情形，在依据法律法规实施行政处罚的同时，对煤矿矿长实行安全生产考核记分制度。

（1）煤矿矿长在一个记分周期内调整的，按以下规定进行安全生产考核记分。根据煤矿出现重大事故隐患、违法违规行为的严重程度、发生生产安全事故的等级及其他情形，一次考核记分的分值为 12 分、6 分、3 分三种。

① 新任职的矿长，从任职之日起开始安全生产考核记分。

② 调任其他煤矿的矿长，在原安全生产考核记分的基础上继续进行累加。

（2）煤矿有下列情形之一的，一次记煤矿矿长 12 分：

① 煤矿无证照、证照不全或失效擅自组织生产的。

② 煤矿建设项目未取得有关部门的开工批复擅自组织施工建设的。

③ 未按规定进行复产复建验收擅自恢复生产或建设的。

④ 被责令停产停建整顿煤矿继续组织生产或建设的。

⑤ 图纸作假、隐瞒采掘工作面的。

⑥ 发生生产安全事故后谎报或瞒报的。

⑦ 发生较大及以上生产安全事故的。

⑧ 有其他一次记煤矿矿长 12 分情形的。

（3）煤矿有下列情形之一的，一次记煤矿矿长 6 分：

① 煤矿领导未按《煤矿领导带班下井及安全监督检查规定》带班下井并履行职责的。

② 井下瓦斯超限后不采取措施继续作业的。

③ 煤与瓦斯突出矿井未进行防治突出措施效果检验或者防突措施效果检验不达标仍然组织生产建设的。

④ 有透水征兆未撤出井下作业人员的。

⑤ 有自然发火征兆没有采取相应的安全防范措施并继续生产建设的。

⑥ 未进行冲击地压预测预报，或者采取的防治措施没有消除冲击地压危险仍组织生产建设的。

⑦ 发生一起一般生产安全事故的。

⑧ 有其他一次记煤矿矿长 6 分情形的。

（4）煤矿有下列情形之一的，一次记煤矿矿长 3 分：

① 煤矿矿长未按规定每月组织开展一次覆盖生产各系统和各岗位的事故隐患排查，或者未组织制定并实施重大事故隐患专项治理方案的。

② 煤矿矿长未按规定开展年度或专项安全风险辨识评估、未组织制定并实施重大安全风险管控措施，以及未每月开展一次重大安全风险管控措施落实情况和管控效果检查分析的。

③ 监督检查发现有一条重大事故隐患的（除本办法第十、十一条所列重大事故隐患外）。

④ 非生产安全事故原因被撤销或降低安全生产标准化等级的。

⑤ 煤矿对井下作业人员未进行安全生产教育和培训或者特种作业人员无证上岗的。

⑥ 井下作业人数不符合《煤矿井下单班作业人数限员规定（试行）》的。

⑦ 煤矿建设项目在取得有关部门的开工建设批复后，未按规定向所在地的市或县应急管理部门（地方煤矿安全监督管理部门）书面报告的。

⑧ 有其他一次记煤矿矿长 3 分情形的。

（5）煤矿同时存在多种记分情形的，应当分别计算，累加分值记给煤矿矿长。煤矿矿长在一个记分周期内累积记分达到 12 分（含本数）以上的，责令其重新参加安全生产知识和管理能力考核。经考核不合格的煤矿矿长，书面告知其任免机关调整其工作岗位。

（十六）健全安全管理机构。涉矿中央企业总部和涉矿大中型企业应当配备安全总监。地下矿山应当配备矿长、总工程师和分管安全、生产、机电等工作的副矿长，所配备人员应当具有矿山相关专业大专以上学历或者中级以上专业技术职称，且不得在其他矿山兼职。煤矿、金属非金属矿山、尾矿库应当配备相关专业中专以上学历或者中级以上专业技术职称的专职技术人员。灾害严重矿山应当按要求配备灾害治理专职领导人员、专门机构、专业人员。

学习要点

安全生产是一项复杂的系统工程，需要有机构管、有人员干。安全管理机构及人员是矿山安全生产的重要保障。

《意见》明确涉矿中央企业总部和大中型企业应当配备安全总监，地下矿山应当配全“五职”矿长，所配人员必须具有采矿、安全、机电、地质测量等矿山相关专业大专以上学历或中级以上专业技术职称，不得兼职。同时《意见》要求，煤矿、金属非金属矿山、尾矿库应当配备相关专业中专以上学历或者中级以上专业技术职称的专职技术人员。灾害严重矿山应当按要求配备灾害治理专职领导人员、专门机构、专业人员、规定明确、要求具体，达不到的必须整改。

本条从强化集团领导力量、配齐配强矿山领导、完善技术管理团队、健全灾害严重矿山灾害管理机构等方面提出明确要求。

要点 1 ☞ 强化集团领导力量

《意见》明确要求，涉矿中央企业总部和涉矿大中型企业应当配备安全总监，这是国家层面首次提出。主要目的和意义如下：

（1）推动矿山企业落实安全生产主体责任的客观需要。众所周知，抓好矿山企业安全生产主体责任落实就抓住了安全生产的“牛鼻子”，而这其中最重要的就是抓住矿山企业主要负责人等“关键少数”。从实践来看，涉矿中央企业总部和大中型矿山企业权属矿山普遍较多，有的还涉及化工、冶金等其他重点行业领域，各方面的管理任务十分繁重，企业主要负责人精力有限，面临各种各样的安全生产问题，安全风险突出，这两类企业有必要配备一名既懂专业又有一定决策权的高级管理人员来专门负责安全生产工作。因此，从客观上需要一个既懂专业又有一定决策权的人来专门负责安全生产工作。

（2）充分吸收推广各地经验做法的现实需要。2015 年、2021 年江苏省和山东省先后以省政府办公厅的名义出台文件，在矿山等重点行业领域推行安全总监制度。2023 年 8 月 22 日，山东省结合试行情况对制度进行了修订完善，进一步推动落实。两省推行的安全总监制度，在督促企业主体责任落实、消除重大事故隐患、有效防范生产安全事故等方面发挥了重要作用。因此，在充分调研和总结提炼的基础上，将这方面有益做法向全国推广。

（3）有利于进一步强化企业安全管理力量，督促矿山企业主体责任落实、消除重大事故隐患、有效防范生产安全事故；也有利于进一步扩展企业安全管理人员的职业通道，提高安全管理人员的工作积极性，吸引更多的安全管理人员从事安全生产工作。

《中央企业安全生产监督管理办法》（国务院国有资产监督管理委员会令第44号）第八条规定，第一类中央企业、涉矿中央企业集团总部应配备专职安全生产总监，所属安全风险高的企业应全面推行专职安全生产总监制度。第二、三类中央企业所属安全风险较高的企业应参照配备专职安全生产总监。安全生产总监应当履行以下职责，并对职责或授权范围内的事项承担相应责任：①协助主要负责人落实企业安全生产责任，配合分管负责人开展企业安全生产监督管理工作。②负责企业安全生产监督管理工作的总体策划，参与企业涉及安全生产的重大决策并提出安全生产监督管理意见。③负责建立企业内部安全生产监督体系并确保正常运转，领导安全生产监督管理部门开展工作。④负责监督集团总部各部门、所属各企业全员安全生产责任制落实情况。⑤组织开展企业内部安全生产监督检查，监督企业内部重大事故隐患整改。⑥协助做好事故报告、应急处置等有关工作，组织开展事故内部调查处理。⑦其他应当依法履行的职责。

下一步，将从3个方面推动这项措施落实落地：

一是加大宣传力度，不断提升涉矿中央企业总部和涉矿大中型企业对配备安全总监工作的重视程度，充分认识配备安全总监的必要性，逐步提升矿山安全总监的社会认知度。

二是加大监督检查力度，将相关企业是否按照要求配备安全总监作为矿山日常安全监管监察工作的重点，必要时开展专项检查，不断督促企业严格落实。

三是强化示范引领，挖掘一批建立健全安全总监制度、充分发挥安全总监作用、安全生产成效显著的矿山标杆企业，强化示范带动，以点带面推动该项措施在全国落实到位。特别是，希望中央企业在这方面要带好头做表率，不等不靠、先行先试，在配备安全总监方面尽早摸索出可复制可推广的经验做法，供其他矿山企业学习借鉴。

要点2 ☞ 配齐配强矿山领导

《意见》要求井工煤矿和金属非金属地下矿山配备矿长、总工程师和分管安全、生产、机电等工作的副矿长，并对其专业、学历、职称作出规定。

矿山领导班子是矿山企业做好安全生产工作的“关键人”，领导班子的专业、管理能力直接决定矿山安全水平。

（1）《条例》第二十二条规定，煤矿企业应当为煤矿分别配备专职矿长、总工程师，分管安全、生产、机电的副矿长以及专业技术人员。

（2）《硬措施》也明确了“五职”矿长、“五科”技术人员的学历背景、专业能力、工作经历，让专业的人干专业的活。“五职”矿长是指矿长、总工程师和分管安全、生产、机电的副矿长，必须具有采矿、地质、测量、机电、通风、矿建等矿山主体专业大专以上学历，有10年以上矿山一线从业经历。

（3）不得在其他矿山兼职。

《煤矿安全生产标准化管理体系基本要求及评分方法（试行）》要求，矿长、副矿长和总工程师、副总工程师，安全生产管理人员、专业技术人员配备满足要求，且不得在其他煤矿兼职。矿长、副矿长、总工程师、副总工程师在其他煤矿兼职的，“人员配备及准入”大项不得分，属于大的扣分项，扣30分。

在执行过程中应重点把握以下3点：

一是本条规定的“五职”矿长，均应为专职人员，不得在本矿担任2个以上“五职”矿长职务，也不得在其他矿山兼职。

二是“五职”矿长应具有相关专业大专以上学历，相关专业指地下矿山安全、采矿、机电、地质测量（防治水）、矿建（建井）等主体专业。

三是露天煤矿仍要按照《国务院办公厅关于进一步加强煤矿安全生产工作的意见》（国办发〔2013〕99号）相关规定，配备矿长、总工程师和分管安全、生产、机电等工作的副矿长，且不得兼职。

要点3 ☞ 完善技术管理团队

技术管理团队是提升矿山技术管理水平的一支决定性力量。《意见》明确了煤矿、金属非金属矿山、尾矿库专职技术人员配备要求。具体来看，煤矿应配备负责采煤、掘进、机电运输、通风、地质测量工作的专业技术人员；金属非金属矿山应当配备采矿、地质、测量、机电等专业技术人员；尾矿库应当配备水利、土木或者选矿（矿物加工）等尾矿库相关专业技术人员。需要说明的是，所有专业技术人员均为专职，具有矿山相关专业中专及以上学历或者中级以上技术职称，煤矿和金属非金属地下矿山每个专业的专职技术人员不得少于1人，三等及以上尾矿库专职技术人员应当不少于2人，四等、五等尾矿库专职技术人员应当不少于1人。

（1）《条例》第二十二条规定，煤矿企业应当为煤矿分别配备专职矿长、总工程师，分管安全、生产、机电的副矿长以及专业技术人员。

（2）《硬措施》也明确了“五科”技术人员的学历背景、专业能力、工作经历，让专业的人干专业的活。“五科”技术人员是指生产技术、通风、机电运输、地质测量、安全管理等职能部门主要负责人，必须为中专以上矿山主体专业毕业，有5年以上矿山一线从业经历。

（3）《煤矿安全规程》规定：

① 煤矿企业必须设置专门机构负责煤矿安全生产与职业病危害防治管理工

作，配备满足工作需要的人员及装备。

② 煤矿建设、施工单位必须设置项目管理机构，配备满足工程需要的安全人员、技术人员和特种作业人员。

（4）《煤矿安全生产标准化管理体系基本要求及评分方法（试行）》要求，煤矿安全生产组织机构完备（井工煤矿有负责安全、采煤、掘进、通风、机电、运输、地测、防治水、安全培训、调度、应急管理、职业病危害防治等工作的管理部门；露天煤矿有负责安全、钻孔、爆破、采装、运输、排土、边坡、机电、地测、防治水、防灭火、安全培训、调度、应急管理、职业病危害防治等工作的管理部门），配备管理人员。

要点4 ☞ 健全灾害严重矿山灾害管理机构

《意见》提出，灾害严重矿山应当按要求配备灾害治理专职领导人员、专门机构、专业人员，矿山企业应按照有关规定，健全瓦斯、水害、火、冲击地压等重大灾害治理机构、配备有关人员。

主要考虑是，当前矿山灾害越来越严重，对技术、资金、装备、人员的要求越来越高，有必要在灾害严重矿山设置专门负责灾害治理的矿领导，强化灾害治理工作的领导、组织协调和责任落实：有专门的机构和人员负责灾害治理规划编制、措施制定、现场施工等相关工作，提高灾害治理的科学性、有效性。

（1）《条例》第二十二条规定，对煤（岩）与瓦斯（二氧化碳）突出、高瓦斯、冲击地压、煤层容易自燃、水文地质类型复杂和极复杂的煤矿，还应当设立相应的专门防治机构，配备专职副总工程师。

（2）《煤矿安全规程》规定：

① 水文地质条件复杂、极复杂的煤矿，应当设立专门的防治水机构。

② 矿井防治冲击地压工作应当设专门的机构与人员。

（3）《煤矿防治水细则》规定，煤矿应当根据本单位的水害情况，配备满足工作需要的防治水专业技术人员，配齐专用的探放水设备，建立专门的探放水作业队伍，储备必要的水害抢险救灾设备和物资。

水文地质类型复杂、极复杂的煤矿，还应当设立专门的防治水机构、配备防治水副总工程师。

（4）《防治煤与瓦斯突出细则》规定，突出矿井的矿长、总工程师、防突机构和安全管理机构负责人、防突工应当满足下列要求：

① 矿长、总工程师应当具备煤矿相关专业大专及以上学历，具有 3 年以上煤矿相关工作经历。

② 防突机构和安全管理机构负责人应当具备煤矿相关中专及以上学历，具

有2年以上煤矿相关工作经历。

③ 防突机构应当配备不少于2名专业技术人员，具备煤矿相关专业中专及以上学历。

④ 防突工应当具备初中及以上文化程度（新上岗的煤矿特种作业人员应当具备高中及以上文化程度），具有煤矿相关工作经历，或者具备职业高中、技工学校及中专以上相关专业学历。

（5）《防治煤矿冲击地压细则》规定，有冲击地压矿井的煤矿企业必须明确分管冲击地压防治工作的负责人及业务主管部门，配备相关的业务管理人员。冲击地压矿井必须明确分管冲击地压防治工作的负责人，设立专门的防冲机构，并配备专业防冲技术人员与施工队伍，防冲队伍人数必须满足矿井防冲工作的需要，建立防冲监测系统，配备防冲装备，完善安全设施和管理制度，加强现场管理。

（6）《煤矿防灭火细则》规定，煤矿企业、煤矿应当明确防灭火工作负责部门，建立健全防灭火管理制度和各级岗位责任制度。开采容易自燃和自燃煤层的矿井应当配备满足需要的防灭火专业技术人员。

（7）《煤矿地质工作细则》规定，煤矿企业、煤矿应配备地质副总工程师，设立地测部门并配齐所需的地质及相关专业技术人员和仪器设备，建立健全煤矿地质工作规章制度。地质副总工程师、地测部门负责人应由地质及相关专业技术人员担任。

（8）《煤矿安全生产标准化管理体系基本要求及评分方法（试行）》要求，煤（岩）与瓦斯（二氧化碳）突出矿井、水文地质类型复杂和极复杂矿井、冲击地压矿井按规定设有相应的机构和队伍。

（十七）强化安全基础管理。矿山企业应当建立健全并落实全员安全生产岗位责任制和安全生产管理制度。按照要求绘制、更新相关图纸，并报送矿山安全监管监察部门。未经安全培训合格的从业人员不得上岗作业，矿长、总工程师和分管安全、生产、机电等工作的副矿长每年应当接受专门的安全教育培训。首次取证的地下矿山特种作业人员应当具有高中以上文化程度。严格井下劳动定员管理，不得超定员安排人员下井作业，提高井下艰苦岗位津贴。取消井下劳务派遣用工，矿山企业或承包单位对欠薪应依法承担清偿责任。

学习要点

基础不牢，地动山摇。安全基础管理是抓好矿山安全生产的重中之重。矿山安全基础管理依然薄弱，制度落实、图纸更新、安全培训、定员管理、派遣用工等方面均存在诸多问题。本条紧密围绕强化基础管理，针对事故暴露出的突出问题，从健全制度、完善机制、提升素质、规范用工等方面作出了规定。

要点1 ☞《意见》提出的5个“针对”

（1）针对安全生产责任制和安全生产管理制度不健全、不落实，《意见》明确矿山企业应当建立健全并落实全员安全生产岗位责任制和安全生产管理制度。

（2）针对搞假图纸、隐蔽工作面开采等问题，《意见》要求企业定期绘制更新相关图纸，并报送监管监察部门。

（3）针对“五职”矿长等人员不具备安全生产知识和能力的问题，《意见》重申“五职”矿长每年应当接受专门安全教育培训。未经安全培训合格的人员不得上岗作业，首次取证的地下矿山特种作业人员应当具有高中以上文化程度。

（4）针对有的矿山搞“人海战术”，《意见》强调严格井下劳动定员管理，不得超定员安排人员下井作业。

（5）针对井下条件艰苦，劳务派遣工安全培训跟不上和归属感不强等问题，《意见》要求提高井下艰苦岗位津贴，取消井下劳务派遣用工，并要求矿山企业或承包单位承担欠薪清偿责任。

要点2 ☞ 建立健全责任制度

矿山安全生产是一项系统工程，涉及矿山生产的各环节、各岗位，任何一个节点出现问题，均有可能引发系统性缺陷，引发生产安全事故。《意见》要求矿山企业建立并落实全员安全生产岗位责任制，就是要建立从矿山企业主要负责人（含法定代表人、实际控制人、实际负责人）到一线岗位职工，覆盖各层级、各岗位的全员安全生产岗位责任制，做到人人有责、人人知责、人人履责、失职追责；要求建立安全生产管理制度，就是要建立覆盖矿山生产全过程、各环节的安全生产管理制度，并严格落实。

（1）安全生产责任制是企业岗位责任制的一个组成部分，是企业中最基本的一项安全制度，也是企业安全生产、劳动保护管理制度的核心。安全生产责任制是经长期的安全生产、劳动保护管理实践证明的成功制度与措施。煤矿企业要加强安全管理，依据《中华人民共和国安全生产法》的要求加强煤矿企业的主体责任，制定完善和建立健全煤矿企业的安全生产主体责任和各级负责人、各部门、各岗位安全生产与职业病危害防治责任制。

实践证明，凡是建立、健全了全员安全生产责任制的企业，各级领导重视安全生产、劳动保护工作，切实贯彻执行党的安全生产、劳动保护方针、政策和国家的安全生产、劳动保护法规，在认真负责组织生产的同时，积极采取措施，改善劳动条件，工伤事故和职业病就会减少；反之，就会职责不清，相互推诿，而使安全生产、劳动保护工作无人负责，无法进行，工伤事故与职业病就会不断发生。

（2）煤矿安全生产管理制度是保证各项安全生产法律法规在煤矿得到落实的基础，是为防止煤矿事故的发生，保证各项安全法律、法规正确实施的重要制度。安全生产管理制度主要包括安全生产责任制度、安全奖惩制度、安全技术措施审批制度、安全风险分级管控工作制度、安全隐患排查制度、安全检查制度、安全办公会议制度、重要设备材料的查验制度等。

要点 3 ☞ 按要求绘制更新报送相关图纸

矿山图纸资料是矿山安全生产的最基本资料，也是有关部门实施监督检查的基本依据。长期以来，部分煤矿为了多出矿，图实不符，搞假图纸、隐瞒采掘作业地点，不落实安全管理措施，导致重特大事故多发频发，仅 2016 年以来，因假图纸、隐蔽工作面开采引发较大以上事故就超过 27 起，教训极为惨痛。

《意见》要求矿山企业向矿山安全监管监察部门定期报送相关图纸，有利于矿山安全监管监察部门及时掌握矿山安全生产动态，既为实施精准监管奠定基础，也为科学精准处置矿山突发事件提供重要支撑。

（1）煤矿必须要有与实际相符的纸质现状图，定期绘制并更新采掘工程平面图、井上下对照图、通风系统图、井下避灾路线图等相关图纸，按规定报送属地矿山安全监管部门和矿山安全监察机构。对于不按时报送或提供假图纸假资料的，监管监察部门应当依法严肃处理处罚。

（2）《煤矿安全规程》规定，井工煤矿必须按规定填绘反映实际情况的下列图纸：①矿井地质图和水文地质图；②井上、下对照图；③巷道布置图；④采掘工程平面图；⑤通风系统图；⑥井下运输系统图；⑦安全监控布置图和断电控制图、人员位置监测系统图；⑧压风、排水、防尘、防火注浆、抽采瓦斯等管路系统图；⑨井下通信系统图；⑩井上、下配电系统图和井下电气设备布置图；⑪ 井下避灾路线图。

（3）《煤矿安全规程》规定，露天煤矿必须按规定填绘反映实际情况的下列图纸：①地形地质图；②工程地质平面图、断面图；③综合水文地质图；④采剥、排土工程平面图和运输系统图；⑤供配电系统图；⑥通信系统图；⑦防排水系统图；⑧边坡监测系统平面图；⑨井工采空区与露天矿平面对照图。

要点 4 ☞ 提升从业人员素质

煤矿高质量发展需要一支高素质的从业人员队伍作支撑。当前，许多煤矿从业人员不培训就上岗的问题仍然突出，矿工当天入职、当天上岗、当天遇难的悲剧时有发生。煤矿应加强从业人员教育培训，从业人员必须经培训合格后方可上岗作业，这是对从业人员最大的负责。

1. *矿山三项人员培训*

《安全生产法》第五十八条规定，从业人员应当接受安全生产教育和培训，掌握本职工作所需的安全生产知识，提高安全生产技能，增强事故预防和应急处理能力。

《煤矿安全规程》第九条规定，煤矿企业必须对从业人员进行安全教育和培训。培训不合格的，不得上岗作业。主要负责人和安全生产管理人员必须具备煤矿安全生产知识和管理能力，并经考核合格。特种作业人员必须按国家有关规定培训合格，取得资格证书，方可上岗作业。矿长必须具备安全专业知识，具有组织、领导安全生产和处理煤矿事故的能力。

矿山企业主要负责人和安全生产管理人员应当每年接受不少于二十四学时的专门安全教育培训。国家矿山安全监察局组织制定矿山企业主要负责人和安全生产管理人员安全生产知识和管理能力考核标准及考试要点，建立国家级考试题库。省级矿山安全培训主管部门应当根据前款规定的考核标准及考试要点，建立省级考试题库，并报国家矿山安全监察局备案。

矿山企业其他从业人员的初次安全培训时间不得少于七十二学时，每年再培训的时间不得少于二十学时。初次安全培训和每年再培训均为脱产培训。

2. *矿山特种作业人员培训*

（1）矿山特种作业人员必须经专门的安全技术培训和考核合格，由省级矿山安全培训主管部门颁发《中华人民共和国特种作业操作证》（以下简称特种作业操作证）后，方可上岗作业。

（2）矿山特种作业人员在参加资格考试前应当按照规定的培训大纲进行安全生产知识和实际操作能力的专门培训。其中，初次培训的时间不得少于九十学时。已经取得职业高中、技工学校及中专以上学历的毕业生从事与其所学专业相应的特种作业，持学历证明经考核发证部门审核属实的，免予初次培训，直接参加资格考试。

（3）矿山特种作业操作资格考试包括安全生产知识考试和实际操作能力考试。安全生产知识考试合格后，进行实际操作能力考试。矿山特种作业操作资格考试应当在规定的考试机构（点）进行，安全生产知识考试应当使用统一的考试题库，使用计算机考试，实际操作能力考试采用国家统一考试标准进行考试。考试满分均为一百分，八十分以上为合格。

（4）特种作业人员应当每三年接受不少于二十四学时的专门脱产培训。

3. 重点工作

《意见》对矿山从业人员、“五职”矿长提出了培训要求，并对特种作业人员学历作出了规定。煤矿企业应当重点抓好以下工作：

一是矿山从业人员必须经本企业或具备安全培训条件的机构进行培训，未经培训并取得培训合格证明的，不得上岗作业。

二是“五职”矿长必须在上岗后规定时间内取得安全生产知识和管理能力考核合格证明，并每年参加由矿山安全监察机构会同监管部门组织的专门培训，培训时间满足要求。

三是首次取证的矿山特种作业人员必须具有高中以上文化程度。

要点 5 ☞ 严格井下劳动定员管理

近年来国家矿山安监局积极推进矿山“一优三减”，全国 47 处单班下井超千人矿井全部降至千人以下，超 37 万人从危险岗位转移出来。但同时，超定员生产仍然十分普遍，有的井工煤矿生产系统复杂，采掘头面多，井下用人多；有的露天煤矿运输设备小，搞“人海战术”，安全风险极高。

《意见》强调要严格井下劳动定员管理，不得超定员安排人员下井作业，就是要推动各地、各有关部门和矿山企业积极引导和推动矿山企业简化生产系统、优化劳动组织、减少入井（坑）作业人数。国家矿山安监局将出台有关规定，对井工和露天煤矿单班入井（坑）总人数、采掘工作面范围和人数、特殊原因需审批或报告人数的情形、高风险作业环节人员数量（如通勤车、爆破区域等）、交接班时间和人数等作出明确规定。各级矿山安全监管监察部门要依据本条和相关规定，将矿山执行限员规定情况作为检查的重点内容，对于未达到要求的矿山，依法依规严肃处理处罚。

国家矿山安全监察局印发的《煤矿单班入井（坑）作业人数限员规定》（矿安〔2023〕129 号），对井工煤矿单班入井作业人数、井工采煤工作面单班作业人数、井工掘进工作面单班作业人数、露天煤矿单班入坑作业人数作了详细规定。

要点 6 ☞ 提高井下艰苦岗位津贴

煤矿是高危行业，井下作业既艰苦又危险，提高劳动者工资待遇有利于保持队伍稳定，消除人的不安全因素。但当前我国矿山井下岗位津贴标准较低，煤矿井下岗位津贴标准仍然执行的是 2006 年的标准，如井下采掘工津贴仅为 15 ~ 30 元/工，加之矿山从业人员收入普遍偏低，矿山企业招工难、用工荒、人员流失等问题十分普遍，已严重制约矿山安全高质量发展。

《意见》明确提出，提高井下艰苦岗位津贴，体现了党中央以人民为中心的发展理念和对煤矿工人的关心厚爱。

各地区、各有关部门和煤矿企业要综合考虑井下劳动强度、工作时间、作业环境等因素，适当提高矿山井下艰苦岗位下井津贴、班中餐补贴、夜班津贴等，提高工资待遇水平，保障一线职工带薪休假、外出疗养、申请转岗或弹性退休等权利，帮助广大矿工实现尊严劳动、体面生活。

要点 7 ☞ 取消井下劳务派遣用工

井下劳务派遣工是矿山从业人员当中的特殊群体，从事井下艰苦岗位，却没有与本矿“正式工”同等的工资待遇和福利保障，影响矿工兄弟的获得感、幸福感、安全感。同时，由于井下劳务派遣工对矿山缺乏归属感，很难保证有足够的责任心和安全意识，加之安全培训跟不上，在井下高危岗位上作业极易引发事故。

为贯彻落实新发展理念，煤矿领域先行先试，从 2020 年起要求逐步取消井下劳务派遣用工，截至 2021 年底，煤矿井下劳务派遣工已基本通过转为正式合同工为主的方式改变身份，实现了同工同酬，维护了职工队伍的稳定，对安全生产起到了较好促进作用。《意见》强调取消所有地下矿山井下劳务派遣工，并通过“进退留转”等方式予以妥善安置，在安置过程中，矿山企业或者承包单位要依法维护矿工工资报酬权益，对欠薪应依法承担清偿责任。

《关于进一步规范煤矿劳动用工促进煤矿安全生产的指导意见》（煤安监行管〔2020〕38 号）规范了劳务派遣用工，规定：煤矿井下工作岗位是煤矿企业主营业务岗位，不得采取劳务派遣用工。

国务院安全生产委员会印发的《关于防范遏制矿山领域重特大生产安全事故的硬措施》也明确规定，矿山企业必须取消井下劳务派遣用工。

五、落实地方党政领导责任和部门监管监察责任

现阶段我国安全生产发展仍处在法治强制期，地方党政领导责任和部门监管监察责任落实的力度关乎着企业主体责任落实的程度。

> （十八）落实地方党政领导责任。坚持党政同责、一岗双责、齐抓共管、失职追责，严格落实矿山安全领导责任，组织开展区域性矿山隐蔽致灾因素普查治理，严厉打击非法盗采矿产资源行为。加强矿山安全监管机构和队伍建设，专业监管人员配备比例不低于在职人员的75%。矿山安全重点市、县

党政主要领导要定期研究矿山安全生产工作，深入矿山井下督促检查。实行市级、县级地方政府领导包保煤矿、金属非金属地下矿山和尾矿库安全生产责任制。

学习要点

党政领导干部安全生产责任制体现了党对安全生产工作的集中统一领导，展现了中国特色社会主义的制度优势。本条从落实矿山安全领导责任、加强矿山安全监管机构和队伍建设、加强矿山安全生产工作督促检查、实行地方政府矿山包保责任制等方面作出规定。

要点 1 ☞ 地方党政领导安全生产责任体系

在 2013 年 7 月 18 日，习近平总书记主持召开中央政治局第 28 次常委会，专题研究安全生产工作并发表重要讲话："落实安全生产责任制，要落实行业主管部门直接监管、安全监管部门综合监管、地方政府属地监管，坚持管行业必须管安全，管业务必须管安全，管生产必须管安全，而且要党政同责、一岗双责、齐抓共管。该担责任的时候不负责任，就会影响党和政府的威信"。

《中共中央、国务院关于推进安全生产领域改革发展的意见》明确要求，坚持党政同责、一岗双责、齐抓共管、失职追责，完善安全生产责任体系。

《地方党政领导干部安全生产责任制规定》规定，实行地方党政领导干部安全生产责任制，应当坚持党政同责、一岗双责、齐抓共管、失职追责，坚持管行业必须管安全、管业务必须管安全、管生产经营必须管安全。地方各级党委和政府主要负责人是本地区安全生产第一责任人，班子其他成员对分管范围内的安全生产工作负领导责任。

（1）党政同责，是指各级党委、政府将安全生产工作纳入工作重要内容，党委、政府主要负责人共同对本地区安全生产工作负总责，其他负责人负相应责任。

（2）一岗双责，是指各级党政领导干部在履行岗位业务工作职责的同时，按照"谁主管、谁负责"和"管行业必须管安全、管业务必须管安全、管生产经营必须管安全"的原则，履行安全生产工作职责。

（3）齐抓共管，是指各级党委、政府及其工作部门等有关方面都必须牢固树立齐心协力、同抓共管、共同担当意识，共同建立体制机制，确保安全生产工作顺利推进。严格落实行业主管部门直接监管责任、安全生产监督管理部门综合监管责任、地方政府属地监管责任和企业安全生产主体责任，形成"党委政府统一领导、部门依法监管、企业落实主体责任、群众参与监督、全社会广泛支持”的安全生产监管工作格局。

（4）失职追责，是指应当坚持实事求是、合法合规、权责一致、公平公正、惩教结合的原则，对未全面履行、不履行或不当履行安全生产工作责任者予以责任追究。

要点2 ☞ 加强对矿山安全生产工作的领导

矿山安全生产工作，不仅政府要抓，党委也要抓。《意见》按照“党政同责、一岗双责、齐抓共管、失职追责”原则，从矿山安全生产角度，重点明确和强调了地方党政领导干部需要组织开展的两个方面工作任务。

一是组织开展区域性矿山隐蔽致灾因素普查治理。这是实现预防为主、源头治理的治本之策，也是有效防范各类灾害事故的根本途径。特别是对于矿山集中的地区，采空区、废弃老窑、区域性地质构造等赋存复杂，单个矿山或企业难以全面真实普查清楚、治理到位，必须由地方政府牵头组织开展，落实普查资金、明确普查重点、制定普查治理方案。

二是严厉打击非法盗采矿产资源行为。近年来，非法盗采矿产资源亡人事件屡屡发生，涉及开采、收购、运输、倒卖等多个环节多个监管部门，必须由地方政府牵头组织开展联合打击，加强多部门协调配合，严格落实停电、停水、停供民爆物品、炸封井口等措施，加大举报奖励、通报曝光力度，斩断非法盗采各环节利益链条。

要点3 ☞ 加强矿山安全监管机构和队伍建设

当前，矿山安全监管机构分散在不同部门，非煤矿山、煤矿安全监管人员中具有专业背景的分别仅占20%和58.6%，多数市县只有1～2人，且多为事业编制，没有执法权，满足不了当前矿山安全监管的需要。

地方各级党委政府要高度重视矿山安全监管机构和队伍建设。

一是捋顺矿山安全监管体制，健全矿山安全监管机构，实施煤矿和非煤矿山一体监管。

二是加强矿山安全监管专业人员配备，完善人员录用标准，通过院校引进一批、大型国有企业选拔一批、专业培训提升一批，配齐配强监管干部，逐步提高专业监管人员比例。

三是建立健全矿山安全监管人员逢进必考、入职培训、持证上岗和定期轮训等制度，对矿山安全监管人员录用、入职、上岗、职级晋升等关键环节和长期培训教育进行严格管理，提高专业素养和业务水平。

矿山安全监管监察部门必须加强干部队伍自身建设，强化制度约束和源头治理，建立健全执法全过程监督机制，切实提升发现问题和解决问题的强烈意愿和能力水平。

各地要结合实际，按规定配齐配足安全监管机构和队伍，确保矿山安全监管专业人员配备比例不低于在职人员的 75% 。

要点 4 ☞ 加强矿山安全生产工作督促检查

《意见》明确矿山安全重点市、县党政主要领导要定期研究矿山安全生产工作。

矿山安全重点市、县矿山数量多、安全风险高，只有党政主要负责同志亲力亲为靠前抓，各项措施才能得到有效落实，安全生产形势才能稳定向好。矿山安全重点市、县党政主要领导要坚决扛起“促一方发展、保一方平安”的政治责任，定期研究解决矿山安全生产重大问题，经常深入井下采掘头面、露天采坑、尾矿库坝体等开展督导检查，压实各方安全生产责任。

国家矿山安全监察局和各地要根据矿山安全生产状况、灾害风险等情况调整煤矿和非煤矿山重点县（市、区）名单，并向社会公示，实行重点督导、动态管理。聚焦重点产煤县（市、区）和企业，通过以点带面，推动地方政府及其煤矿安全监管部门进一步落实属地安全监管责任，严厉打击煤矿安全生产违法违规行为，推动企业严格落实安全生产主体责任，坚决防范遏制较大及以上事故发生。

重点县（市、区）主要工作任务：

（1）有关重点县（市、区）党委、政府要认真贯彻落实习近平总书记关于安全生产重要指示批示精神，落实“党政同责、一岗双责、齐抓共管、失职追责”的要求，切实加强对煤矿安全生产工作的组织领导，及时研究解决煤矿安全生产重大问题和突出问题。

（2）加强煤矿安全生产能力建设，进一步落实煤矿安全生产属地监管责任，逐一明确各类煤矿日常安全监管主体及联系包保、驻矿盯守和安全巡查人员，明确岗位职责并强化监督考核，防止漏管失控。

（3）坚持严格规范精准执法，强化执法监督，敢于动真碰硬，综合运用处罚、曝光、联合惩戒、信息化等手段，提高执法效果，坚决防止“花式检查”和执法“宽松软”等问题。

（4）定期对辖区煤矿进行重大风险研判，及时发布预警信息，督促企业落实重大风险管控措施。对重大隐患按规定挂牌督办、现场核查，确保整改销号。

（5）采取有力措施，督促辖区煤矿落实企业主体责任，健全完善以企业主要负责人为第一责任人的安全管理体系，以技术负责人为第一责任人的技术管理体系，推动企业牢固树立区域治理、综合治理、超前治理的治灾理念，扎实开展隐蔽致灾因素普查治理，建立健全安全风险分级管控和隐患排查治理双重预防机制。

（6）持续推进煤矿企业安全生产标准化建设，大力推进机械化、自动化、信息化、智能化建设，提升安全保障水平。

（7）强力推动不符合国家产业政策、不具备安全生产条件、灾害严重、不能有效防范遏制事故的煤矿关闭退出。

要点5 ☞ 实行地方政府矿山包保责任制

实行包保责任制是推动地方政府落实矿山安全生产领导责任的重要方法和手段。《意见》提出要实行市、县地方政府领导包保煤矿、金属非金属地下矿山和尾矿库安全生产责任制。严格落实矿山安全属地责任。各地要认真研究本地区矿山安全生产存在的共性问题，细化落实市、县两级地方政府领导包保责任和内容，主要负责同志要带头下沉一线了解真实状况，对突出问题和重大事故隐患紧盯不放，不见落实不松手。

目前全国5000余座尾矿库已全部落实以市、县级政府领导包保为主的地方政府领导包保责任制，取得了积极成效。煤矿、金属非金属地下矿山安全风险更高，有必要推广此项制度。

《关于进一步压实矿山安全监管监察责任切实消除监管盲区的通知》（矿安〔2021〕50号）要求，煤矿要实行安全监管部门联系包保制度，省级煤矿安全监管部门联系包保产煤市（地、州、盟），市级煤矿安全监管部门联系包保产煤县（市、区、旗），县级煤矿安全监管部门联系包保煤矿。各级矿山安全监管部门要建立健全管理制度，明确包保、盯守、巡查责任和岗位职责，细化工作任务，确保包保、盯守和巡查事项可落实、可执行、可考核。

（1）对正常生产建设的煤矿和非煤地下矿山，要推动落实地方政府领导联系包保责任，逐矿明确联系包保人员，细化联系包保工作措施。

（2）对检查发现存在重大隐患的高风险矿山，在重大隐患消除前应安排人员驻矿监管。

（3）对停产停工整改矿山，要落实专人联系盯守或者驻矿盯守，督促企业制定整改方案，明确下井人数、整改内容、整改时限及安全技术措施，严防边整改甚至不整改而组织生产建设。

（4）对长期停产停工矿山，要落实驻矿盯守或者定期巡查责任，并采取加装视频监控、电子锁等“电子封条”、停止或者限制供电、停止供应火工品以及加强现场巡查等综合管控措施，严防明停暗开。

（5）对即将关闭退出矿山，要明确关闭退出期间安全监管措施，明确专人联系盯守或者驻矿盯守，严禁违规设置“回撤期”“过渡期”，严禁违规转包井下回撤工程，确保安全有序退出。

（6）对已关闭退出矿山，要严格按照有关规定封堵井口、拆除提升设施，防止死灰复燃。

（十九）落实矿山安全监管责任。各地区应当坚持明责知责、履责尽责，按照分级分类原则，明确省市县三级矿山安全监管执法管辖权限，明确矿山和尾矿库日常安全监管主体，建立部门联合执法和问题线索移交机制，大力提高执法专业素养，切实提升发现问题和解决问题的强烈意愿和能力水平。中央企业所属矿山安全监管应由市地级以上部门负责。尾矿库“头顶库”、采深超800米或者单班下井人数超30人的金属非金属地下矿山、边坡高度超200米的金属非金属露天矿山等高风险矿山安全监管，原则上不得下放至县级部门。按照“谁主管、谁负责”原则，矿山安全监管监察部门负责矿山安全监察和矿山安全生产监督管理工作。按照“管行业必须管安全、管业务必须管安全、管生产经营必须管安全”要求，其他各有关部门要在行业管理、业务管理、生产经营管理中一体推进落实矿山安全生产各项要求。各级安全生产委员会办公室要加强对矿山安全生产工作的协调指导。

学习要点

安全生产责任重于泰山。落实责任，既包括企业主体责任，也包括安全监管责任。《意见》从明确监管权限、提高执法效能等方面对落实矿山安全监管责任提出了要求。

要点1 ☞ 明确监管权限

《意见》提出按照分级分类原则，明确三级地方政府监管责任和日常监管主体，并强调中央企业所属矿山、高风险矿山的监管权限不得下放到县级及以下部门。主要考虑是，目前矿山安全领域还存在安全监管责任不明、职责交叉、漏管失控等突出问题，监管责任不明晰、不落实情况时有发生，必须在职责规定、制度设计上下功夫加以解决。

各地区要按照《意见》要求，明确省市县三级矿山安全监管执法管辖权限，明确每一处矿山日常安全监管主体，确定各级矿山安全监管部门负责直接监管的矿山名单，杜绝监管盲区，特别是中央企业所属矿山安全监管、高风险矿山安全监管原则上不得下放至县级部门。

要点 2 ☞ 提高执法效能

《意见》着眼切实提升发现问题和解决问题的强烈意愿和能力水平，明确提出建立联合执法和问题线索移交机制，大力提高执法专业素养。当前监管监察执法效能有待提升，人员专业能力不足、执法意愿不强、不敢查、不愿查、不会查等问题尚未有效根除，执法“宽松软虚弱”等问题依然存在，必须秉持“打铁必须自身硬”的原则，通过强基固本锤炼提升执法能力和水平。

各地区要按照《意见》要求，加强协调配合，建立公安、自然资源、生态环境、应急、能源等多部门联合执法机制，对日常检查发现的各类问题隐患，建立问题线索移交机制，确保问题隐患销号闭环，真正形成工作合力；通过人才招录、强化培训、实践锻炼、作风整顿等方式，切实提升监管人员发现问题和解决问题的强烈意愿和能力水平。

要点 3 ☞ 中央企业所属矿山安全监管

《意见》要求，中央企业所属矿山安全监管应由市地级以上部门负责。

《中央企业安全生产监督管理办法》（2024 年 1 月 9 日国务院国有资产监督管理委员会令第 44 号公布　自 2024 年 3 月 1 日起施行）规定，中央企业应当依法接受国务院应急管理部门和所在地省（区、市）、市（地）人民政府应急管理部门以及有关行业、领域安全生产监督管理部门的监督管理。

要点 4 ☞“谁主管、谁负责”原则

《意见》要求，按照“谁主管、谁负责”原则，矿山安全监管监察部门负责矿山安全监察和矿山安全生产监督管理工作。

《中共中央、国务院关于推进安全生产领域改革发展的意见》（2016 年 12 月 9 日）提出了“谁主管谁负责”的原则。

“谁主管、谁负责”，就是各级领导对所管辖的范围，负有安全管理主体责任。在实际管理工作中，不能认为安全管理只是主管安全的领导和安全主管部门的工作，领导班子分工对所分管单位或部门同样负有安全管理主体责任。只有企业分管领导和各单位、部门领导的法制观念、主体责任意识和安全意识增强了，对安全生产法律、法规充分了解了，才能关心和支持安全工作，才能把企业安全生产工作，作为一项重要工作来抓，确保各项安全经费的落实、各项安全管理制度的严格执行和各项安全措施落到实处：才能在思想上实现“要我安全”到“我要安全”的转变；才能在追求企业经济效益的同时，更加注重社会效益，变被动承担安全生产主体责任为主动承担，真正实现企业的安全发展。

要点 5 ☞“三管三必须”原则

“管行业必须管安全、管业务必须管安全，管生产经营必须管安全”是安全生产工作的重要原则。

《中共中央、国务院关于推进安全生产领域改革发展的意见》（2016 年 12 月 9 日）提出了“三管三必须”的原则。

1. 管行业必须管安全

管行业必须管安全，明确了负有安全监管职责的各个部门，要在各自的职责范围以内对负责的行业和领域的安全生产工作实行监督管理。

2. 管业务必须管安全

管业务必须管安全，要求在煤矿企业里除了煤矿主要负责人是第一责任人以外，其他的副职都要根据分管的业务对安全生产工作负一定的责任。比如一个煤矿企业总部，董事长和总经理是主要负责人，那么他就是企业安全生产第一责任人。但是还有很多副职，比如分管人力资源的副总经理，对分管领域的安全要负责任。煤矿企业里面，安全管理团队配备得不到位、缺人，由此导致的事故这个副职是要负责任的。比如分管财务的副总经理，如果下属企业里安全投入不到位，分管财务的副总经理是要承担责任的。这就是我们说的管业务必须管安全。

3. 管生产经营必须管安全

管生产经营必须管安全。管生产的副总经理不能只抓生产，不顾安全，抓生产的同时必须兼顾安全，抓好安全，否则出了事故以后，管生产的副总经理是要负责任的。

在厘清责任、分清界限的同时，“三管三必须”原则还要求负有安全监管职责的部门之间要相互配合、齐抓共管、信息共享、资源共用，依法加强安全生产监督管理工作，切实形成监管合力。

（二十）强化矿山安全国家监察。健全国家矿山安全监察体制，国家矿山安全监察部门负责监督检查地方矿山安全监管工作，向地方政府提出改善和加强矿山安全监管工作的意见和建议。统筹矿山安全监管监察执法保障体系建设，推动落实监管监察能力建设规划，完善技术支撑体系，健全国家矿山安全智能化监管监察系统。

学习要点

矿山安全国家监察体制是坚持和加强党对矿山安全监管监察工作集中统一领导的重要制度创新。《意见》从加强国家监察“督政”工作、强化监管监察执法保障体系建设两个方面提出了强化矿山安全国家监察的制度措施。

要点1 ☞ 加强国家监察“督政”工作

《意见》明确“国家矿山安全监察部门负责监督检查地方矿山安全监管工作”，旨在重申矿山安全国家监察的职责定位。“督政”是国家监察的主要职能，现阶段国家监察在“督政”上还存在不少差距，监察力度、强度、精度、深度都亟待提升。

国家矿山安全监察局各省级局要清醒认识国家监察定位，按照《意见》要求，加强和改进“督政”方式方法，理直气壮抓“督政”工作，对矿山安全生产重大问题、重大隐患、重大风险，要向地方政府发送工作提醒函、建议函，或者进行约谈督办，压实地方党委政府属地监管责任，打通“一件事”全链条，实现齐抓共管、互为表里、互相接受、群防群治、各尽其责。

要点2 ☞ 加强执法保障体系建设

《意见》提出要统筹矿山安全监管监察执法体系建设，健全国家矿山安全智能化监管监察系统。主要考虑是，目前矿山安全监管监察执法保障体系建设方面还存在不少短板、弱项，技术支撑体系方面亟待进一步健全、完善，监管监察信息化系统不够智能。

各地区要按照《意见》要求，加强顶层设计，统筹各地监管监察能力建设规划，根据矿山安全监管监察实际需求，配备人员、经费、车辆、办公用房、执法终端、无人机等，不断完善执法硬件装备保障；充分发挥现代科技手段优势，加强检测检验、调查取证、应急救援等矿山安全监管执法技术支撑体系建设，加快形成与监督检查、取证听证、调查处理等执法过程相配套的技术支撑能力，健全国家矿山安全智能化监管监察系统。

六、推进矿山安全依法治理

法治是现代社会治理的基本方式，是安全生产长治久安的根本路径。各地必须持续加强矿山安全生产法治化建设，严格规范公正文明执法，不断提升法治效能，推动矿山安全在法制轨道上前进。

> （二十一）加强执法保障建设。推动修订矿山安全法，制定煤矿安全生产条例，加强矿山安全标准化建设工作。完善矿山安全监管监察专业人才培养机制，提高待遇保障。加强在线监控联网和矿山安全综合信息化平台建设，强化执法装备保障。

学习要点

执法是矿山安全监管监察的核心工作，需要全方位、多层次、立体化的保障才能充分发挥作用。本条从加强矿山安全法规标准、完善专业人员培养机制、强化执法装备保障等3个方面对加强执法保障建设提出要求。

要点1 ☞ 加强矿山安全法规标准建设

法规标准是推动矿山安全依法治理的前提。当前，我国矿山安全法规标准体系总体上已基本建成，为各级监管监察部门开展执法提供了有力支撑，但是仍然存在部分法规标准制修订进展缓慢、针对性和可操作性不强等问题。当然，作为煤矿企业更应当积极参与其中，才能让法规标准更有针对性、可操作性更强。

基于此，《意见》提出加强矿山安全法规标准建设的要求，主要做好以下工作：

（1）加快相关法律法规制修订步伐。国家有关部门要加强沟通协调，加快推动《煤矿安全生产条例》制定出台，稳步推进《矿山安全法》修订工作，进一步健全完善矿山安全法规体系。

（2）切实加强矿山安全标准化工作。建立全国性的矿山安全生产标准化技术委员会，加强对矿山安全标准化工作的组织协调力度，积极推动制修订一批矿山安全领域急需的标准。

（3）各地要结合实际，完善相关配套政策，加快推动矿山安全地方性法规、规章和地方标准的制修订，出台有关规范性文件，为开展监管执法工作提供坚实保障。

要点2 ☞ 完善专业人才培养机制

提升执法能力和水平，高素质、专业化的执法队伍是关键。当前，我国矿山安全监管监察专业化人才培养机制还存在不少短板和弱项，专业人才配比不足、年龄结构老化、本领恐慌、交流渠道有限、待遇保障水平不高等问题比较突出，无法满足矿山安全工作面临的新形势、新任务、新要求。

基于此，《意见》提出完善专业人员培养机制和提高待遇保障要求，充分体现了党中央对矿山安全监管监察干部队伍的关心和厚爱。主要做好以下工作：

（1）完善专业人才培养机制。加大政策支持力度，有针对性出台加强专业人才培养的有关制度措施，积极为监管监察人员提升个人专业能力创造机会和平台。同时要拓宽人才交流渠道，积极引进各类专业性人才，提高队伍专业素质和整体能力。

（2）各地应本着“事业留人、感情留人、待遇留人”的原则，从多方面切实提高待遇保障，增强职业吸引力和荣誉感。

要点 3 ☞ 强化信息化装备保障

信息化、智能化监管是未来发展方向，能够进一步提高监管的及时性、有效性和精准性。近年来，国家大力推动矿山安全信息化、智能化建设，取得了显著成效，建成了煤矿安全风险监测预警系统和煤矿安全监管监察执法信息系统，为监管监察部门开展执法工作提供了坚实保障。但是目前还存在在线监控联网范围覆盖不全、综合信息化平台功能不够完善、缺乏非煤矿山安全监管监察执法信息系统、对执法支撑保障不够有力等问题。

基于此，《意见》提出利用在线监控联网和矿山安全综合信息化平台建设强化执法装备保障。主要做好以下工作：

（1）加强在线监控联网和矿山安全综合信息化平台建设。加强资金和项目保障，推动优化完善矿山安全生产综合信息平台功能，积极推进露天矿山边坡监测、煤矿水害防治等数据联网，为智能化、信息化监管执法提供有效支撑。

（2）督促企业将各项数据接入平台，日常执法中要将研判平台数据监测异常情况作为重要内容，及时督促企业消除风险隐患，同时加大对违法违规行为的处罚力度。

（二十二）强化安全监督检查。矿山行业管理和安全监管监察部门应严格检查执法，严禁以罚代管、罚而不管。推动建立健全矿山安全生产案件移送、行政执法和刑事司法衔接机制，发现涉嫌犯罪的按规定及时移交司法机关。加强矿山领域安全评价、设计、检测、检验、认证、咨询、培训、监理等第三方服务机构监督管理。建立矿山安全评价检测检验报告公开制度。建立健全重大违法违规信息公示制度、联合惩戒制度和举报奖励制度。建立责任倒查机制，严格执行“谁检查、谁签名、谁负责”，对发现重大隐患不处理处罚或跟踪整改不到位的，依法严肃追责问责。

学习要点

实现矿山安全生产必须要有强有力的监管。本条从严格检查执法、做好行刑衔接、加强第三方服务机构监管、强化社会监督、建立责任倒查机制等 5 个方面对安全监督检查工作提出了要求。

要点1 ☞ 更好统筹严格执法与规范管理

《意见》强调要严格检查执法，保证执法的公正性和威慑力，严防以罚代管、罚而不管，真正将发现问题与解决问题相统一。主要是针对近年来重特大事故暴露出的执法"宽松软弱虚"、重罚轻管、效能不高、屡查屡罚仍挡不住事故发生等突出问题，从提升执法实效上提出要求。

矿山行业管理和安全监管监察部门要抓好统筹，既要敢于斗争，敢于亮剑，不得选择性执法、该罚不罚、该重罚轻罚，又要对问题隐患整改落实加强指导，对发现的共性问题、深层次问题，从技术装备、政策供给、管理机制等方面研究对策措施。

要点2 ☞ 健全案件移送和行刑衔接机制

《意见》提出要建立健全矿山安全生产案件移送、行政执法和刑事司法衔接机制。主要考虑是，近年来特别是刑法修正案（十一）出台后，虽然一些省份在推进行刑衔接上摸索出一些好的经验做法，针对遮蔽瓦斯传感器等重大违法行为，按规定移送处理了一批违法人员，但制度还不够健全、机制还不够完善，有的案件线索该移送的没有移送，有的案件移送接收不畅，有的案件接收了但是迟迟不审判，难以发挥法律的惩戒警示作用，必须进一步健全完善相关机制。

矿山安全监管监察部门要加强与公安、检察院、法院等机关协调配合，制定统一的矿山安全生产行刑衔接移送标准，理顺案件移送基本流程，提高行政执法证据收集的合法性，建立相关信息共享交流机制等，防止出现有案不移、有案难移、以罚代刑等现象，真正实现行刑无缝衔接，切实加大对矿山重大违法违规行为的震慑力度。

要点3 ☞ 强化第三方机构监督管理

《意见》强调要加强对第三方服务机构监督管理，建立矿山安全评价检测检验报告公开制度。主要考虑是，近年来矿山领域违法违规开展中介服务问题比较突出，一些中介机构为了获取非法利益出具虚假失实报告，严重扰乱矿山安全生产秩序。同时，一些检测检验报告公开不及时、不准确、不完整，社会监督流于形式，部门监管不够有效，有必要对其加强监督管理。

各地区和负有监管职责的部门要坚持源头把关，严格资质认可审查，加强事中事后监管，坚持"谁发证、谁监管"，强化日常执法检查，对违法违规行为公开曝光、严肃处理处罚，涉嫌构成刑事犯罪的，及时移送司法部门处理。同时，督促严格落实矿山安全评价检测检验报告公开制度。

要点4 ☞ 健全社会共治机制

《意见》从强化社会共治角度，明确建立健全重大违法违规信息公示、联合惩戒和举报奖励等 3 项制度，旨在充分发动群众参与安全生产、监督安全生产，发挥部门联合惩戒的震慑作用。

各级矿山安全监管监察部门要认真贯彻落实，认真履行严重失信主体名单管理工作职责，建立健全严重失信主体名单信息管理制度，推进与其他部门间的信息共享共用，健全严重失信主体名单信息查询、应用和反馈机制，依法依规对重大违法违规信息进行公示、实施联合惩戒。

对举报核实的矿山重大隐患和安全生产违法行为，按照“合法举报、属地管理、分级负责”“谁受理、谁奖励”的原则，对举报人实施奖励。

要点 5 ☞ 建立执法责任倒查机制

《意见》明确了执法检查人员在重大隐患处理处罚和跟踪整改上的责任，强调“谁检查、谁签名、谁负责”，对发现重大隐患不处理处罚或跟踪整改不到位导致重大事故隐患迟迟得不到整改的，虽然没有导致事故发生，但也要坚持刀刃向内，开展责任倒查，依法严肃追责问责。主要是为了进一步压实安全执法检查责任，推进治理模式向事前预防转型，将问责超前一步，强化过程管控和责任落实。

各级矿山安全监管监察部门在检查执法时，要充分发挥执法监督作用，落实好执法预审、法制审核、重大行政处罚集体讨论等制度，推进“前有执法、后有监督”的全过程执法监督，特别对重大事故隐患的处理处罚及跟踪整改情况要作为执法监督的重点。

> （二十三）严格事故调查处理。对较大涉险事故、瞒报谎报重大及以下矿山生产安全事故，视情况提级调查。接到瞒报谎报事故举报，属地县级以上地方政府应当组织核查。发生较大以上死亡事故的矿山，应当停产整顿，经验收符合安全生产条件后方可恢复生产。

学习要点

事故调查处理是落实安全责任追究，推动整改提升的最后关口。本条围绕矿山典型事故提级调查、瞒报事故属地核查、事故企业停产整顿等 3 个方面对事故调查处理工作提出要求。

要点 1 ☞ 明确矿山事故提级调查类型

《意见》要求对较大涉险事故、瞒报谎报重大及以下矿山生产安全事故，视情况提级调查。

当前一些较大涉险事故虽然没有造成重大人员伤亡，但社会关注度高、影响范围广、危害性严重，提级调查有利于查明事故原因，严肃追究责任，吸取事故教训，落实整改措施，强化事故防范；同时，一些地方政府及部门参与瞒报谎报矿山事故或明显存在利益输送，为提高事故调查严肃性，查明瞒报谎报事故真相，对瞒报谎报重大及以下矿山生产安全事故需要提级调查。

各地区各部门要建立完善矿山事故提级调查工作机制，坚持科学严谨、依法依规、实事求是、注重实效的原则，做到事故原因未查清不放过、责任人员未处理不放过、整改措施未落实不放过、有关人员未受到教育不放过，从严从快查处较大涉险事故、瞒报谎报等典型矿山事故，依法依规严肃追究事故责任，开展好事故警示教育和整改措施评估，用事故教训推动工作。

要点 2 ☞ 明确负责组织核查矿山瞒报事故单位

《意见》厘清矿山瞒报谎报事故核查权责，为开展瞒报谎报事故核查工作奠定了基础。

各级地方人民政府要切实担负起打击瞒报谎报矿山事故的主体责任，建立完善核查工作机制，对直接收到的或有关部门交办、转办的瞒报谎报事故，根据案情需要，组织公安、应急、矿山安全监管监察、人力资源社会保障、民政、卫生健康及纪检监察等精干力量依法依规进行核查，对每一条事故举报线索都要认真核实；对核查属实或部分属实的瞒报谎报事故，要查清伤亡人数、瞒报谎报组织实施过程和瞒报谎报责任，形成核查报告。

比如，2023 年媒体曝光了山西代县精诚铁矿系列瞒报事故和辽宁阜新弘霖煤矿瞒报事故，性质恶劣、影响极坏，引起中央领导高度重视。为有效遏制矿山瞒报事故多发势头，开展瞒报事故“大起底”专项行动，《意见》要求县级以上政府对瞒报谎报事故举报，依法依规组织核查。

要点 3 ☞ 对事故矿山停产整顿提出明确要求

《意见》明确发生较大及以上事故的矿山要停产整顿。主要考虑是，较大及以上矿山事故暴露出企业存在诸多问题，有的甚至不具备安全生产条件，如果不停产整顿，放任其继续生产，极易再次发生事故，也会给其他企业发出错误信号，容易形成“破窗效应”。

各地区各部门要建立完善事故矿山停产整顿工作制度，对所有发生较大及以上事故的矿山进行停产整顿，全面排查事故风险和隐患，严格执行矿山复工复产验收有关规定。只有问题隐患整改到位，且具备法律、行政法规和国家标准等规定的安全生产条件，方可按程序组织复工复产验收。

七、强化组织实施

（二十四）健全保障措施。各地区各有关部门要加强组织领导，明确任务分工，细化工作措施，研究配套政策。要统筹资金渠道，加强矿山淘汰退出、尾矿库治理、信息化系统、智能化矿山建设和安全监督检查等经费保障。应急管理部牵头建立矿山安全协调推进机制，将本意见落实情况纳入省级政府安全生产和消防工作考核巡查内容。纪检监察机关、组织人事部门和安全生产监管监察部门按照权限和职责，对安全生产责任履行不到位的，要依规依纪依法严肃追责问责，确保矿山安全生产工作各项部署要求落实到位。

学习要点

一分部署，九分落实。为保障《意见》落实见效，本条从加强组织领导、加强经费保障、强化检查考核、严格追究责任等 4 个方面提出明确要求，既是责任书，也是施工图。

要点 1 ☞ 加强组织领导

各地区、各有关部门应当深刻认识《意见》出台的重大意义，把贯彻落实《意见》作为一项重大政治任务，加强对《意见》贯彻落实工作的组织领导，结合自身实际强化顶层设计和整体规划，逐条逐项梳理制定贯彻落实方案、细化工作措施，明确任务分工、责任单位、责任人和时间节点等，确保《意见》落地、落实、落细；要聚焦本地区、本领域矿山安全生产的主要矛盾和突出问题，及时修订矿山准入、安全管理等标准和规范性文件，制定出台一批针对性强、操作性强、创新力足的配套政策措施，丰富和完善矿山安全管理体系。各煤矿企业应当认真履行主体责任，主动对标对表，自觉抓好贯彻落实。

要点 2 ☞ 加强经费保障

目前，中央和大部分地方财政均以不同形式设立了安全生产专项资金。如，安全生产预防和应急救援能力建设补助资金，明确了资金重点支持的范围包括尾矿库风险隐患治理、煤矿及重点非煤矿山重大灾害风险防控；煤矿安全改造中央预算内投资，明确了资金重点支持夯实煤矿安全生产基础、提升煤炭开采本质安全水平、创新变革煤炭生产方式等建设内容。

本条提出要统筹资金渠道，不仅指中央财政专项，也需要地方财政配套支持，还需要企业自筹资金，吸引社会资金支持的重点包括矿山淘汰退出、重大灾害治理、重大装备改造升级、重大项目科研攻关和安全监督检查等与矿山安全治本攻坚直接相关的重点任务。

在此基础上，各有关单位要按照职责规范资金管理，强化审计监督，真正管好、用好这些经费。

要点 3 ☞ 加强检查考核

检查考核是促进安全生产责任落实的重要手段。2018 年以来，国务院安委会每年都要组织开展对省级政府安全生产和消防工作进行现场考核巡查，有力推动党中央国务院重大决策部署落实。

《意见》明确要求应急管理部应当牵头建立矿山安全协调推进机制，将《意见》贯彻落实情况纳入省级政府安全生产和消防工作考核巡查内容，考核结果应当作为检验各地党委政府及其有关部门履行矿山安全生产责任制的重要依据。地方各级党委政府及其有关部门也要将《意见》贯彻落实情况作为重要督办事项，定期检查、全程跟踪，落实闭环管理。

要点 4 ☞ 严格追究责任

动员千遍不如问责一次。责任追究是保障《意见》落实落地的必要环节，也是管用措施。

近些年矿山安全生产事故暴露出安全责任落空落虚、层层失守等问题。为此，必须由纪检监察机关、组织人事部门和安全生产监管监察部门共同发力，按照权限和职责构建一条完整的明责、知责、履责、尽责、追责、问责体系，对安全生产责任履行不到位的依规依纪依法严肃追责问责。

纪检监察机关要履行好监督职责，做好矿山安全领域失职渎职等违纪违法案件的查办工作。组织人事部门要根据生产安全事故责任认定、追责问责等要求，按照规定权限和程序及时办理相关手续。矿山安全监管监察部门在开展生产安全事故和非法违法行为查处过程中，提出事故责任认定和处理意见，拧紧责任链、打出组合拳，确保矿山安全生产责任落实到位。

第三章

贯 彻 落 实

学习要点

应急管理部和国家矿山安全监察局高度重视《意见》学习宣传贯彻工作，召开党组专题会议研究，国务院安委会办公室专门印发通知，召开全国动员会议，对《意见》的学习宣传贯彻落实工作作出一系列部署安排。要求各地区、各有关部门和各矿山企业深刻认识《意见》出台的重大意义，切实把思想和行动统一到习近平总书记重要指示精神和党中央、国务院重大决策部署上来，切实增强抓好贯彻落实的思想自觉、政治自觉和行动自觉，切实做到学习有深度、理解有精度、宣贯有强度、落实有力度，真正让《意见》广为知晓、落地见效。主要有以下几项措施：

要点1 ☞ 加强宣贯培训学习

一要开展学习培训。各级领导干部要带头学、深入学，深刻理解、准确把握《意见》的精神实质和政策要求，切实把《意见》精神转化为完善工作思路、强化工作措施的自觉行动。要将《意见》纳入重点市县领导、矿山行业管理和安全监管监察人员、矿山企业主要负责人培训班学习内容，组织广大干部职工系统学习，进一步统一思想、提高认识、学深悟透。

二要下沉一线宣贯。省级监管监察部门要结合本地实际，认真宣贯解读要点，让《意见》精神“进机关、进企业、进矿山、进班组”，做到矿知人晓、深入人心。

三要营造良好氛围。各地、各有关部门、各煤矿企业要充分利用门户网站、主流媒体、微信微博、移动客户端等，采取刊发专栏、专题访谈、视频展播、知识竞赛、专家讲座等方式，广泛宣传、集中报道《意见》的精神实质和学习贯彻的经验做法，把学习贯彻不断引向深入。

要点2 ☞ 出台配套措施

一要加强政策供给。聚焦本地区煤矿安全生产的主要矛盾和突出问题，及时修订矿山准入、转型升级、安全管理等地方性标准规范，制定出台一批针对性强、操作性强、创新力足的配套政策措施，进一步完善煤矿安全治理体系。

二要加大资金支持。统筹资金渠道，强化对煤矿淘汰退出、重大灾害治理、信息化系统、智能化煤矿建设和安全监督检查等重点工作任务的资金保障。

三要强化典型引路。注重发挥基层首创精神，对《意见》涉及的重点难点问题，选取部分基础较好、条件相对具备、有代表性的地区和企业，大胆创新、先行先试、探索推进，为《意见》的全面贯彻落实提供可借鉴、可复制的经验做法。

要点3 ☞ 强化责任落实

一要党委政府带动。地方各级党委政府要发挥牵头引领作用，组织专门力量，建立统一领导、部门联动、齐抓共管的工作机制，有序抓好安排部署、方案制定、督查督办等工作。

二要有关部门推动。各级安委会办公室要充分发挥综合协调、督促检查作用，研究提出分工方案，按照“谁主管、谁负责”“三管三必须”原则，把各项任务分解到部门、具体到项目、落实到岗位，确保落地落实落细。

三要矿山企业行动。各矿山企业要逐条学习《意见》，对标对表文件新要求新变化，抓紧自查自改。矿山企业主要负责人要认真履行第一责任人责任，抓好《意见》的细化和落实，切实把《意见》要求落实到企业各层级、各岗位、各人头。

四要监察机构驱动。各省级局要树立国家监察权威，将《意见》贯彻落实情况纳入督政重点内容，督促指导地方党委政府、矿山行业管理和安全监管部门统筹推进各项工作，确保不漏一市一县一矿，形成齐抓共管良好局面。

要点4 ☞ 强化督促检查

一要定期督查督办。各地区党委政府、各有关部门要把《意见》贯彻落实情况作为重大督办事项，定期检查、全程跟踪，落实闭环管理。

二要加强监督检查。各单位要将《意见》贯彻落实情况作为联系指导、检查执法的重点，主要负责同志要带头抓、带头管、带头督，督促矿山企业健全管理机构、完善管理制度，推动企业安全管理水平提升。

三要严肃考核问责。各级安委会要把《意见》贯彻落实情况纳入各级政府安全生产和消防工作考核巡查重要内容，作为检验下级党委政府及其有关部门履行安全生产责任制的重要依据，适时开展贯彻落实情况调研评估。对工作不力、落实不到位的地区及单位，要通报批评、追责问责，不断压紧压实责任。

一分部署、九分落实。认真学习宣传贯彻落实《意见》精神，是当前和今后一个时期的重大政治任务。希望大家振奋精神、坚定信心、攻坚克难、久久为功，坚决防范化解矿山重大安全风险，推进矿山安全高质量发展，为强国建设、民族复兴作出应有贡献！

关于防范遏制矿山领域重特大生产安全事故的硬措施

2024 年 1 月 16 日，国务院安全生产委员会印发了《关于防范遏制矿山领域重特大生产安全事故的硬措施》（安委〔2024〕1 号），针对当前矿山安全生产领域存在的突出问题，提出 8 个方面的硬措施。

PPT 课件

第一章

背 景 和 意 义

学习要点

要点 1 ☞ 出台的背景

2023 年以来，随着疫情防控平稳转段，我国工业经济企稳回升，煤炭等能源资源需求旺盛，市场火热、价格高企，各方趋利冲动强烈，超负荷保供、超强度生产现象突出，矿山安全风险日益加剧，重特大生产安全事故多发连发。2023 年伊始，内蒙古阿拉善就发生了新井煤业露天煤矿“2・22”特别重大坍塌事故，造成 53 人遇难。这是自 2016 年内蒙古赤峰宝马煤矿“12・3”特别重大瓦斯爆炸事故后，时隔 6 年又一起煤矿特别重大事故，也是新中国成立以来露天煤矿发生的最大生产安全事故。2023 年下半年以来，煤矿接连发生多起重大生产安全事故，全国矿山安全生产形势异常严峻复杂。

习近平总书记高度重视矿山安全生产工作，多次作出重要指示批示，就做好事故抢险救援、压实安全生产责任、认真排查治理隐患、严查瞒报谎报事故等提出明确要求。李强总理多次主持召开国务院常务会议听取相关工作汇报，主持召开全国安全生产电视电话会议，部署矿山安全生产工作。张国清副总理亲赴国家矿山安全监察局座谈调研，专题研究防范遏制矿山重特大事故的具体硬措施。

按照中央领导同志指示精神，应急管理部、国家矿山安全监察局起草了《关于防范遏制矿山领域重特大生产安全事故的硬措施》。经多次修改完善，征求 16 个中央和国家机关有关部门意见建议，并报请国务院主要领导同志同意，2024 年 1 月 16 日，国务院安委会以 1 号文件的形式印发了《硬措施》。2024 年 1 月 26 日下午，国务院召开全国安全生产电视电话会议。李强总理出席会议并讲话指出，“这 8 条硬措施条条都是用血的代价换来的，条条针对当前突出风险隐患，各地一定要认真抓好落实”。张国清副总理强调，“矿山安全生产的 8 条硬措施，我们是逐字逐句反复看、反复斟酌，每一条后面都是血的代价，希望在座的各位同志一定要看一看，看后才知道从何处下手；要落实 8 条硬措施，做到打非治违、灾害治理、日常监管全面过硬，有效防范化解矿山安全风险”。

要点 2 ☞ 出台的意义

推动《硬措施》是非常时期的非常之举，是当前和今后一个时期矿山安全生产工作的重中之重，对于扭转当前矿山重特大生产安全事故多发连发势头具有重要的指导意义和现实意义。

1.《硬措施》是关于矿山安全生产工作又一重大举措

（1）《硬措施》是在国务院领导同志亲自指导下研究制定的，是《中共中央办公厅 国务院办公厅关于进一步加强矿山安全生产工作的意见》颁布后关于矿山安全生产工作又一重大举措，充分体现了党中央、国务院对矿山安全生产工作的高度重视。

（2）《硬措施》的出台实施，是贯彻落实习近平总书记关于安全生产重要指示批示精神的必然要求，是贯彻落实党中央、国务院重大决策部署的具体举措，是遏制当前矿山领域重特大生产安全事故多发频发势头的非常之举，为做好当前和今后一个时期矿山安全生产工作指明了方向路径、抓住了关键要害，对推动矿山领域高质量发展和高水平安全良性互动具有重大现实意义。

（3）各级矿山安全监管监察部门和各矿山企业要深刻认识《硬措施》出台的重大意义，自觉把思想和行动统一到习近平总书记重要指示批示精神和党中央、国务院重大决策部署上来，切实增强抓好贯彻落实的政治自觉、思想自觉和行动自觉，把贯彻落实《硬措施》作为一项重大政治任务和具体行动，发扬斗争精神，不折不扣、雷厉风行、求真务实、敢作善为抓落实，确保各项任务措施落地见效。

2.《硬措施》是贯彻落实习近平总书记关于安全生产重要论述的迫切需要

（1）党的十八大以来，习近平总书记就加强安全生产工作作出一系列重要指示批示，为做好新时代安全生产工作提供了根本遵循和科学指引。

（2）《硬措施》坚持把习近平总书记关于安全生产重要指示批示精神贯彻始终，从矿山安全生产责任落实、风险隐患管控、严格依法治理、人员素质提升等方面提出具体要求，是安全发展理念、“两个至上”、红线意识在矿山领域的细化、深化、具体化。

（3）各地、各矿山企业要切实增强政治自觉、思想自觉和行动自觉，深刻认识到《硬措施》条条都是红线、底线、生命线、高压线，必须不折不扣抓好落实，以实际行动和良好成效坚定拥护“两个确立”、坚决做到“两个维护”。

3.《硬措施》是实现高质量发展和高水平安全良性互动的迫切需要

（1）习近平总书记指出，必须坚持高质量发展和高水平安全良性互动。

（2）从近期矿山重特大安全生产事故暴露出的深层次问题来看，根本上都是安全发展理念不牢固，重经济发展、轻安全生产。如果不能很好地统筹发展和安全，小则影响一企、一地的经济发展，大则影响国家能源资源稳定供应。因此，必须采取断然有效的硬措施，牢牢稳控当前矿山安全生产形势。

（3）各地、各矿山企业要胸怀“国之大者”，完整、准确、全面贯彻新发展理念，牢记发展决不能以牺牲安全为代价这条红线，统筹好高质量发展与高水平安全，以高水平的安全保障高质量发展，实现高质量发展与高水平安全的动态平衡、相得益彰。

4.《硬措施》是推动矿山安全治理模式向事前预防转型的现实需要

（1）党的二十大报告提出，推动公共安全治理模式向事前预防转型。矿山安全治理模式的转型，就是坚持关口前移，由隐患查处为主向风险、隐患双重预防转变，由事后追责向事前履责转变。

（2）《硬措施》突出“防”字，聚焦矿山安全生产“一件事”全链条，从安全准入、隐蔽致灾因素普查、超前治灾、风险隐患、基层基础、科技赋能、应急能力等方面全面压实各级矿山安全生产责任。

（3）各地、各矿山企业要树牢底线思维、极限思维，立足“早”字、突出“快”字、强化“做”字，着力消除人机环管中的不安全行为、不安全状态，推动矿山安全治理模式向事前预防转型。

5.《硬措施》是扭转当前矿山领域重特大事故多发势头的现实需要

（1）近年来，矿山灾害程度、人员素质、管理团队、技术团队、隐蔽致灾因素普查能力、治灾水平、双控预防等没有根本性改变，全球性、市场性、周期性、系统性、不确定性风险耦合叠加。

（2）2023 年，矿山发生重特大生产安全事故起数占全国重特大生产安全事故总量的 31%，打破了 2008 年以来持续下降的趋势。2024 年开局，又发生了河南平煤神马集团十二矿“1·12”重大煤与瓦斯突出事故，这是 2024 年全国第一起重大生产安全事故。

（3）矿山安全生产事故的起数增多、频率加快，严重冲击着人民群众的获得感、幸福感、安全感，与习近平总书记的重要指示批示精神、党中央国务院的重要工作要求、人民群众的殷切期盼还有很大差距。

（4）《硬措施》从 8 个方面回答了防范遏制矿山领域重特大生产安全事故要做什么、怎么做、不做怎么办，条条直击主要矛盾、关键问题、突出短板。各地、各矿山企业要时刻保持头脑清醒，深刻认识到事故就在身边、事故就在眼前、事故随时发生，坚持责任上心、责任上身、责任下沉，奔着关键去、奔着要害抓，确保《硬措施》的刚性执行，坚决扭转矿山安全生产的被动局面。

第二章

条　文　理　解

一、一体压实各级矿山安全生产责任

矿山企业主要负责人（含实际控制人，下同）必须依法到现场严格履行安全生产第一责任人责任，严格执行全员安全生产岗位责任制；对安全管理责任不落实、安全生产投入不足、冒险组织作业等造成事故或者瞒报谎报事故的，依法从严从重处理处罚，按照“谁投资、谁受益、谁负责”严肃追究主要负责人法律责任。

矿山安全监管监察部门必须加强干部队伍自身建设，强化制度约束和源头治理，建立健全执法全过程监督机制，切实提升发现问题和解决问题的强烈意愿和能力水平；对应当发现的安全生产基本条件类的重大事故隐患长期失察、只检查不执法、问题隐患描述避重就轻的，启动责任倒查机制，按照“谁检查、谁签名、谁负责”依法严肃追责问责。

各地安全生产委员会必须加强统筹协调，牵头负有矿山安全生产监督管理职责的部门建立健全联合执法和工作协作机制，指导有关部门单位严格履行职责，形成工作合力，严防漏管失控；对履行职责不力、推诿扯皮等造成事故的，按照“管行业必须管安全、管业务必须管安全、管生产经营必须管安全”依法严肃追责问责。

各地要严格落实矿山安全属地责任，加强矿山安全监管机构和队伍建设，细化落实市级、县级地方政府领导包保煤矿、金属非金属地下矿山和尾矿库安全生产责任制，组织开展区域性矿山隐蔽致灾因素普查治理，严厉打击无证开采、隐蔽工作面作业、非法盗采矿产资源等行为。

学习要点

习近平总书记强调，坚持最严格的安全生产制度，什么是最严格，就是要落实责任。责任制是安全生产工作的灵魂，只有织密安全生产责任制度体系，一体压实企业主体责任、部门监管责任和地方党政领导责任，才能形成强大合力，筑牢守好安全生产堤坝。各级党政领导干部要深刻对表对标，认真履行领导责任、监管责任，坚决杜绝以企业责任不落实作为推责诿过挡箭牌的行为。

要点1 ☞ 压紧压实矿山企业主要负责人责任

（1）习近平总书记强调，各生产单位要强化安全生产第一意识，落实安全生产主体责任。

（2）矿山企业是矿山安全生产的主体，主要负责人（含实际控制人，下同）是决定矿山安全生产的“关键少数”，全员安全生产责任是做好矿山安全生产工作、防范遏制重特大事故的主要载体和基础支撑。

（3）当前，矿山安全生产的主要矛盾是企业主体责任不落实。有的矿山企业实际控制人不挂名、不签字、不任职，躲在幕后操控企业，逃避责任落实；有的主要负责人很少深入生产作业一线履职，全员安全生产责任制落实层层悬空、逐级递减。

（4）《硬措施》对矿山企业主要负责人责任落实提出具体要求。

一是严格落实“第一责任人”责任。矿山企业主要负责人尤其是实际控制人，要认真对标《安全生产法》有关规定，系统学习、整体思考、全面谋划，严格到现场履职，准确掌握矿山安全生产状况，加大安全投入，推动解决安全生产实际问题。

二是严格执行全员安全生产岗位责任制。矿山企业要积极构建涵盖各层级、全岗位人员的责任体系，明确具体职责，切实把责任措施压实到基层末梢、场景环节、人员岗位。

（5）各级矿山安全监管监察部门要按照“谁投资、谁受益、谁负责”的要求，重点检查企业主要负责人履职情况，对不依法履责的，要依据《安全生产法》第九十三条、第九十四条等有关规定进行追责问责；涉嫌犯罪的，要依据《刑法》第一百三十四条移送司法机关追究刑事责任。

要点2 ☞ 严格落实矿山安全监管监察部门责任

（1）习近平总书记强调，要加强安全生产监管，分区分类加强安全监管执法；建立安全生产检查工作责任制，实行“谁检查、谁签字、谁负责”。

（2）安全监管是预防生产安全事故的重要手段，特别是现阶段企业安全生产的约束不足、内生动力不强，更要严抓严管、不能放松。

（3）《硬措施》要求，各级矿山安全监管监察部门要加强源头管控、执法监督等，对失职失察的，要严肃追责问题。

一是强化制度约束和源头治理。矿山安全监管监察部门要建立完善执法计划、执法处罚、执法程序、执法公示、执法评议、执法考核等制度体系，从源头上推动监管监察人员提升发现问题和解决问题的强烈意愿和能力水平，锻造心定、腰直、腿勤、刀快、手硬、尺准的职业素养。

二是建立健全执法全过程监督机制。矿山安全监管监察部门要建立完善执法监督机制，把执法计划编制、执法方案拟定、隐患问题描述定性、执法处理处罚等纳入执法监督范围，压实执法人员责任。

（4）对存在应当发现的安全生产基本条件类重大事故隐患长期失察等严重失职行为的，各级矿山安全监管监察部门要及时启动责任倒查机制，严格执行"谁检查、谁签名、谁负责"，依规依纪追责问责。

要点3 ☞ 充分发挥各级安委会统筹协调作用

（1）习近平总书记强调，要发挥各级安委会指导协调、监督检查、巡查考核作用，形成上下合力、齐抓共管。

（2）安委会作为政府议事协调机构，承担着研究部署、指导协调和监督检查安全生产工作等重要职责，在建立健全监督检查、巡查考核、约谈通报、挂牌督办等制度机制，推动构建安全生产责任体系等方面发挥着重要作用。

（3）矿山安全生产监管是一项系统性、综合性工作，单靠某一个部门无法承担所有监管职责，所有涉及矿山的部门必须充分有效履行各自所承担的安全监管职责，形成综合监管、行业监管有机融合的协同效应和工作合力。

（4）《硬措施》要求，各地安委会要进一步加强对矿山安全生产工作的统筹协调。各地安委会要牵头建立健全联合执法和工作协调等工作机制，指导各部门按照"管行业必须管安全、管业务必须管安全、管生产经营必须管安全"的原则划好"责任田"，确保工作无缝衔接，严防漏管失控。

（5）对遇到问题"躲着走""绕着走"，以不负监管职责为由推诿扯皮造成事故的，各地要依据《地方党政领导干部安全生产责任制规定》第十八条至第二十六条规定，严肃追责问责。

要点4 ☞ 切实落实属地地方政府领导责任

（1）习近平总书记强调，各级党政主要负责同志要亲力亲为、靠前协调，其他负责同志要认真履行各自岗位的安全职责，层层落实到基层一线，坚决反对形式主义、官僚主义。

（2）一些地区之所以事故频出，一些干部之所以“心里没底”，问题就在责任出现“悬空断档”。当前，个别地方责任落实不到位，抓矿山安全生产喊口号、做样子，不见实招、不见行动、不见效果。

（3）《硬措施》对部分矿山安全属地责任进行了细化。

一是严格落实矿山安全属地责任。各地要认真研究本地区矿山安全生产存在的共性问题，细化落实市、县两级地方政府领导包保责任和内容，主要负责同志要带头下沉一线了解真实状况，对突出问题和重大事故隐患紧盯不放，不见落实不松手。

二是加强矿山安全监管机构和队伍建设。各地要结合实际，按规定配齐配足安全监管机构和队伍，确保矿山安全监管专业人员配备比例不低于在职人员的75%。

三是加强技术支持、资金经费等方面保障，全面组织开展区域性矿山隐蔽致灾因素普查治理。

四是组织自然资源、矿山安全监管、公安等部门开展联合执法行动，严厉打击无证开采、隐瞒工作面作业、非法盗采矿产资源等违法行为。

（4）对地方政府属地责任落实不力的，各地要依据《地方党政领导干部安全生产责任制规定》第十八条至第二十六条规定，严肃追责问责。

二、切实提高风险隐患排查整改质量

矿山企业必须建立健全安全风险分级管控制度和重大事故隐患自查自改常态化机制，常态化开展“三违”行为自查自纠，严格动火作业、爆破施工、煤仓清理、运输提升、密闭启封等关键环节风险管控，加强地面吊篮等设备、“三堂一舍”等设施消防安全隐患排查。对同类重大事故隐患反复出现、屡改屡犯、弄虚作假的，依法从重处罚，并从严追究企业主要负责人责任，有上级公司的，严肃倒查上级公司主要负责人责任。

矿山安全监管监察部门要借鉴中央生态环境保护督察做法，采取“四不两直”、明察暗访、突击夜查、杀“回马枪”等检查方式，综合运用通报曝光、追责问责、行刑衔接、联合惩戒等处理手段，去在关键时、打到要害处；要统筹井上和井下、露天和井工、煤矿和非煤，配齐配强专业执法人员，发挥行业专家、退休技安人员作用，奔着具体问题去，直插现场深入开展排查整治，严禁搞形式走过场；要建立完善重大事故隐患整改销号制度，实行台账化管理，动态清零；要坚持执法和服务相结合，针对执法检查中发现的难点问题和重大事故隐患，落实专人指导，帮助解决实际问题。

学习要点

习近平总书记指出，要举一反三，深入排查重点行业领域风险隐患，完善应急预案和防范措施，压实各方责任，坚决遏制重特大事故发生。提高风险隐患排查整改质量是防范遏制矿山安全生产事故的现实路径，风险管控到位，就不会形成隐患，隐患整改到位，就不会引发事故。

要点 1 ☞ 压实企业自查自改责任

(1) 习近平总书记强调，健全风险防范化解机制，加大隐患整改治理力度，做到不打折扣、不留死角、不走过场，务必见到成效。

(2) 矿山企业最了解生产一线真实状况，对风险隐患感受最直观，是重大事故隐患排查整治的责任主体。当前，企业缺乏危机感、紧迫感、忧患感，自查自改被动应付、不认真、走形式问题突出，隐患排查整改质量普遍不高，如贵州盘江股份山脚树煤矿对输送带跑偏、磨损等隐患心存侥幸，没有及时整改，最终酿成重大火灾事故。

(3)《硬措施》从建立常态化机制、突出检查重点两个方面提出要求，压实企业自查自改责任。

一是建立健全自查自改常态化机制。企业主要负责人是风险隐患排查第一责任人，每月要组织开展 1 次全系统各环节重大事故隐患排查，做到治理责任、措施、资金、时限、预案“五落实”。

二是突出自查自改重点。各矿山企业要抓好动火作业、爆破施工、煤仓清理、运输提升、密闭启封等井下关键环节和吊篮、“三堂一舍”等地面设备设施的安全隐患排查。

(4) 对排查整改不到位导致重大事故隐患依然存在或发生事故的，要依照《安全生产法》《刑法》等法律法规追究企业及相关责任人责任，特别是上级公司及主要负责人责任。

要点 2 ☞ 提高安全执法检查效能

(1) 习近平总书记强调，监管执法要精准；必须深化改革创新，加强和改进安全监管工作。规矩是守出来的，管理是管出来的，红线是电出来的，只有执法的严，才有守法的实。

(2) 矿山安全监管监察执法力量有限，必须抓主抓重、精准科学。当前，一些地区基层专业监管人员不足，缺乏一线工作经历和能力，看不懂、看不出、不会查、不愿查、不想查、查不出隐患，执法检查效能不高。

(3)《硬措施》要求，各地、各有关部门要强化人员配备、改进工作方式方法等，着力提升执法检查效能。

一是用好专业人。各地要配齐配强专业执法人员，开展专业检查，发挥行业专家、退休技安人员作用，弥补监管执法专业力量不足的短板，真正让专业人干专业事。

二是去到关键时。各级矿山安全监管监察部门要结合矿山生产作业特点，采取“四不两直”、明察暗访、突击夜查、杀“回马枪”等方式，检查企业真实生产状况。

三是瞄准风险点。各级矿山安全监管监察部门要充分做好风险分析研判，统筹井上和井下、露天和井工、煤矿和非煤，直插现场开展检查指导。

四是打到要害处。各级矿山安全监管监察部门要用足用尽用好法律赋予的手段，综合采取停产整顿、通报曝光、追责问责、行刑衔接、联合惩戒等手段，严厉打击企业违法行为，提高违法成本，形成执法强震慑。

要点 3 ☞ 推进重大事故隐患动态清零

（1）习近平总书记强调，要层层压实责任，狠抓整改落实，强化风险防控，从根本上消除事故隐患。安全生产是实打实、硬碰硬的工作，来不得半点虚假，成效如何最终要看隐患是否彻底消除、事故是否得到预防等。

（2）从近年检查情况看，个别部门重检查执法、轻督促整改，一查了之、一罚了之，没有督促企业举一反三开展整改，同类事故隐患屡改屡犯、屡禁不止。2016 年内蒙古赤峰宝马矿业“12・3”特别重大瓦斯爆炸事故发生前，有关部门已经发现该矿超层越界重大违法违规行为，但没有跟踪落实到位，最终煤矿在越界区域发生特别重大生产安全事故。

（3）《硬措施》提出两方面举措推进重大事故隐患动态清零。

一是完善重大事故隐患整改销号制度。各级矿山安全监管监察部门要强化重大事故隐患跟踪督办，实行台账化闭环管理，在重大事故隐患消除前盯住不放，督促整改销号。

二是坚持执法与服务相结合。各级矿山安全监管监察部门要充分发挥政策和技术优势，针对执法检查中发现的难点问题和重大事故隐患，落实专人指导帮助矿山企业解决具体问题、消除事故隐患，严防以罚代管、罚而不管。

三、重拳出击“打非治违”

各级矿山安全监管监察部门要严厉打击矿山各类非法违法生产建设行为，对顶风作案、屡禁不止的企业，依法依规从严惩处并公开曝光。要建立便捷、有效的举报途径，鼓励社会公众和从业人员举报违法违规行为，对报告重大事故隐患或者举报安全生产违法行为的有功人员实行重奖。要通过矿井人员定位及分布、风量分配、用电量监测、产量来源、运输量来源、瓦斯涌出量来源、涌水量来源、民用爆炸物品使用地点等逐因素分析比对，深挖细究隐蔽工作面作业、整合技改期间偷采、安全监控系统造假、违规分包转包等行为，一经查实，依法依规责令停产整顿，涉嫌犯罪的，依法移送司法机关追究刑事责任。发现矿山企业有越界开采等违法行为的，应当移送当地自然资源部门严肃处理，并通知供电部门停止或者限制供电、公安机关停止供应民用爆炸物品。对无证照或者证照不全从事生产的，3 个月内 2 次或者 2 次以上发现有重大事故隐患仍然进行生产的，依法依规提请地方政府关闭。

学习要点

习近平总书记强调，要严厉打击违法违规行为，采取有力措施清除各类风险隐患，坚决遏制重特大事故，确保人民生命财产安全。

非法违法生产是当前矿山安全的“毒瘤”“定时炸弹”“地雷”，是最大的风险隐患，《硬措施》就“打非治违”专门作出部署，突出强调重典治乱。

要点 1 ☞ 完善“打非治违”的方式手段

（1）习近平总书记一针见血指出，安全生产事故频发，一个重要原因是失之于软、硬度不够。

（2）当前，一些矿山企业追求效益、铤而走险，非法违法冲动强烈，“七假五超三瞒三不两包”等问题突出，特别是隐蔽工作面层出不穷，形式更加多样、手段更加隐蔽、性质更加恶劣，已经到了整顿整治刻不容缓的地步。

① 七假：假整改、假密闭、假数据、假图纸、假报告、假团队、假履职。

② 五超：超层越界、超能力、超强度、超定员、证照超期。

③ 三瞒：隐瞒作业地点、隐瞒作业人数、瞒报谎报事故。

④ 三不：不具备法定办矿条件、不经批准擅自复工复产、拒不执行监管监察指令。

⑤ 两包：非法转包、分包。

2023 年，辽宁阜新弘霖煤矿“6・27”较大煤与瓦斯突出事故、陕西延安新泰煤矿“8・21”重大瓦斯爆炸事故、黑龙江鸡西坤源煤矿“12・20”重大运输事故等均暴露出隐瞒工作面组织生产问题，其中陕西延安新泰煤矿隐瞒工作面达11个。

（3）《硬措施》明确了“打非治违”查什么，怎么查，查到怎么办。

一是查什么。各级矿山安全监管监察部门要重点查处隐瞒工作面作业、整合技改期间偷采、安全监控系统造假、违规分包转包等四类重大违法违规行为。

二是怎么查。各级矿山安全监管监察部门要用好安全监控、人员定位、用电监测等信息化系统，做好产量、运输量、瓦斯涌出量、涌水量、用电量、民用爆炸物品使用量等关键数据比对，深挖彻查数据异常和周期性变化的真正原因。

三是查到怎么办。对顶风作案、屡禁不止的矿山企业，各级矿山安全监管监察部门要严厉打击矿山各类非法违法生产建设行为：

① 依照《安全生产法》《矿山安全法》有关规定，责令停产整顿。

② 符合《煤矿安全生产条例》第七十条规定情形的，要及时提请县级以上地方人民政府予以关闭。

③ 主要负责人涉嫌犯罪的，要依据《刑法》第一百三十四条移送司法机关追究刑事责任。

要点2 ☞ 营造“打非治违”的高压态势

（1）习近平总书记强调，各方面监督要严起来、实起来；无论党内监督，还是群众监督、社会监督、舆论监督，加强和改进的空间都还很大，有大量工作要做。

（2）当前，人民群众对矿山安全生产关注度、参与度普遍较高，不少隐瞒工作面组织生产、违章指挥、违章作业等线索都是从热心群众举报、互联网舆情监测中获取的，但仍有不少地区举报宣传力度不够、途径较少、兑现奖励不及时，影响了社会监督作用的发挥。

（3）《硬措施》对建立举报途径和兑现举报奖励提出了工作要求。

一是加大信息公开力度。各级矿山安全监管监察部门要通过政府网站、主流媒体、政务公开栏，公开矿山安全生产举报电话、网站、邮箱等。如，全国统一安全生产举报投诉特服电话12350。

二是创新举报方式方法。各级矿山安全监管监察部门要用好安全生产举报小程序等方式，拓宽举报渠道，简化填报内容，加快信息流转。如，应急管理部安全生产举报小程序等。

三是闭环举报信息管理。各级矿山安全监管监察部门对受理的信息线索，要事不过夜、马上就办，落实专人核查处理并登记管理，确保件件可追溯、事事有回应。

四是及时兑现举报奖励。凡报告重大事故隐患或者举报安全生产违法行为属实的，要依据《矿山安全生产举报奖励实施细则（试行）》第二十一条至第二十四条等有关规定及时兑现奖励，筑牢矿山安全生产的人民防线。

要点3 ☞ 形成“打非治违”的工作合力

（1）习近平总书记强调，各地区各部门要各司其职、各负其责，密切配合、通力合作，勇于负责、敢于担当，形成维护国家安全和社会安定的强大合力。

（2）“打非治违”工作涉及多个部门，必须相互配合、协同发力，才能形成有效防护网。近年来，多地发生非法进入废弃矿硐、在未经批准区域擅自布置采掘工作面的亡人事故，严重扰乱矿产资源开发秩序，威胁人民群众生命安全。

（3）《硬措施》对部门与部门、部门与地方政府之间协作配合、重拳治乱等提出工作要求。

一是强化协调联动。各级矿山安全监管监察部门对检查发现的矿山企业越界开采等违法行为，要依照《安全生产法》《矿产资源开采登记管理办法》等规定，移送自然资源部门调查处理、供电部门停止或者限制供电、公安机关停止供应民用爆炸物品，严防漏管失控。

二是加大提请关闭力度。对无证照或者证照不全从事生产的，3 个月 2 次或者 2 次以上发现有重大事故隐患仍然进行生产的，各级矿山安全监管监察部门要依据《安全生产法》第一百一十三条和《煤矿安全生产条例》第七十条规定，提请地方政府予以关闭。

四、强化重大灾害治理

矿山企业必须按规定采用钻探、物探、化探等方法相互验证，查清隐蔽致灾因素并采取有效措施后方可进行采掘作业。对灾害矿井该鉴定不鉴定、该戴帽不戴帽、不按灾害等级设防或者鉴定弄虚作假的，责令立即停止生产、排除隐患。对发生瓦斯亡人事故、瓦斯涉险事故以及瓦斯高值超限的煤矿，必须停止作业、严肃追究责任，并由地方煤矿安全监管部门对企业瓦斯防治的机构、人员、装备、制度等方面进行全方位评估，经评估不具备防治能力的，不得恢复生产。对探放水造假、禁采区采掘作业、极端天气不撤人的，必须按重大事故隐患严格处罚。对露天矿山边坡角、台阶高度、平盘宽度等不符合设计要求的，或者边坡监测系统达不到相关规定要求的，责令立即制定安全措施、限期整改直至停产整顿。

学习要点

习近平总书记强调，我国是世界上自然灾害最严重的国家之一，防灾减灾救灾是一项长期任务。要坚持以防为主、防抗救相结合的方针，坚持常态减灾和非常态减灾相统一，努力实现从注重灾后救助向注重灾前预防转变，从应对单一灾种向综合减灾转变，从减少灾害损失向减轻灾害风险转变，全面提高全社会抵御自然灾害的综合防范能力。

矿山开采就是与各类灾害作斗争的过程，只有驯服了这些“洪水猛兽”，才能实现安全开采。《硬措施》将强化重大灾害治理作为推进事前预防的重中之重，对最紧迫、最关键的环节提出明确要求。

要点1 ☞ 强力推进隐蔽致灾因素普查

（1）习近平总书记强调，对各种可能的风险及其原因都要心中有数、对症下药、综合施策，出手及时有力，力争把风险化解在源头。

（2）隐蔽致灾因素普查是矿山安全生产工作基础的基础、前端的前端、预防的预防。开展隐蔽致灾因素普查和病人到医院看病一样，物探是“拍 CT”，化探是“体液检验”，钻探是“穿刺检查”，三者相互验证才能找准病灶进而对症下药。隐蔽致灾因素普查不清就是“盲人摸象”，与灾害“拼刺刀”，这是矿山安全生产的万恶之源。如，2021 年新疆昌吉丰源煤矿“4·10”重大透水事故，就是没有探明周围老空区积水，在发现明显透水征兆的情况下仍然继续掘进作业，导致 21 人遇难。

（3）《硬措施》对企业开展隐蔽致灾因素普查、用好普查成果提出明确要求。

一是做实隐蔽致灾因素普查。矿山企业要采用钻探、物探、化探等方法，全面普查含水体、地质构造、老空区、瓦斯富集区、冲击地压和岩爆危险区等分布情况。对未查清隐蔽致灾因素或未采取有效措施的，各级矿山安全监管监察部门要依照《安全生产法》等有关规定，责令立即消除或者限期消除。

二是用好普查成果。各级矿山安全监管监察部门要严格按照“就高不就低”的原则，督促矿山企业调整灾害设防等级。

（4）对未按规定进行瓦斯等级鉴定、瓦斯等级鉴定弄虚作假或者未按规定进行煤层顶底板岩层冲击倾向性鉴定的，要依据《煤矿安全生产条例》第六十三条，责令限期改正；逾期未改正的，责令停产整顿并追责问责。

要点2 ☞ 提升煤矿瓦斯治理能力

（1）习近平总书记多次对煤矿瓦斯事故作出重要指示批示。瓦斯是煤矿安全“第一杀手”，瓦斯不治，矿无宁日。

（2）抓住瓦斯治理，就抓住了防范遏制重特大事故的关键和要害。2023 年下半年以来，陕西等地发生多起重大瓦斯事故，打破了全国 3 年未发生重大瓦斯事故的纪录，山西、江西、贵州、云南、湖南等地也发生多起煤与瓦斯突出涉险事故，暴露出一些煤矿抽掘采失调严重，瓦斯灾害治理形势严峻。

（3）《硬措施》明确了对发生瓦斯事故或高值超限的煤矿处理措施。各级矿山安全监管部门要组织专业力量对企业瓦斯防治机构、人员、装备、制度等进行全方位评估，不具备瓦斯灾害防治能力的不得恢复生产。

（4）对瓦斯浓度超限的，要依据《安全生产法》第六十五条等规定，责令立即停止作业，采取有效措施进行处理；对瓦斯抽采达标评判造假、遮蔽包裹瓦斯传感器、瓦斯超限仍然冒险组织作业的，要依据《煤矿安全生产条例》第六十四条规定，责令停产整顿，并倒查责任；涉嫌犯罪的，要依据《刑法》第一百三十四条移送司法机关追究刑事责任。

要点 3 ☞ 严格落实水害防治措施

（1）习近平总书记强调，要加强气象、洪涝、地质灾害监测预警，紧盯各类重点隐患区域，开展拉网式排查，严防各类灾害和次生灾害发生。

（2）矿山水害隐蔽性强，事故发生速度快、破坏性大、救援难度大，极易造成群死群伤。2023 年，山西、内蒙古等地发生多起较大透水事故。

（3）《硬措施》要求，对探放水造假、禁采区采掘作业、极端天气不撤人等 3 类情形按重大事故隐患严格处罚。

一是坚持有疑必探、先探后掘。矿山企业要严格落实探放水措施，做到查全、探清、放净、验准。

二是严格分区管理。矿山企业要科学合理划定防治水可采、缓采、禁采区，严禁在禁采区内违规进行采掘活动，缓采区、禁采区经过治理达到安全开采标准后方可进行采掘作业。

三是严格落实紧急撤人制度。矿山企业发现透水征兆、遇极端天气时，要及时启动预警叫应响应回应机制，立即停止作业、撤出相关人员。

（4）发现探放水造假、禁采区违规采掘作业、紧急情况不撤人等情形的，要依据《煤矿安全生产条例》第六十四条等规定，严格处理处罚。

要点 4 ☞ 严防露天矿山边坡事故

（1）习近平总书记对内蒙古阿拉善新井煤业露天煤矿“2·22”特别重大坍塌事故作出重要指示要求，举一反三，杜绝管理漏洞，全面排查各类安全隐患，强化防范措施，狠抓工作落实。

（2）边坡管理是露天矿山安全生产的重中之重，一旦垮塌极易引发群死群伤。目前，我国露天矿山 1.8 万余处，其中小型矿山占比超过 70%。多数小型露天矿采场布置不合理，违规压减平盘宽度、扩大边坡角、超挖并帮严重，高陡边坡问题突出。内蒙古新井煤业露天煤矿矿田面积仅 1.3 平方千米，采场、排土场空间紧张，外包单位不按设计施工、随意合并台阶，形成超高超陡边坡，在采场底部连续高强度采掘，致使边坡稳定性持续降低发生坍塌。

（3）《硬措施》对露天矿山边坡管理提出明确要求。

一是严格按照设计施工。矿山企业要按设计要求自上而下分台阶开采，留设符合设计要求的平台和边坡。

二是加强监测监控。矿山企业要按规定进行边坡和排土场稳定性分析和评价，加强对重点边坡的监测监控，加快实现在线安全监测。

三是加强自查自改。发现边坡地质构造发育，出现变形、滑坡征兆的，矿山企业要立即停止作业，落实压帮、削坡、注浆等工程治理措施。

（4）各级矿山安全监管监察部门发现边坡角超设计、台阶严重超高、平盘严重过窄或者边坡监测系统达不到相关规定要求的，要依据《安全生产法》第九十八条、第九十九条等规定，责令限期改正；情节严重的，责令停产整顿。

五、大力提升从业人员素质

矿山企业必须严格实施安全生产教育和培训计划，大力提升从业人员安全意识和安全素养，配备安全生产管理机构和人员（“五职”矿长必须有主体专业大专以上学历且有 10 年以上矿山一线从业经历，“五科”专业技术人员必须为主体专业毕业且有 5 年以上矿山一线从业经历）；“五职”矿长和主要负责人每年必须接受矿山安全监察机构会同监管部门组织的专门安全教育培训，新上岗的从业人员岗前安全培训时间不得少于 72 学时并经培训考核合格后方可上岗，取消井下劳务派遣用工。

从业人员必须熟知各类灾害避灾路线、地面建筑场所的安全疏散通道和自救逃生方法；不熟悉避灾逃生路线，或者不能熟练使用自救器等紧急自救装备的，不得安排上岗作业。严厉整治封闭占堵消防通道、逃生通道行为，确保生命通道畅通。

严格矿山安全培训机构执业能力监督检查，坚决整治假培训、假考试、假证书等乱象。加强矿山安全培训管理，细化完善各类矿山从业人员安全生产教育培训的频次、内容、范围、时间、考核等规定要求，严格执行教考分离。对矿山安全管理机构和人员配备不满足规定要求，或者特种作业人员无证上岗的，依法限期整改直至停产整顿，并严肃追究主要负责人责任。

学习要点

习近平总书记强调，所有企业都必须认真履行安全生产主体责任，做到安全投入到位、安全培训到位、基础管理到位、应急救援到位，确保安全生产。

人是安全生产的第一要素，在安全生产过程中起着主导作用，是关键所在。据统计，90% 以上的事故都与人的不安全行为有关，必须下大力气提升从业人员安全素质，否则就是缘木求鱼、本末倒置。

《硬措施》从完善安全管理机构设置、人员配备，提升应急处置能力，加大安全培训监督检查等方面提出明确要求。

要点 1 ☞ 配齐配强机构和人员

（1）《中共中央办公厅　国务院办公厅关于进一步加强矿山安全生产工作的意见》强调，要健全安全管理机构，并对安全生产管理机构和人员配备提出了明确要求。

（2）矿山是传统高危行业，必须配备专业的安全生产管理机构和人员，必须有高素质的专业技术队伍。当前，矿山领域“草台班子”问题突出，有的聘用“五职”矿长当摆设，没有决策权、形同虚设；有的挂靠“五科”技术人员做样子，不懂技术、有名无实。

（3）《硬措施》明确了“五职”矿长、“五科”技术人员的学历背景、专业能力、工作经历，让专业的人干专业的活。

①“五职”矿长是指矿长、总工程师和分管安全、生产、机电的副矿长，必须具有采矿、地质、测量、机电、通风、矿建等矿山主体专业大专以上学历，有 10 年以上矿山一线从业经历。

②“五科”技术人员是指生产技术、通风、机电运输、地质测量、安全管理等职能部门主要负责人，必须为中专以上矿山主体专业毕业，有 5 年以上矿山一线从业经历。

（4）对管理机构和人员配备不符合要求的，各级矿山安全监管监察部门要依据《安全生产法》第九十七条等规定，严格处理处罚。

要点 2 ☞ 加强安全技能和应急能力培训

（1）习近平总书记强调，要构建公共安全人防、物防、技防网络，实现人员素质、设施保障、技术应用的整体协调。

（2）落实到矿山安全领域，就是要加强安全技能和应急能力培训，大力提升从业人员安全意识和安全素养。当前，矿山企业普遍招人难、用人难，队伍拼凑，从业人员安全素养不高。有的企业一包了之、层层分包转包，包工头在村里找几十人“扔下锄头上迎头”。60% 的遇难人员到岗不足半年，甚至当天招工、当天下井、当天遇难。多数企业不重视基层基础，救护队、应急预案形同虚设，安全培训、应急演练走形式。如，贵州盘江股份山脚树煤矿“9・24”重大火灾事故遇难的 16 名人员中，仅有 2 人打开自救器，但也未使用。

（3）《硬措施》要求，要加强“五职”矿长、主要负责人和其他从业人员的安全培训，提升从业人员应急能力。

一是加强矿领导安全教育培训。“五职”矿长和主要负责人每年必须接受矿山安全监察机构会同监管部门组织的专门安全教育培训。

二是加强从业人员岗前培训。从业人员上岗前，必须接受不少于 72 学时的培训，具备基本的安全素质和技能，经考核合格后方可上岗。

三是提升从业人员应急能力。各矿山企业要常态化开展应急演练和培训，确保从业人员熟知避灾路线、掌握自救逃生方法、熟练使用自救装备。

（4）各级矿山安全监管监察部门发现从业人员未按规定接受安全培训，不熟悉避灾路线，不能熟练使用自救器等自救装备或者特种作业人员无证上岗的，要依据《安全生产法》第九十七条等有关规定，责令限期改正；逾期未改，责令停产整顿。

要点 3 ☞ 加强安全培训监督检查

（1）安全生产培训机构是安全生产培训的施教主体之一，在推进全员安全生产培训、提高从业人员安全素质等方面发挥着极其重要的作用。矿山安全培训机构资质管理取消后，安全培训机构无序竞争，假培训、假考试、假证书等问题时有发生，培训质量难以保证，亟须加强和规范。

（2）《硬措施》对加强矿山安全培训机构监督管理提出明确要求。

一是加强培训机构执业能力检查。各级矿山安全培训主管部门要对照《安全生产培训机构基本条件》，全覆盖复核培训机构执业能力，发现不符合要求的培训机构和考试点，坚决予以取缔。

二是加强安全培训管理。国家矿山安全监察局将出台矿山安全培训规定，完善安全培训的频次、内容、范围、时间、考核等，切实提高培训考核的针对性、实效性。

（3）各级矿山安全监管监察部门要严厉打击不培训、假培训、考试舞弊等违法违规行为，彻底整顿不具备条件、管理混乱、只管收费不管教学的安全培训机构，坚决淘汰不符合基本条件、存在严重违规行为的考试点；涉嫌犯罪的，要依据《刑法》第一百三十四条移送司法机关追究刑事责任。

六、严格项目审批和安全生产许可

省级矿山安全监管部门必须严格矿山建设项目安全设施设计审查，严格安全生产许可证管理，严把复工复产关，实行审查审批终身负责制。新建和改扩建后煤矿产能不得低于30万吨/年，停止新建产能低于90万吨/年的煤与瓦斯突出、冲击地压、水文地质类型极复杂的煤矿；积极推动各地进一步提高铁、铜、金、石灰石等重点矿种最小开采规模和最低服务年限标准。凡是安全准入、复工复产验收工作违反程序、降低标准、把关不严、弄虚作假的，必须推倒重来，并严肃追究有关单位和人员责任。

学习要点

习近平总书记强调，经济社会发展的每一个项目、每一个环节都要以安全为前提，不能有丝毫疏漏。

只有从源头上严格矿山安全准入，才能有效避免规划、设计、建设等方面的先天缺陷，有力降低安全风险，有效防范遏制事故。

要点1 ☞ 严格源头准入门槛

（1）习近平总书记深刻指出，要推动安全生产关口前移，强化源头治理、前端处理，坚持从源头上防范化解重大安全风险。

（2）先天不足，后天难补。当前，矿山规模过小、服务年限较短，严重制约企业盈利能力和安全投入，严重影响企业对专业管理技术人才、高素质施工队伍的引进以及先进技术装备的配备，导致部分矿山生产系统先天缺陷、井巷工程标准降低、灾害治理能力水平低下，甚至超层越界、私挖乱采、超能力组织生产。

（3）《硬措施》要求，要提高煤矿、非煤矿山准入标准。

一是严格煤矿安全准入。各地严禁审批新建和改扩建后产能低于30万吨/年的煤矿、新建产能低于90万吨/年的煤与瓦斯突出、冲击地压、水文地质类型极复杂的煤矿，从源头上提升煤矿本质安全水平。

二是提高非煤矿山办矿标准。各地要结合实际，出台制度规定，进一步提高铁、铜、金、石灰石等重点矿种最小开采规模和最低服务年限，加快推进矿山集约化、规模化发展。

（4）对把关不严、擅自降低标准的，要依据《行政许可法》第六十九条、《安全生产许可条例》第十八条等规定，严肃追究审批审查单位及有关人员责任。

要点 2 ☞ 严格安全审查审批

（1）习近平总书记强调，要完善安全生产许可制度，严把安全准入关。

（2）安全审查审批是安全生产的重要关口。一些地方和部门迫于压力、擅权妄为，急于生产、急于见效，造成审查审批标准不高、把关不严、层层放水，源头防控的制度设计落空落虚。如，2023 年黑龙江鸡西坤源煤矿取得安全生产许可证仅 5 天，就发生重大事故。

（3）《硬措施》要求，要严格把关设施设计审查、安全生产许可、复产复工验收等关键环节。

一是严格设施设计审查。各省级矿山安全监管部门要组织相关专业专家对设施设计进行现场踏勘和技术实质审查，不得仅进行形式审查。

二是严格安全生产许可。各省级矿山安全监管部门对矿山首次安全生产许可时，必须进行现场核查。

三是严格复工复产验收。各级矿山安全监管部门要严格按照复工复产验收程序标准，对照复工复产验收有关规定逐项组织验收，发现存在重大事故隐患等不符合验收条件的，坚决不准复工复产。

（4）各级矿山安全监管监察部门要加大抽查检查力度，对违反程序、降低标准、把关不严、弄虚作假的，必须推倒重来，并按照“谁验收、谁签字、谁负责”的原则，严肃追究有关单位和人员责任。

七、强化矿山安全国家监察督政

国家矿山安全监察机构必须坚持严的基调，坚持多约谈、多通报、多发督促函、多暗访、多曝光，将责任、压力层层传递到基层末梢。国家矿山安全监察局各省级局要当好地方党委和政府矿山安全“吹哨人”，对矿山安全重大问题和重大事故隐患，及时向当地主要负责同志通报移办，对辖区矿山安全生产突出问题和对策建议，及时向省级党委和政府主要负责同志专报，切实让地方主要负责同志掌握矿山安全真实状况。要对地方和煤矿保供指标开展安全评估，对放任违规超能力超强度生产的，要及时介入"督政"。对矿山安全问题久拖不决或者对整改函、建议函不落实不反馈的地方政府，严肃约谈政府主要负责同志并通报上一级党委和政府。

学习要点

习近平总书记强调，实行地方党政领导干部安全生产责任制，要坚持党政同责、一岗双责、齐抓共管、失职追责，牢固树立发展决不能以牺牲安全为代价的红线意识，明确地方党政领导干部主要安全生产职责，综合运用巡查督查、考核考察、激励惩戒等措施，强化地方各级党政领导干部"促一方发展、保一方平安"的政治责任。

《硬措施》对发挥矿山安全国家监察利剑作用，加强对地方政府落实矿山安全属地监管责任的监督检查，加强和改进督政方式方法，理直气壮抓督政等提出明确要求。

要点1 ☞ 提高国家监察深度、广度、震慑度

（1）习近平总书记强调，各级党政主要负责同志要亲力亲为、靠前协调，其他负责同志要认真履行各自岗位的安全职责，层层落实到基层一线。

（2）国家矿山安全监察机构是中央赋予矿山安全国家监察职能的机关，负责监督检查地方政府矿山安全监管工作，在督促企业落实主体责任方面发挥着重要作用，但国家监察督政的工作机制、方式方法、权威震慑亟待进一步完善。

（3）《硬措施》要求，矿山安全国家监察督政要细化手段、完善机制、强化力度等。

一是细化督政手段。国家矿山安全监察局各省级局要敢于直面困难、敢于较真碰硬、敢于啃"硬骨头"，多约谈、多通报、多发督促函、多暗访、多曝光，以国家监察责任的落实强力推动属地责任和企业责任的落实。

二是完善督政机制。国家矿山安全监察局各省级局要当好地方党委和政府矿山安全"吹哨人"，及时向市、县政府主要负责同志通报移办矿山安全重大问题和重大事故隐患，向省级党委和政府主要负责同志专报辖区矿山安全突出问题和工作建议，让地方主要负责同志掌握矿山安全真实状况。

三是强化督政力度。对矿山安全问题久拖不决或对整改函、建议函不落实不反馈的地方政府，国家矿山安全监察局各省级局要依照《安全生产约谈实施办法（试行）》等有关规定，严肃约谈主要负责人并通报上一级党委政府，推动各地和矿山企业同频共振、同心同力抓好矿山安全生产工作。

要点 2 ☞ 开展煤矿保供指标安全评估

（1）习近平总书记强调，各级党委和政府特别是领导干部要牢固树立安全生产的观念，正确处理安全和发展的关系；绝不能只重发展不顾安全，更不能将其视作无关痛痒的事。

（2）近年来，我国能源矿产资源供应压力持续加大，很多矿山经过长周期高强度增产保供，安全和生产已经超过极限平衡点。有的地方统筹发展和安全有偏差，不顾安全，盲目下达产量指标；部分企业长期高负荷运转，甚至“带病”运转，矿山安全系统性风险加剧。

（3）中央领导同志多次强调，保供是在安全条件下的保供，安全应该摆在第一位，不能笼统地讲千方百计保供，也不能讲为了保供千方百计增产，更不能明知有重大事故隐患默认企业“带病”组织生产，甚至为了所谓保供让应该关闭、应该停产的矿井继续生产。

（4）《硬措施》提出国家矿山安全监察机构要对地方政府和煤矿保供指标开展安全评估。国家矿山安全监察局各省级局要坚决扛起督政责任，坚决纠正不顾安全条件、违背科学规律盲目增产等问题，督促各地和矿山企业有序释放产能，科学合理组织生产。发现不切实际下达保供指标、放任超能力超强度组织生产的，国家矿山安全监察局各省级局要及时介入“督政”。

八、严格事故调查和警示教育

矿山企业和有关部门必须严格事故信息报送，对事故信息报送不及时造成严重后果的，严肃追究相关单位和人员责任。建好用好入井人员唯一性识别、活动轨迹动态监测等技防系统，加大瞒报谎报事故举报奖励、联合惩戒、提级调查力度，构建“不敢瞒”“瞒不住”的长效机制。发生重大事故的，由国务院安委会挂牌督办并全程跟踪督导事故调查。发生死亡事故的矿山，必须停产整顿，经验收符合安全生产条件后方可恢复生产。灾害严重矿井、发生较大以上事故的矿井，必须进行智能化改造。因中介机构弄虚作假导致事故发生的，对责任人员依法移送司法机关追究刑事责任，对责任单位列入严重失信主体名单管理。

矿山安全监管监察部门必须把宣传教育融入日常，发生较大以上事故的，必须制作警示教育片，集中开展从主要负责人到一线作业人员的警示教育，切实用身边事教育身边人；加大典型事故案例媒体曝光力度，警醒各地、各部门、各矿山企业深刻汲取教训，切实做到“一方出事故、多方受教育，一地有隐患、全国受警示”，形成齐抓共管的良好氛围。

学习要点

习近平总书记强调，重大安全生产事故都是要付出生命和血的代价的，人命关天！如果一次又一次在同样的问题上付出生命和血的代价，那就不是工作态度和工作作风问题了，而是草菅人命了！

《硬措施》提出，要严格事故调查和警示教育，推动各地深刻吸取事故教训，从严从快查处事故，依法依规追究责任，让责任人真正付出代价，严防血的教训再用鲜血去验证。

要点1 ☞ 构建“不敢瞒”“瞒不住”的长效机制

（1）习近平总书记强调，要建立健全重大自然灾害和安全事故调查评估制度，对玩忽职守造成损失或重大社会影响的，依纪依法追究当事方的责任。

（2）瞒报谎报事故往往贻误最佳救援时机，导致伤亡扩大，是对法律尊严的践踏和劳动者生命的漠视，是安全生产的顽瘴痼疾。当前，一些地区瞒报谎报事故乱象丛生。有的矿山企业怕停产、怕追责，不惜花费重金、费尽心思瞒报谎报事故；有的地方监管人员与矿山企业存在利益关系，对瞒报谎报事故不想查、不敢查；个别地方片面追求经济效益，不守底线红线，组织参与瞒报谎报事故。

2023 年，黑龙江鸡西坤源煤矿重大瞒报事故、辽宁阜新弘霖煤矿等多起较大瞒报事故、山西代县精诚矿业多年系列瞒报案件，性质恶劣，影响极坏。

（3）《硬措施》对事故信息报送、瞒报谎报查处以及举报核查处理等 3 个方面提出要求。

一是严格事故信息报送。矿山企业和有关部门接到事故信息，必须依照《矿山生产安全事故报告和调查处理办法》《关于进一步明确矿山生产安全事故报送有关事项的通知》等要求，在规定时限内及时上报。

二是用好信息化手段。各级矿山安全监管监察部门要督促矿山企业建立入井人员唯一性识别、活动轨迹动态监测等技防系统，让瞒报行为“无处藏身”。

三是完善事故举报核查机制。各地要加大事故举报奖励力度，用好提级调查工作机制和联合惩戒工作手段，严厉打击瞒报谎报事故行为。

（4）对于不及时报送事故信息的，依据《生产安全事故报告和调查处理条例》第三十五条、第三十六条、第三十九条等规定，严肃倒查责任、追责问责；对瞒报谎报重大及以下矿山生产安全事故，要按规定提级调查，严肃追责问责；涉嫌犯罪的，要依据《刑法》第一百三十四条移送司法机关追究刑事责任。

要点2 ☞ 严格事故调查处理

（1）习近平总书记强调，要尽快查明事故原因，严肃追究责任，并举一反三，杜绝管理漏洞。

（2）事故查处是推动矿山安全生产工作的重要抓手，目的是深刻汲取事故教训，落实防范和改进措施，防止同类事故再次发生。当前，有的地方事故调查处理久拖不决、原因分析不深不透、责任追究不到位、整改措施流于形式。

（3）《硬措施》对事故挂牌督办、调查处理、复产验收等提出要求。

一是加强重大事故查处挂牌督办。对重大事故查处，要严格依照《重大事故查处挂牌督办办法》，提请国务院安委会挂牌督办并跟踪督导。

二是发生亡人事故必须停产整顿。各地要严格落实事故矿山停产整顿制度，不能放任矿山企业存在重大灾害治理不到位、隐患排查走过场、安全规章制度不落实等诸多问题，仍然我行我素、继续生产。

三是发生较大以上事故必须进行智能化改造。各地要把智能化改造作为较大以上事故矿井复工复产的前置条件，由省级矿山智能化建设主管部门组织验收通过后，方可申请复工复产。灾害严重矿井要按照有关要求加快智能化改造。

四是严格中介机构责任追究。各地在事故调查中，发现中介机构安全设施设计、安全评价、检测检验服务等租借资质、挂靠、出具失实虚假报告的，要依据《安全生产法》第九十二条等法律法规，从严从重处理处罚；涉嫌犯罪的，要依据《刑法》第一百三十四条移送司法机关追究刑事责任。

要点3 ☞ 加大事故警示教育力度

（1）习近平总书记强调，要做到警钟长鸣，用事故教训推动安全生产工作，做到“一厂出事故、万厂受教育，一地有隐患、全国受警示”。

（2）近年来，一些地区和矿山企业吸取事故教训不深刻，把别人的事故当故事听、当电影看，甚至好了伤疤忘了痛，同一地区、同一企业类似事故反复发生。2021年青海海北柴达尔煤矿因上部露天煤泥浆溃入井下引发“8·14”重大事故，2022年新疆伊犁西部黄金伊犁公司又因上部露天尾矿浆溃入井下引发“2·24”重大事故。

（3）《硬措施》提出，要加强日常宣教、制作警示教育片以及加大典型案例曝光等要求。

一是将宣教融入日常。各级矿山安全监管监察部门要将警示教育与安全培训、监管监察工作相结合，督促矿山企业开展从企业主要负责人到一线作业人员的全覆盖警示教育，让安全警钟时刻长鸣、时刻回响。

二是制作警示教育片。按照“谁组织调查、谁开展警示”的原则，事故调查牵头部门要组织地方有关部门、矿山企业对较大以上事故制作警示教育片。

三是加大典型案例曝光力度。事故结案后，事故调查牵头部门要及时向社会公布事故调查报告，在主流媒体发布典型事故案例，督促地方和矿山企业吸取事故教训，切实警醒起来、行动起来，形成齐抓共管的良好氛围。

第三章

贯 彻 落 实

学习要点

《硬措施》硬不硬，关键看兑现、落实、执行。必须以最严的标准、最严的预防、最严的执法、最严的处罚、最严的问责抓好贯彻落实，做到刚执行、不走样、见成效。

要点1 ☞ 硬性抓好组织领导

各地要发挥安委会牵头抓总作用，组织专门力量，建立统一领导、部门联动、齐抓共管的工作机制，确保各项任务有效落实。

各级矿山安全监管监察部门：

（1）要把贯彻落实《硬措施》纳入年度工作要点，紧密结合实际，制定任务分工方案，建立任务清单，逐项落实责任单位、责任人。

（2）要推动各地把《硬措施》贯彻落实情况纳入安全生产和消防工作考核巡查重要内容，加强督促考核，确保掷地有声、见实见效。

要点2 ☞ 硬性抓好学习宣传

（1）各地要积极协调党校（行政学院），将《硬措施》纳入安全生产相关培训班必学内容，推动地方党政领导干部带头学、深入学，切实把《硬措施》精神转化为落实属地责任、狠抓矿山安全的自觉行动。

（2）各级矿山安全监管监察部门和矿山企业要深入开展到企业、到矿山、到现场的宣讲活动，广泛宣传《硬措施》精神实质和矿山安全基本要领，做到矿知人晓、居危思安、知危图安。

要点3 ☞ 硬性抓好贯彻执行

（1）各矿山企业要对照《硬措施》要求，逐条自查自纠，制定整改方案，切实提高风险隐患排查整改质量。

（2）各级矿山安全监管监察部门要将《硬措施》贯彻落实情况纳入执法检

查的必查内容，严肃查处一批重大隐患、打击一批违法行为、追究一批不法分子，真正让《硬措施》“长牙带刺”。

要点4 ☞ 硬性抓好典型曝光

（1）各级矿山安全监管监察部门要分类分批公开曝光典型事故和违法违规案例，举一反三，督促各地、各矿山企业深刻汲取教训。

（2）要强化正面引导和服务指导，对贯彻落实《硬措施》过程中涌现的好经验、好做法，及时宣传推广。

要点5 ☞ 硬性抓好追责问责

（1）各级矿山安全监管监察部门要坚持严的基调，推动各地、各矿山企业主要负责人明责、知责、履责、追责、尽责、问责。

（2）国家矿山安全监察局各省级局要将《硬措施》落实情况作为督政的重要内容，采取约谈曝光、通报批评、追责问责等方式，严厉查处慢作为、不作为、乱作为等行为。

煤矿安全生产条例

2024 年 1 月 24 日，国务院总理李强签署国务院令第 774 号，公布《煤矿安全生产条例》，自 2024 年 5 月 1 日起施行。《条例》共 6 章 76 条。

PPT 课件

第一章

背 景 和 意 义

学习要点

要点 1 ☞ 出台的背景

安全生产事关人民群众生命财产安全，事关经济发展和社会稳定大局。党中央、国务院历来高度重视安全生产工作。党的十八大以来，习近平总书记多次对安全生产工作作出重要指示批示，创造性地提出“坚持人民至上、生命至上”“从根本上消除事故隐患、从根本上解决问题”“管行业必须管安全、管业务必须管安全、管生产经营必须管安全”等一系列关于安全生产的重要论述，为做好新时代安全生产工作提供了根本遵循和行动指南。

当前煤矿领域存在安全生产责任落实不到位、风险隐患排查治理不彻底、安全管理体制机制不完善等突出问题。针对这些问题，我们进行了认真的调查研究，总结近年来一些好的经验和做法，将实践证明行之有效的措施用法规固化下来，从完善体制机制方面作出了相应规定。

煤矿作为传统高危行业，一直是安全生产工作的重中之重。国务院 2000 年、2005 年先后出台了《煤矿安全监察条例》《国务院关于预防煤矿生产安全事故的特别规定》，对预防煤矿事故发生、保障煤矿安全生产发挥了积极作用。2020 年国家矿山安全监察体制进行了改革，2021 年修改的《中华人民共和国安全生产法》对安全生产的原则要求和具体制度作了进一步完善，2023 年中共中央办公厅、国务院办公厅印发了《关于进一步加强矿山安全生产工作的意见》。

为把党中央、国务院决策部署在煤矿安全生产领域予以细化落实，应急管理部、国家矿山安全监察局在整合《煤矿安全监察条例》《国务院关于预防煤矿生产安全事故的特别规定》两部行政法规的基础上起草了《煤矿安全生产条例》。同时，《条例》融合吸收了《安全生产法》《煤矿重大事故隐患判定标准》《煤矿安全规程》等相关规定，结合煤矿安全生产管理的最新实践，严格规范了煤矿企业安全生产主体责任。

为贯彻落实党中央、国务院决策部署，司法部和应急管理部、国家矿山安监局深入调查研究，广泛征求有关部门、地方政府和煤矿企业、科研机构的意见，研究解决影响煤矿安全生产的突出问题，修改形成《煤矿安全生产条例（草案）》。2023 年 12 月 18 日，国务院常务会议审议通过了草案；2014 年 1 月 24 日，李强总理签署国务院令，正式公布《条例》。

要点 2 ☞《条例》的四大特点

特点一：高。《条例》的政治站位非常高，通篇体现了习近平总书记关于安全生产重要指示批示精神，一些重要条文甚至是总书记重要指示批示的原文原话。例如，条例规定煤矿安全生产工作应当以人为本，坚持人民至上、生命至上。

特点二：明。《条例》对各有关方面的责任规定更加明确了，充分体现了习近平总书记关于层层压紧压实煤矿安全生产责任的一贯要求。例如，条例第四条至第七条对煤矿企业、政府和部门的职责定位作出了概括规定，接下来各用一章（第二章至第四章）进行具体规定。

特点三：严。《条例》通篇贯穿了“严”的总基调。主要有三“严”，一是严密防范重大安全风险，见之于第三条等；二是严格事故隐患特别是重大事故隐患排查治理，见之于第三十五条、第三十六条等。三是严控煤矿生产安全事故，这是条例每个条款致力达到的目的。

特点四：重。条例加重了各有关方面的责任。包括职责和罚则两方面：一是职责加重了。与老条例相比，煤矿企业主体责任、地方党委政府领导责任和部门监管监察责任的法定职责都加重了。例如第十九条关于煤矿安全生产管理机构的职责，第三十九条关于地方党政领导干部的责任等；二是处罚加重了。例如第六十三条增设了上位法没有规定的新处罚等。

要点 3 ☞《条例》的十大亮点

亮点一：坚持党的领导，强化根本遵循

《条例》规定，煤矿安全生产工作坚持中国共产党的领导，坚持人民至上、生命至上，把保护人民群众生命财产安全摆在首位，坚持“安全第一、预防为主、综合治理”的方针，实行“管行业必须管安全、管业务必须管安全、管生产经营必须管安全”，按照国家监察、地方监管、企业负责，强化和落实安全生产责任。这些工作原则大多源自习近平总书记重要指示批示精神和党中央国务院决策部署，是做好煤矿安全生产工作的根本遵循。

亮点二：坚持关口前移，强化预防为主

条例严格煤矿安全准入，规定了安全设施设计审查、安全生产许可等行政审批许可；坚决把安全风险管控挺在事故隐患前面，把事故隐患排查治理挺在事故前面，要求煤矿企业构建安全风险分级管控和隐患排查治理双重预防机制，对风险隐患进行自查自改并按规定报告；建立煤矿隐蔽致灾因素普查治理的法律制度，规定煤矿要按编制灾害预防和处理计划，实施灾害治理。与之对应的是，煤矿监管部门要建立健全督办制度，督促煤矿企业消除重大事故隐患；对“带病生产”的煤矿，要依法采取责令停产整顿直至关闭的断然措施。

亮点三：抓住主要矛盾，强化主体责任

事故源于企业，遏制事故发生首先必须落实煤矿企业的安全生产主体责任。为此，《条例》创造性地增加关于煤矿上级企业职责的规定，要求煤矿企业应当加强对所属煤矿的安全管理，定期对所属煤矿进行安全检查，从法规上第一次明确了煤矿企业和煤矿的关系。《条例》强化了煤矿设计、施工、竣工验收、生产、关闭等“全链条”安全管理；对煤矿企业安全生产制度、组织机构、人员职责、教育培训、劳动待遇保障、安全设施和设备、危险作业等进行“全方位”规范；细化了煤矿企业主要负责人、安全生产管理人员和从业人员的“全员”安全生产责任，提高了企业违法成本，夯实了企业主体责任。

亮点四：补齐短板弱项，强化人防技防设备防管理防

我国煤矿地质和资源赋存条件复杂，隐蔽致灾因素多种多样，对安全技术要求非常高。然而，安全技术水平不高恰恰是当前我国煤矿安全的最大“短板”。为补齐这块“短板”，条例规定：一是煤矿必须配备专职矿长、总工程师和分管安全、生产、机电的副矿长，并要求这些人员持续保持相应安全生产能力和水平。二是煤矿必须配备主要技术负责人，建立健全并落实技术管理体系，煤与瓦斯突出等灾害严重的煤矿，要设立专门防治机构，配备专职副总工程师。三是煤矿要建立安全设备台账和追溯管理制度，对安全设备购置到报废实行全流程记录并存档。四是国家鼓励和支持先进技术工艺的推广应用，提升煤矿智能化开采水平，推动煤矿减人增效，提升安全高效集约开采水平。

亮点五：剑指幕后矿主，强化第一责任

针对有些煤矿企业，特别是一些中小型煤矿法定代表人，背后往往另有实际控制人，也就是真正的矿主。这些实际控制人，为了逃避责任追究，不挂名、不签字、不任职，躲在幕后实际控制煤矿生产经营活动，因为有了“替罪羊”而肆意妄为，实际控制人往往只管出煤、不管安全，给煤矿安全带来极大风险挑战。为堵住这个漏洞，条例第一次从国务院法规层面明确煤矿企业实际控制人属于主要负责人，同属煤矿安全生产的第一责任人，要对本单位安全生产工作全面

负责，必须履行主要负责人的全部法定职责，并承担主要负责人的全部法律责任。

亮点六：坚持眼睛向下，强化一线岗位

煤矿一线岗位是煤矿安全的第一道防线，必须眼睛向下、向下、再向下，狠抓一线岗位责任落实。为此，条例强化了相关要求：一是明责。要求煤矿建立健全并落实明确一线岗位负有落实岗位安全责任、参加安全生产教育和培训、增强事故预防与应急处理能力等三项法定职责。二是建制。明确要求煤矿建立并落实全员安全生产责任制，井下限员、工时管理、禁用劳务派遣工和事故隐患定期向员工通报等直接关系一线人员安全的法律制度，倒逼煤矿在劳动用工上减人增安、提质增效。三是架红线。严令包括一线岗位在内的有关人员不得关闭、破坏直接关系生产安全的监控、报警、防护、救生设备、设施，或者篡改、隐瞒、销毁其相关数据、信息，不得以任何方式影响其正常使用；不得对有关部门隐瞒存在的事故隐患以及其他安全问题。

亮点七：压实地方责任，强化末梢效用

煤矿安全生产的关键是压实基层监管责任。针对当前部分地区以保供名义罔顾安全，甚至对非法煤矿视而不见的突出问题，《条例》规定：一是煤矿安全生产实行地方党政领导干部安全生产责任制，要求明确每一个煤矿企业的安全监管主体，确保“矿矿有人管、事事有人抓”。二是地方政府不得要求不具备安全生产条件的煤矿企业进行生产；对正常生产煤矿因地质等原因导致生产能力发生较大变化的，要重新核定其生产能力。三是发挥基层政府作用，铲除非法煤矿这颗威胁矿山安全生产的“毒瘤”，规定县级政府负有查处非法煤矿，乡镇政府负有制止非法煤矿和向上级报告的职责。否则，对有关责任人员依法给予处分，甚至追究刑事责任。四是进一步明确地方政府关闭煤矿必须达到的法定标准，防止已关闭煤矿死灰复燃。

亮点八：紧扣主责主业，强化国家监察

体制决定法制，法制顺应和保障体制。为依法保障国家矿山安全监察体制的高效实施，条例从三个方面作出了规定：一是强化国家矿山安全监察体制，条例第一次在行政法规层面明确按照“国家监察、地方监管、企业负责”，强化和落实安全生产责任。二是强化督政促企。国家矿山安全监察机构负责对县级以上地方政府煤矿安全监工作进行监督检查，地方政府应当配合和接受，并及时落实监察意见建议。对煤矿重大及以下事故，授权矿山安全监察机构依法组织调查处理。三是强调查企验政。矿山安全监察机构履行煤矿安全监察职责，有权进入煤矿作业场所进行检查，验证地方政府及其有关部门履行煤矿安全监管职责的情况。

亮点九：力破“宽松软虚”，强化“严紧硬实”

煤矿事故的发生，既有企业主体责任不落实的内因，也有监管监察执法“宽、松、软、虚”等外因。为此，条例强化了对部门的执法要求：一是坚决整治“花式检查”，要求地方监管部门增强“现场感”，把煤矿现场安全状况作为监督检查重点内容，对发现的事故隐患应当责令立即排除；把重大事故隐患纳入信息系统，进行网上督办。二是要求矿山安全监察机构对地方政府煤矿安全工作加强监督检查，督促其开展重大事故隐患整改和复查，重点监察事故多发地区。三是严厉惩处渎职失职行为，对有关部门不及时查处重大隐患和安全生产违法行为，以及滥用职权、玩忽职守、徇私舞弊等的，要对其负有责任的领导人员和直接责任人员依法给予处分。

亮点十：提高违法成本，强化追责问责

针对煤矿违法成本过低，不少煤矿“宁肯交罚款也要违法生产”的现象，条例加大了处罚力度：一是提高罚款数额下限，提高了对煤矿企业、企业负责人部分违法行为的处罚下限。比如，对一般事故、较大事故、重大事故的罚款下限分别提高至50万元、150万元和500万元。二是增设较重罚则，对未按规定进行灾害等级鉴定等严重威胁生产作业安全的违法行为，增加了较为严厉的处罚。三是严格停产整改要求。对存在重大隐患仍然进行生产的煤矿应当停产整顿；停产整顿煤矿应当制定整改方案，地方煤矿监管部门应当向社会公告煤矿名单，并组织复产验收。四是加大关闭力度。对煤矿存在未取得安全生产许可证擅自生产等四种法定情形之一的，由地方政府按国务院规定的权限强制关闭。

要点4 ☞《条例》在应急管理法律体系中的地位

2019年11月29日，习近平总书记在主持中央政治局第十九次集体学习时专门强调，要坚持依法管理，运用法治思维和法治方式提高应急管理法治化、规范化水平，系统梳理和修订应急管理有关法律法规，抓紧研究制定应急管理、自然灾害防治、应急救援组织、国家消防救援人员、危险化学品安全等方面的法律法规。应急管理部深入贯彻习近平总书记重要指示精神，在立法机构的指导下，全力推进应急管理法律体系建设。在对应急管理领域法律法规全面梳理的基础上，研究提出了“1+5”应急管理法律骨干框架。“1”就是应急管理方面综合性法律，“5”就是5个方面的单行法律，包括安全生产法、消防法、自然灾害防治法、应急救援队伍管理法、国家消防救援人员法，在整个大框架之下，我们又划分了安全生产、消防救援、自然灾害防治三个子法律体系。

在安全生产法律体系中，以安全生产法为综合性、基础性法律，以矿山、危险化学品等重点行业领域单行法律法规为骨干法。2021 年，安全生产法已修改完成，夯实了安全生产法律体系基础；《条例》颁布施行后，将成为煤矿安全领域的骨干法规，根据《条例》，一批煤矿安全领域部门规章的配套修订；同时，矿山安全法修改已起草形成初稿，正在积极开展征求意见、调研、修改完善等工作。

《条例》设定的法律责任在与《安全生产法》等上位法规定保持一致的同时，承继了《煤矿安全监察条例》《国务院关于预防煤矿生产安全事故的特别规定》等法规施行过程中的有效做法，契合了当前煤矿安全生产的实际情况，既科学合理又特色鲜明。

要点 5 ☞ 出台的意义

法治是治国理政的基本方式，《条例》出台是推进煤矿安全生产依法治理的重要体现，有助于确认和巩固国家监察、地方监管、企业负责的体制机制，进一步完善煤矿安全生产法律法规体系，促进煤矿安全生产监管监察更好地融入国家治理体系，更好地释放治理效能。

《条例》是煤矿安全生产领域的一部基础主干法规，全面总结了近年来煤矿安全生产工作经验，是在贯彻新发展理念、推动安全生产工作高质量发展过程中形成的重要立法成果，对煤矿安全生产工作影响深远。《条例》的颁布和实施，有利于全面规范煤矿安全生产工作，进一步落实煤矿企业安全生产主体责任，进一步强化监管监察职责，对促进煤矿安全生产形势稳定好转具有重要意义。

1.《条例》的制定恰逢其时

《矿山安全法》制定年代久远，《安全生产法》虽经多次修改，但作为一部调整全行业、各领域的综合性法律，在煤矿安全生产领域直接适用一直面临“不够用”的尴尬。国务院分别于 2000 年和 2005 年出台了《煤矿安全监察条例》和《国务院关于预防煤矿生产安全事故的特别规定》，随着煤矿安全生产改革发展，基于煤矿安全生产法律法规规范体系化的理性分析和从遏制重特大事故的现实考量出发，需要制定一部综合性的行政法规，既适应新时代新要求，做好煤矿安全生产治理的顶层设计，又能对制约煤矿安全生产发展的诸多堵点、难点开出法治良方，真正在煤矿安全生产法律法规体系中发挥承上启下的重要作用。鉴此，《条例》的出台可谓恰逢其时。

2. 巩固和确立煤矿安全生产依法治理的基本框架

《条例》在充分吸收《煤矿安全监察条例》和《国务院关于预防煤矿生产安全事故的特别规定》等立法经验的基础上，着力构建以“国家监察、地方监管、企业负责”为基本框架的煤矿安全生产依法治理体系。“国家监察、地方监管、企业负责”，成为新时代煤矿安全生产法治化的基本表征。

《条例》在总则中明确规定，煤矿安全生产工作按照国家监察、地方监管、企业负责，强化和落实安全生产责任；在第二章至第四章，分别对煤矿企业的安全生产责任、煤矿安全生产监督管理、煤矿安全监察进行规定。之所以按照这样的体例结构和顺序进行制度安排，主要原因在于：

一方面，煤矿安全生产风险是煤矿企业生产经营过程中产生的，按照“谁制造风险，谁应对风险负责”的逻辑，煤矿企业理应对从业人员承担起首要的安全保障义务，即我们通常所说的“企业主体责任”。另一方面，进一步发挥煤矿安全生产监管监察体制机制优势，需要理顺部门间职责关系，推进机构、职能、权限、程序、责任法定化。中共中央、国务院印发的《法治政府建设实施纲要（2021—2025年）》提出，要形成边界清晰、分工合理、权责一致、运行高效、法治保障的政府机构职能体系。这意味着，在每一个监管环节上都不应存在漏洞。我国煤矿安全生产目前采取的是分级属地监管与垂直国家监察相结合的模式，即我们通常所谓的“国家监察” + “地方监管”。但是，在实际运行中，煤矿安全监察、监管的部分职责尚需进一步明确，协调机制和自身体系建设有待完善。因而，《条例》立法的一项重要任务，就是从权限和程序上厘清煤矿安全生产国家监察与地方监管的职责分工和工作衔接机制，推动形成煤矿安全生产监管监察工作的合力。

《条例》的一大亮点，就是在第四章对国家监察职能定位予以明确，确认和巩固了国家矿山安全监察体制改革的成果，使得矿山安全监察机构履行煤矿安全监察职能更加理直气壮。国家监察的核心内容可以概括为“督政查企”：所谓“督政”，即矿山安全监察机构对地方政府煤矿安全生产监管工作进行监督检查；所谓“查企”，即矿山安全监察机构对煤矿企业贯彻执行安全生产法律法规情况进行监督检查。与公共安全其他领域采取单轨制的监督相比，煤矿安全生产较早实施了双重监督模式，即在地方监管部门对煤矿企业实施属地监管之外，矿山安全监察机构依法对煤矿企业开展监督检查。二者在形式上虽有重叠，但目的和侧重点不同。“查企”是矿山安全监察机构履行国家监察职责的重要方式，旨在验证地方监管部门的履职情况及其成效。

3. 着力压实煤矿企业安全生产主体责任

在“国家监察、地方监管、企业负责”的煤矿安全生产治理体系中，“企业负责”一直是痛点和难点。这意味着《条例》必须在顶层设计上拿出真招、实招，对煤矿企业责、权、利作出细致周密的制度安排。为此，《条例》通过构筑以责任制、风险管理、分类治理等为主干的制度体系，明确行为规范，加强制度供给，解决突出问题。

一是更加强调全员安全生产责任。责任制是安全生产的灵魂。围绕建立并落实全员安全生产责任制，《条例》明确了煤矿企业主要负责人（包括实际控制人）、安全生产管理机构和安全生产管理人员、从业人员的不同职责，并在《安全生产法》规定的基础上，进一步提高了要求，比如完善了安全生产管理机构和安全生产管理人员的职责，同时要求煤矿企业配备“五职矿长”（矿长、总工程师、生产副矿长、安全副矿长、机电副矿长），高瓦斯、冲击地压、水文地质类型复杂等类型的煤矿还应当配备专职副总工程师。

二是更加注重防范化解重大安全风险。毋庸置疑，我国煤矿安全生产正在从控制事故向防范化解重大风险转型。为此，《条例》明确要求煤矿企业建立安全风险分级管控和隐患排查治理双重预防制度，开展安全风险辨识评估，及时发现并消除事故隐患。重大事故隐患排查治理情况要向地方政府煤矿安全生产监管部门和所在地矿山安全监察机构“双报告”；同时，结合近年来煤矿安全生产实践经验，明确了属于重大事故隐患的 17 项情形，要求存在重大事故隐患的煤矿企业立即停止受影响区域生产、建设，并及时消除事故隐患。

三是更加注重分类管理、重点治理。《条例》坚持分类施策，针对井工煤矿、露天煤矿的不同特点，采取不同安全管理措施，特别是汲取露天煤矿重特大事故教训，建立露天煤矿边坡稳定性评价制度，并要求煤矿企业加强边坡监测；同时进一步完善作业人员、安全设备设施以及危险作业等基础性管理制度，增设安全限员、灾害治理、煤矿开采专项设计等重点制度，旨在消除事故隐患、防患于未然。

4. 推动煤矿安全生产从行政管制到多元共治

适应合作行政发展的新需要，《条例》着力构建政府主导、部门联动、企业主责、社会广泛参与的多元共治体系，重点从发展与安全如何统筹，政府、企业、社会如何协同推进，监管监察等如何发挥合力等三个维度，清晰定位和解答事关煤矿安全发展的理念、体系和工作机制等关键问题。

第一，立足于统筹发展与安全，《条例》在立法目标设定上，明确规定煤矿安全生产的最终目标是“保障人民群众生命财产安全”，旗帜鲜明地提出煤矿安全生产工作应当以人为本，坚持人民至上、生命至上，把保护人民生命安全摆在首位，这是以人民为中心的发展思想在煤矿安全生产领域的鲜明体现。

第二，立足于打造大安全大应急的框架，协同推进政府、企业与社会共治。做好煤矿安全生产，政府守土有责。为此，《条例》明确规定县级以上人民政府负有煤矿安全生产监督管理职责的部门，以及其他有关部门，应当按照职责分工履行煤矿安全生产监管以及相关的职责。除了在第二章对煤矿企业安全生产主体责任规定外，《条例》还赋予社会公众及安全生产技术服务机构等参与煤矿安全生产治理的权利，并明确相应义务，比如《条例》规定任何单位和个人对事故隐患或者安全生产违法行为，有权向煤矿安全监管监察部门举报，受理举报的部门应当依法及时处理。

第三，立足于形成治理合力，推动单独执法向联合执法转变。煤矿安全生产涉及多个环节，客观上需要行政机关之间采取联合行动，合力解决跨部门的突出问题。《条例》秉持合作治理的理念，在依法理顺国家监察与地方监管部门的职能定位和工作分工基础上，对停产整顿煤矿验收、失信联合惩戒等涉及跨部门安全生产监管的事项作出部署，旨在构建既分工负责、各司其职，又齐抓共管、协同高效的执法机制。比如，规定矿山安全监察机构和县级以上人民政府有关部门应当建立信息共享、案件移送机制，加强协作配合。

5. 将严的基调贯穿于始终

煤矿安全生产是民生大事，须臾不可放松。唯有坚持"零容忍"，方能实现长治久安。从《条例》的立法理念及其设定的义务看，这种"严"的基调，主要体现为以下三个方面：

一是严格准入门槛。按照"先取证后生产"原则实施准入管理，明确煤矿企业进行生产前，应当依照《安全生产许可证条例》规定的条件取得安全生产许可证。重申了煤矿新建、改建和扩建工程项目安全设施设计审查的要求，并要求对重大变更也实施审批管理。同时，《条例》建立健全严重违法违规煤矿企业的退出机制，规定未依法取得安全生产许可证等擅自进行生产的，以及 3 个月内 2 次或者 2 次以上发现有重大事故隐患仍然进行生产等情形，由地方政府依法予以关闭，进一步为煤矿企业划出安全"红线"。

二是严密责任体系。依靠严密责任体系增强安全防范治理能力，是煤矿安全生产全面践行"两个根本"的当务之急。其一，围绕坚持党政同责、一岗双责、齐抓共管、失职追责的安全生产责任体系，落实中共中央办公厅、国务院办公厅印发的《地方党政领导干部安全生产责任制规定》，《条例》明确规定煤矿安全生产工作坚持中国共产党的领导，实行地方党政领导干部安全生产责任制。其二，在巩固国家监察、地方监管、企业负责的煤矿安全生产体制机制基础上，《条例》强调煤矿安全生产工作实行管行业必须管安全、管业务必须管安全、管生产经营必须管安全，将安全生产责任进一步分类分级细化。其三，打通基层监管"最后一公里"。规定乡镇人民政府在所辖区域内发现未依法取得安全生产许可证等擅自进行煤矿生产的，应当采取有效措施制止，并向县级人民政府相关主管部门报告。

三是严肃失职问责。《条例》坚持过罚相当，根据违法行为的严重程度，设置了从经济处罚、责令停产整顿直至关闭的行政处罚措施。煤矿企业大都经济体量较大，这意味着适用一般的处罚手段往往对其不奏效。为此，《条例》突出重典治乱，综合运用民事、行政、刑事等手段，对违法煤矿企业及其相关责任人设定了更为严厉的处罚，确保行政执法“长牙带刺”。《条例》一方面提高了部分违法行为的起罚点，比如发生一般事故的，规定处 50 万元以上 100 万元以下的罚款。另一方面对于严重违法行为，普遍设置了“双罚制”，既对煤矿企业进行处罚，同时处罚直接负责的主管人员和其他直接责任人员，其目的就是通过强化对组织成员的惩处，进一步向煤矿企业传导安全生产的压力。此外，《条例》还补充和细化了对地方政府和煤矿安全监管监察部门有关人员依法给予处分的情形，架设起追责问责的“高压线”。

第二章

条 文 理 解

第一节 总 则

第一条 为了加强煤矿安全生产工作，防止和减少煤矿生产安全事故，保障人民群众生命财产安全，制定本条例。

学习要点 本条是关于本条例制定目的的规定。

要点 1 ☞ 加强煤矿安全生产工作

煤矿安全生产事关职工生命财产安全，事关经济发展和社会稳定大局；是影响我国煤炭工业高质量发展的重要因素，也是影响全面建成小康社会、满足人民对美好生活向往的重要因素。党和政府历来高度重视煤矿安全生产工作，并采取了一系列重大举措。各地区、各部门、各煤矿企业认真贯彻落实党中央、国务院的决策部署和指示精神，做了大量卓有成效的工作，经过不懈努力，全国煤矿安全生产状况总体稳定，并呈现好的发展态势。但是我们也清醒地看到，煤矿安全生产工作的基础不牢，安全生产责任不落实，煤矿生产安全事故时有发生，甚至发生产重特大事故。因此，需要通过立法，进一步强化安全生产理念，明确各级各部门各单位的煤矿安全生产责任、完善煤矿安全管理机制、完善煤矿安全监管监察机制，依法促进安全生产责任制的落实，做好煤矿安全生产工作。

要点 2 ☞ 防止和减少煤矿生产安全事故

煤矿生产安全事故不仅造成人员伤亡，给矿工家庭带来无法弥补的损失，同时给企业造成损失，给社会造成不良影响。防止和减少煤矿生产安全事故的发生，是煤矿安全生产工作的主要目标。近年来，煤矿煤与瓦斯突出、冲击地压、火灾、透水、顶板等事故时有发生，必须下大力气防止事故的发生。

预防煤矿生产安全事故发生，其中一个很重要的工作是要建立健全并严格落实煤矿安全生产责任制，及时发现并排除煤矿安全生产隐患。安全生产责任制是根据我国的安全生产方针和安全生产法规建立的各级领导、职能部门、工程技术人员、岗位操作人员在劳动生产过程中对安全生产层层负责的制度，是企业中最基本的一项安全制度，也是企业安全生产制度的核心。实践证明，凡是安全生产责任制落实好的企业，领导班子都能重视安全生产，切实贯彻执行党的安全生产方针、政策和国家的安全生产法律法规，工伤事故和职业性疾病就会减少。反之，就会职责不清，相互推诿，致使安全生产工作无人负责，工伤事故就会不断发生，患职业病的职工就会不断增加。

《安全生产法》第二十二条规定："生产经营单位的全员安全生产责任制应当明确各岗位的责任人员、责任范围和考核标准等内容。生产经营单位应当建立相应的机制，加强对全员安全生产责任制落实情况的监督考核，保证全员安全生产责任制的落实。"要落实好安全生产责任制，就要建立"目标到人"制度，按照全员安全生产责任制要求，把每一项有形的实体工作落实到具体人，明确安全生产责任，也就是安全生产责任制的具体化。目标到人的关键环节是考核到人、责任追究到人。按照考核标准，通过明确的考核程序进行考核，作出科学合理的考核结果，根据考核结果奖惩到人。实践证明，只有细化分解目标任务并落实到人，才能避免出现工作责任不到位以及出了问题无人负责的现象，把每项工作落到实处；只有对不认真履行职责以致给工作造成损失的工作人员进行责任追究，才能发挥制度奖优罚劣的功能，并警示他人避免犯同样的错误。

要点 3 ☞ 保障人民群众生命财产安全

人的生命最宝贵，必须摆正煤矿生产与煤矿安全的关系，牢固树立以人为本理念，坚持"两个至上"，坚守生命红线，做到不安全不生产。矿长要把保护矿工生命安全，作为最神圣的职责。要把矿工当兄弟、当亲人，视矿工生命如同自己的生命，带着深厚的感情，带着强烈的责任，始终与矿工同呼吸、共命运、心连心。人的生命只有一次，矿工要做生命的主人，人人讲安全，事事为安全，时时想安全，处处要安全。始终绷紧安全弦，遵章守纪，敢于拒绝违章指挥、强令冒险作业的行为，共保生命安全。煤矿只要出事故，就是问题和差距。每减少一个人的死亡都是硬成效，不死人是最硬的政绩、最大的成绩，要依法办矿、从严治矿。

要坚持"安全第一、预防为主、综合治理"的安全生产方针。坚持安全第一，就是以对人民生命财产高度负责的精神，把安全生产工作放在更加突出的位置上抓，一刻都不能放松。坚持预防为主，就是关口前移，重心下移，把工作重点转移到风险分级管控和隐患排查治理，从源头上防范事故。坚持综合治理，就是综合运用法律手段、经济手段和必要的行政手段，从发展规划、行业管理、安全投入、科技进步、经济政策、教育培训、激励约束、企业管理、群众监督以及事故责任追究等方面，进一步完善体制、健全机制、落实责任、强化措施，全面加强安全生产工作。

各级煤矿安全管理干部，必须牢固树立“一切风险都可以管控、一切违章都可以杜绝、一切隐患都可以排除、一切事故都可以避免”的安全管理理念，坚决摒弃“煤矿安全生产事故防不胜防”“煤矿是高危行业还能不死人”的错误观点，靠精细严实的工作作风，夯实安全生产的基础。从煤矿安全生产的实践上看，只要扎实工作、真抓实干，煤矿就能实现安全生产。

第二条 在中华人民共和国领域和中华人民共和国管辖的其他海域内的煤矿安全生产，适用本条例。

学习要点 本条是关于本条例适用范围的规定。

法律、行政法规的适用范围是指其效力作用的时间、地域和对象等。本条主要规定了条例适用的对象范围。

要点1 ☞ 关于本条例的空间效力问题

按照法律空间范围的普遍原则，是适用于制定机关所管辖的全部领域，《条例》作为国务院制定的行政法规，其效力自然及于中华人民共和国的全部领域和中华人民共和国管辖的其他海域。

要点2 ☞ 关于本条例的适用主体范围问题

按照本条规定，本条例适用的主体范围，是在中华人民共和国的全部领域和中华人民共和国管辖的其他海域的煤矿企业和煤矿。

煤矿安全生产工作领域包含煤矿企业和煤矿。煤矿企业是指从事煤炭生产和煤矿建设的具有法人地位的组织；煤矿是指从事煤炭生产和煤矿建设的组织，可以是法人单位，也可以是非法人单位，包括井工煤矿和露天煤矿。

第三条 煤矿安全生产工作坚持中国共产党的领导。

煤矿安全生产工作应当以人为本，坚持人民至上、生命至上，把保护人民生命安全摆在首位，贯彻安全发展理念，坚持安全第一、预防为主、综合治理的方针，从源头上防范化解重大安全风险。

煤矿安全生产工作实行管行业必须管安全、管业务必须管安全、管生产经营必须管安全，按照国家监察、地方监管、企业负责，强化和落实安全生产责任。

学习要点 本条是关于煤矿安全生产工作的指导思想、安全理念、安全生产方针、安全工作原则和安全工作机制的规定。

要点1 ☞ 煤矿安全生产工作的指导思想：坚持中国共产党的领导

党中央、国务院历来高度重视安全生产工作，党的十八大以来，习近平总书记多次对安全生产工作作出重要指示批示等一系列关于安全生产重要论述，为做好新时代安全生产工作提供了根本遵循和行动指南。

煤矿作为传统高危行业，一直是安全生产工作的重中之重。国务院 2000 年、2005 年先后出台了《煤矿安全监察条例》《国务院关于预防煤矿生产安全事故的特别规定》，对预防煤矿事故发生、保障煤矿安全生产发挥了积极作用。随着经济社会发展，煤矿安全生产出现了一些新情况，存在安全生产责任落实不到位、风险管控、隐患排查治理不彻底、安全管理体制机制不完善等突出问题。1999 年成立了国家煤矿安全监察机构，2020 年国家矿山安全监察体制进行了改革，2021 年修改的《中华人民共和国安全生产法》对安全生产的原则要求和具体制度作了进一步完善，2023 年中办、国办印发了《关于进一步加强矿山安全生产工作的意见》。

为把党中央、国务院的决策部署在煤矿安全生产领域予以细化落实，应急管理部、国家矿山安全监察局在整合《煤矿安全监察条例》《国务院关于预防煤矿生产安全事故的特别规定》两部行政法规的基础上起草了《煤矿安全生产条例》。

当前，我国煤矿工业化、智能化持续推进，煤矿生产经营规模不断扩大，传统和新型煤矿生产经营方式并存，各类煤矿事故隐患和安全风险交织叠加，煤矿生产安全事故易发多发的特点仍然比较明显。针对这些新情况和新问题，党中央统筹全局、协调各方，持续推动安全生产领域改革发展取得新进展，特别是 2016 年 12 月印发的《中共中央、国务院关于推进安全生产领域改革发展的意见》，作为新中国成立以来第一个以党中央、国务院名义出台的安全生产工作的纲领性文件，对新时代我国安全生产领域改革发展的指导思想、基本原则、目标任务和具体措施提出了明确要求，意见提出，地方各级党委要认真贯彻执行党的安全生产方针，在统揽本地区经济社会发展全局中同步推进安全生产工作，定期研究解决安全生产重大问题。从这些年的实践看，坚持党的领导，是我国安全生产形势持续向好的决定性因素。2021 年修改的《安全生产法》，增加规定安全生产工作坚持中国共产党的领导，有利于统筹推进安全生产系统治理，大力提升我国安全生产整体水平。

要点 2 ☞ 煤矿安全生产工作的基本理念

一是煤矿安全生产工作以人为本，坚持人民至上，生命至上，把保护人民生命安全摆在首位。以人为本，就是要以人的生命和健康为本。煤矿作为生产经营单位，在生产经营活动中，要做到以人为本，就要以尊重职工、爱护职工、维护职工的人身安全为出发点，以消灭生产经营活动中的潜在隐患为主要目的。要关心职工人身安全和身体健康，不断改善劳动环境和工作条件。真正能做到工作为了人，干工作依靠人，绝不能以牺牲人的生命作为代价发展经济。具体来讲就是，当人的生命健康与生产经营单位经济效益、财产保护面临冲突时，首先应当考虑人的生命健康，而不是考虑经济效益和财产利益。

二是树牢安全发展的理念。坚持以人民为中心的发展思想，就是既要让人民富起来，又要让人民的安全和健康得到切实保障。发展是安全的基础和保障，安全是发展的前提和条件。血的教训表明，诸多事故都是“重发展轻安全、重效益轻安全”种下的苦果。发展理念上的失向、失序、失衡，往往是最大的风险隐患。2020 年 4 月，习近平就安全生产工作作出重要指示强调，各级党委和政府务必把安全生产摆在摆到重要位置，树牢安全发展理念，决不能只重发展不顾安全。安全发展理念要求在安全生产工作中坚持统筹兼顾，协调发展，正确处理安全生产与经济社会发展、安全生产与速度质量效益的关系，坚持把安全生产放在重要位置，促进区域、行业领域的科学、安全、可持续发展，绝不能以牺牲人的生命健康换取一时的发展。要自觉坚持安全发展，使经济社会发展切实建立在安全保障能力不断增强、劳动者生命安全和身体健康得到切实保障的基础上，确保人民群众平安幸福地享有经济发展和社会进步的成果。要大力实施安全发展战略，坚持依法依规，综合治理。健全完善安全生产法律法规、制度标准体系，严格安全生产执法，严厉打击非法违法行为，综合运用法律、行政、经济等手段，推动安全生产工作规范、有序、高效开展。

三是树立事故可防可控的理念。从源头上防范化解重大安全风险。2019 年 11 月 29 日，习近平总书记在主持中央政治局第十九次集体学习时讲话指出，要健全风险防范化解机制，坚持从源头上防范化解重大安全风险，真正把问题解决在萌芽之时、成灾之前。这一重要论述是对安全生产基本方针的进一步提炼和升华，对安全生产具有很强的指导意义。实践一再表明，许多事故的发生，都经历了从无到有、从小到大、从量变到质变的动态发展过程。因此，从以事故处置为主的被动反应模式向以风险预防为主的主动管控模式转变，是一种更经济、更安全、更有效的应急管理策略。具体而言，就是要严格煤矿安全生产市场准入，经济社会发展要以安全为前提，严防风险演变、隐患升级导致生产安全事故发生。

树立安全事故是可防可控的理念，转变思想观念，深层次分析每起事故发生的原因，制定切实可行的措施，将“自保、互保、联保”落到实处，实现“要我安全”向“我要安全”转变，努力朝着“零事故”的目标迈进。任何事故都是有苗头、有征兆的，都要经过萌芽、发展到发生这样一个过程。如果我们能够高度重视，超前预防，管理前移，重心下移，在源头上下功夫，切实提高风险管控和隐患排查治理、发现问题和解决问题的能力水平，及时发现各种苗头和征兆，制定落实完善的安全技术措施，及时处理各类隐患，最大限度地减少事故发生。

要点 3 ☞ 煤矿安全生产工作的基本方针

煤矿安全生产工作应当坚持安全第一、预防为主、综合治理的方针，从源头上防范化解重大安全风险。这一方针是开展安全生产工作总的指导方针，是长期实践的经验总结。

1. 安全第一

安全第一是指强调安全，强调人的生命与健康高于一切，安全优先，以人为本，把安全放在一切工作的首位。在生产经营活动中，在处理保证安全与实现生产经营活动的其他各项目标的关系上，要始终把安全特别是从业人员、其他人员的人身安全放在首要位置，实行“安全优先”的原则。在确保安全的前提下，努力实现生产经营的其他目标。当安全工作与其他活动发生冲突和矛盾时，其他活动要服从安全，绝不能以牺牲人的生命、健康为代价换取发展和效益。安全第一，体现了以人为本的发展思想，是预防为主、综合治理的统帅，没有安全第一的思想，预防为主就失去了思想支撑，综合治理就失去了整治依据。

煤矿企业要树立红线意识，落实“不安全不生产，隐患不排除不生产，安全措施不落实不生产”的原则，井下从业人员要珍惜自身生命健康，保持随时、随地安全生产的习惯，杜绝侥幸心理，实现自主保安、相互保安。煤矿企业应当在保障安全生产的基础上最大限度地提高经济效益，才能持续健康发展。

2. 预防为主

预防为主，是安全生产工作的重要任务和价值所在，是实现安全生产的根本途径。所谓预防为主，就是要把预防生产安全事故的发生放在安全生产工作的首位。对安全生产的管理，主要不是在发生事故后去组织抢救，进行事故调查，找原因、追责任、堵漏洞，而要谋事在先、尊重科学、探索规律，采取有效的事前控制措施，千方百计预防事故的发生，做到防患于未然，将事故消灭在萌芽状态。只要思想重视，预防措施得当，绝大部分事故特别是重大事故是可以避免的，坚持预防为主，就要坚持培训教育为主，在提高煤矿主要负责人、安全管理人员和从业人员的安全素质上下功夫，最大限度地减少违章指挥、违章作业、违反劳动纪律的现象，努力做到“不伤害自己，不伤害他人，不被他人伤害，保护他人不被伤害”。只有把安全生产的重点放在建立事故隐患预防体系上，超前防范，才能有效避免和减少事故，实现安全第一。

预防为主是指实现安全生产的主要工作在于预防，把安全生产工作的关口前移，超前防范，通过预防工作及时把各类事故消灭在萌芽之中。一切隐患都是可以消除的，一切事故都是可以预防的。煤矿企业要建立隐患排查、事故预防机制，采取有效的事前控制措施，保证安全生产。井下作业人员必须严格执行作业规程和操作规程，遵守劳动纪律，搞好安全生产。

3. 综合治理

将综合治理纳入安全生产方针，标志着对安全生产的认识上升到一个新的高度，是贯彻落实新发展理念的具体体现。所谓综合治理，就是要综合运用法律、经济、行政等手段，从发展规划、行业管理、安全投入、科技进步、经济政策、教育培训、安全文化以及责任追究等方面着手，建立安全生产长效机制。综合治理，秉承“安全发展”的理念，从遵循和适应安全生产的规律出发，运用法律、经济、行政等手段，多管齐下，并充分发挥社会、职工、舆论的监督作用，形成标本兼治、齐抓共管的格局。综合治理，是一种新的安全管理模式，它是保证“安全第一，预防为主”的安全管理目标实现的重要手段和方法，只有不断健全和完善综合治理工作机制，才能有效贯彻安全生产方针。

综合治理是指综合运用各种手段，包括加强安全生产管理，保证安全生产投入，加强安全生产教育培训，做好业务保安、科技兴安工作，充分发挥各方面的安全监督作用，来保证安全生产。综合治理要求做到全方位、全过程、全员管理；重视科学技术对煤矿安全的重要支撑作用，提高煤矿生产机械化、自动化、信息化水平。综合治理是安全生产工作的重心所在，是保证安全管理目标实现的重要途径。

“安全第一、预防为主、综合治理”的安全生产方针是一个有机统一的整体。安全第一体现了以人为本的发展思想，是预防为主、综合治理的统帅和灵魂，没有安全第一的思想，预防为主就失去了思想支撑，综合治理就失去了整治依据。预防为主是实现安全第一的根本途径。只有把安全生产的重点放在建立风险管控预防体系上，超前防范，及时发现和整改事故隐患，才能有效减少事故损失，实现安全第一。综合治理是落实安全第一、预防为主的手段和方法。只有不断健全和完善综合治理工作机制，才能有效贯彻安全生产方针，真正把安全第一、预防为主落到实处，不断开创安全生产工作的新局面。

要点4 ☞ "三管三必须"

"管行业必须管安全、管业务必须管安全，管生产经营必须管安全"是安全生产工作的重要原则。

1. 管行业必须管安全

管行业必须管安全，明确了负有安全监管职责的各个部门，要在各自的职责范围以内对自己负责的行业和领域的安全生产工作实行监督管理。

2. 管业务必须管安全

管业务必须管安全，这在煤矿企业里除了煤矿主要负责人是第一责任人以外，其他的副职都要根据分管的业务对安全生产工作负一定的职责，负一定的责任。比如一个煤矿企业总部，董事长和总经理是主要负责人，那么他就是企业安全生产第一责任人。但是还有很多副职，比如很多副总经理，分管人力资源的副总经理，对分管领域的安全要负责任。煤矿企业里面，安全管理团队配备得不到位，缺人，由此导致的事故这个分管人力资源的副职是要负责任的。再如，分管财务的副总经理，如果下属企业里安全投入不到位，分管财务的副总经理是要承担责任的。这就是我们说的管业务必须管安全。

3. 管生产经营必须管安全

管生产经营必须管安全。说到生产，管生产的副总经理不能只抓生产，不顾安全，抓生产的同时必须兼顾安全，抓好安全，否则出了事故以后，管生产的是要负责任的。

在厘清责任、分清界限的同时，"三管三必须"原则还要求负有安全监管职责的部门之间要相互配合、齐抓共管、信息共享、资源共用，依法加强安全生产监督管理工作，切实形成监管合力。

要点5 ☞ 煤矿安全生产工作机制

"国家监察、地方监管、企业负责"是煤矿安全生产工作机制。自1999年12月煤矿安全监察机构成立以来，煤矿安全监察机构对煤矿实行国家监察，地方政府及有关部门对煤矿实施监管。20多年的实践证明，我国煤矿安全生产形势持续稳定好转，实践证明能够有效保障煤矿安全高质量发展。为此，党中央、国务院于2020年对煤矿安全监察机构进行改革，将国家煤矿安全监察体制拓展到整个矿山领域。此次《条例》又第一次在法规层面予以强化，明确煤矿安全工作机制为“国家监察、地方监管、企业负责”，强化和落实安全生产责任，再次充分体现了党中央、国务院对“国家监察”体制和监察队伍的高度肯定与信任。

2014年8月31日，第十二届全国人民代表大会常务委员会第十次会议通过的《关于修改〈中华人民共和国安全生产法〉的决定》，在第三条增加了“建立生产经营单位负责、职工参与、政府监管、行业自律和社会监督的机制”的内容，2021年修正的《安全生产法》第三条第三款又要求建立这一工作机制，目的是形成安全生产齐抓共管的合力。本条例规定的“煤矿安全生产实行国家监察、地方监管、企业负责的工作机制”，与安全生产法规定的安全管理工作机制是一致的。

按照国家监察、地方监管、企业负责，明确各方责任。煤矿企业承担安全生产主体责任。政府有关部门承担的是监管责任，对煤矿企业特别是一线生产作业场所进行监督检查。国家矿山安全监察机构履行煤矿安全监察职责，不仅对煤矿进行行政执法，按事故等级组织事故调查，还负责对地方政府煤矿安全生产监管工作进行监督检查。

1. 国家监察

国家监察就是国家法律授权设立的国家矿山安全监察机构及其设在地方的矿山安全监察机构，以国家的名义、运用国家权力、依法对煤矿企业执行国家法律、法规和履行安全生产职责情况进行监督、检查，对不遵守国家安全生产法律、法规的煤矿企业进行纠正和处罚。必要时，可以提请当地人民政府或行业管理部门关闭企业。国家监察是一种带有强制性的监督，这种强制监督，是通过安全监察机构运用国家权力，独立进行监察活动实现的，因此，这种监察具有相对的公正性和权威性。

2. 地方监管

地方监管就是要求县级以上人民政府负有煤矿安全生产监督管理职责的部门，要切实履行煤矿安全监管职责。省级地方政府要明确本辖区各级政府对煤矿的安全监管责任，各级地方政府要明确本级政府煤矿安全监管部门，明确相关部门承担的煤矿安全监管责任。各部门要密切配合，形成煤矿安全监管的合力，在各级政府统一领导下，严厉打击违法生产、经营等影响煤矿安全生产的行为，对拒不执行安全生产监管监察指令的煤矿企业和煤矿，要依法依规从重处罚。

3. 企业负责

企业负责是指煤矿企业应当具备有关煤矿安全生产的法律、法规和标准规定的安全生产条件从事煤矿生产活动，对煤矿安全生产负主体责任。煤矿企业（煤矿）要全面落实安全生产主体责任，必须严格遵守和执行安全生产的法律、法规、规章制度与技术标准，依法依规加强安全生产，健全安全管理机构，加大安全生产投入，保持安全设施设备的完好有效。同时，还要加强对从业人员的教育培训，提高广大职工的安全意识和安全素质，做到不伤害自己、不伤害别人、不被别人伤害。主动参与安全管理工作，对本单位安全生产工作存在的问题，有权提出批评、检举和控告，有权拒绝违章指挥和强令冒险作业。

第四条 煤矿企业应当履行安全生产主体责任，加强安全生产管理，建立健全并落实全员安全生产责任制和安全生产规章制度，加大对安全生产资金、物资、技术、人员的投入保障力度，改善安全生产条件，加强安全生产标准化、信息化建设，构建安全风险分级管控和隐患排查治理双重预防机制，健全风险防范化解机制，提高安全生产水平，确保安全生产。

煤矿企业主要负责人（含实际控制人，下同）是本企业安全生产第一责任人，对本企业安全生产工作全面负责。其他负责人对职责范围内的安全生产工作负责。

学习要点 本条是关于煤矿企业安全生产基本义务的规定。

要点1 ☞ 煤矿企业安全生产主体责任

煤矿企业的主体责任主要是指煤矿企业对本单位煤矿安全生产和职业健康工作负全面责任。具体要求是要严格履行安全生产法定责任，建立健全自我约束、持续改进的内生机制。

《中共中央、国务院关于推进安全生产领域改革发展的意见》第二条（六）严格落实企业主体责任。企业对本单位安全生产和职业健康工作负全面责任，要严格履行安全生产法定责任，建立健全自我约束、持续改进的内生机制。企业实行全员安全生产责任制度，法定代表人和实际控制人同为安全生产第一责任人，主要技术负责人负有安全生产技术决策和指挥权，强化部门安全生产职责，落实一岗双责。完善落实混合所有制企业以及跨地区、多层级和境外中资企业投资主体的安全生产责任。建立企业全过程安全生产和职业健康管理制度，做到安全责任、管理、投入、培训和应急救援“五到位”。国有企业要发挥安全生产工作示范带头作用，自觉接受属地监管。

《安全生产法》规定，生产经营单位是安全生产的责任主体，对本单位的安全生产承担主体责任。主体责任主要包括组织机构保障责任、规章制度保障责任、物质资金保障责任、教育培训保障责任、安全管理保障责任、事故报告和应急救援责任等。按照本条规定，煤矿企业（煤矿）是煤炭生产经营单位，应当承担煤矿安全生产工作的主体责任。

煤矿安全生产主体责任的严肃落实，对于保障煤矿工人生命安全、维护煤矿生产秩序、推动煤炭产业可持续发展具有重要意义。

1. 煤矿企业主体责任的含义和核心要素

煤矿安全生产主体责任，是指煤矿企业是煤矿生产的主体，为保障安全生产应当履行法定职责和义务，并为未履行或履行法定职责和义务不到位承担后果。其核心是安全责任，包括安全生产责任、安全防范责任和事故救援责任。

（1）安全生产责任。煤矿企业应当建立健全安全生产责任制度，明确安全生产工作的目标任务和具体要求。企业领导要履行安全生产第一责任人的责任，要关心煤矿工人的安全生产情况，加强安全生产知识培训，提升煤矿安全生产管理水平。

（2）安全防范责任。煤矿企业要加强对生产安全隐患的排查和整改，建立健全安全生产规章制度、安全生产监督管理制度、危险源辨识与评估制度等，做到事前预防和控制。

（3）事故救援责任。煤矿企业要建立健全事故应急救援预案，组织培训员工的应急救援能力，及时进行事故救援和后期处理。

2. 煤矿企业主体责任的重要性和必要性

煤矿安全问题是煤矿生产亟待解决的问题，严格落实煤矿安全生产主体责任，对于保障煤矿工人的生命安全、维护煤矿生产秩序、促进煤炭产业可持续发展具有重要意义。

（1）保障煤矿工人生命安全。煤矿是高风险行业，工人生命安全是最核心的问题。落实煤矿安全生产主体责任，可以有效遏制煤矿事故的发生，保障煤矿工人的生命安全，降低煤矿事故的发生率和死亡率。

（2）维护煤矿生产秩序。煤矿安全事故对煤炭生产秩序的破坏是巨大的，一次事故往往会导致大量产能的停产。落实煤矿安全生产主体责任，可以有效减少安全事故的发生，保障煤炭生产的正常运转，维护煤矿生产秩序。

（3）推动煤炭产业可持续发展。煤炭是我国主要的能源资源，煤炭产业的可持续发展对于保障国家能源安全和经济发展至关重要。严格落实煤矿安全生产主体责任，可以推动企业引进先进的安全生产技术和设备，提高煤矿安全生产水平，推动煤炭产业的可持续发展。

3. 煤矿企业主体责任的落实和改进措施

要严格落实煤矿安全生产主体责任，需要煤矿企业和政府监管部门共同努力，采取一系列措施：

（1）企业加强内部管理。煤矿企业要加大对安全生产的投入，加强安全生产管理，建立健全安全责任制度和考核机制，对安全生产指标进行考核和奖惩。企业领导要加强学习和培训，提高对安全生产的认识和掌握，增强安全生产意识。

（2）政府加强监管。政府监管部门要加大对煤矿安全生产工作的监管力度，要加强煤矿企业的安全生产执法和监督检查，对违法违规行为依法严惩。要加强对煤矿企业的指导和培训，提高企业安全生产管理水平。

（3）加强技术支持。煤矿企业需要引进先进的安全生产技术和设备，提高煤矿生产作业过程的自动化和信息化水平，减少人为操作，降低事故风险。

（4）引进高素质人才。煤矿企业要引进高素质的安全生产管理人员和技术人才，提高企业的安全生产管理水平和技术水平。

总之，严格落实煤矿安全生产主体责任是保障煤矿工人生命安全、维护煤矿生产秩序和推动煤炭产业可持续发展的重要举措。煤矿企业和政府监管部门要共同努力，加强内部管理和外部监管，推动煤矿安全生产主体责任的落实。只有这样，才能更好地保障煤矿工人的生命安全，推动煤炭产业的可持续发展。

要点2 ☞ 加强安全生产管理

煤矿安全生产管理是企业管理的重要内容。煤矿必须严格遵守安全生产法律法规，依法依规加强安全生产，要依法设置安全生产的管理机构，配备安全生产管理人员，建立、健全本单位安全生产的各项规章制度并组织实施，保持安全设备设施完好有效。煤矿的主要负责人、实际控制人要切实承担安全生产第一责任人的责任，带头执行现场带班等制度，加强现场安全管理。做好对从业人员的安全生产教育和培训，企业主要负责人、安全管理人员、特种作业人员一律经严格考核，持证上岗，职工必须全部经培训合格后才能上岗。坚持不安全不生产。搞好生产作业场所、设备、设施的安全管理等。

要点3 ☞ 建立健全全员安全生产责任制和安全生产规章制度

1. 全员安全生产责任制

全员安全生产责任制，是根据我国的安全生产方针“安全第一、预防为主、综合治理”和安全生产法规建立的煤矿各级领导、职能部门、工程技术人员、岗位操作人员在劳动生产过程中对安全生产层层负责的制度。全员安全生产责任制是煤矿岗位责任制的细化，是煤矿中最基本的一项安全制度，也是煤矿安全生产、劳动保护管理制度的核心。全员安全生产责任制综合各种安全生产管理、安全操作制度，对煤矿及其各级领导、各职能部门、有关工程技术人员和生产工人在生产中应负的安全责任予以明确，主要包括各岗位的责任人员、责任范围和考核标准等内容。在全员安全生产责任制中，主要负责人应对本煤矿的安全生产工作全面负责，其他各级管理人员、职能部门、技术人员和各岗位操作人员，应当根据各自的工作任务、岗位特点，确定其在安全生产方面应做的工作和应负的责任，并与奖惩制度挂钩。实践证明，凡是建立、健全了全员安全生产责任制的煤矿，各级领导重视安全生产工作，切实贯彻执行党的安全生产方针、政策和国家的安全生产法规，在认真负责组织生产的同时，积极采取措施，改善劳动条件，生产安全事故就会减少。反之，就会职责不清，相互推诿，而使安全生产工作无人负责，无法进行，生产安全事故就会不断发生。

2. 安全生产规章制度

安全生产规章制度，是以全员安全生产责任制为核心制定的，指引和约束人们在安全生产方面行为的制度，是安全生产的行为准则。其作用是明确各岗位安全职责，规范安全生产行为，建立和维护安全生产秩序。安全生产规章制度包括全员安全生产责任制、安全操作规程和基本的安全生产管理制度，是煤矿制定的组织生产过程和进行生产管理的规则和制度的总和。安全生产规章制度也称为内部劳动规则，是煤矿内部的“法律”。安全生产规章制度的建立与健全是煤矿安全生产管理工作的重要内容。实践中一些煤矿不重视安全生产，尤其是不重视规章制度建设，有的甚至没有规章制度，全员安全生产责任制不落实，极易出现生产安全事故，因此，本条例强调煤矿要建立健全安全生产规章制度。

要点 4 ☞ 加大对安全生产的投入保障力度，改善安全生产条件

安全生产投入是煤矿实现安全发展的前提，是做好安全生产工作的基础，安全生产投入总体上包括资金、物资、技术、人员等方面的投入。安全生产条件，是指煤矿在安全生产中的设施、设备、场所、环境等“硬件”方面的条件，这些条件是与安全生产责任制度相配套的。煤矿必须加大投入保障力度，保障安全生产的各项物质技术条件，其作业场所和各项生产经营的设施、设备、器材和从业人员防护用品等方面，都必须符合保障安全生产的要求。为了实现安全生产，煤矿要作出一切努力，包括硬件设施，如为工人佩戴安全帽等劳动防护用品，还包括软件方面，如安全生产教育、岗位培训等。国务院有关部门制定的煤炭行业的安全规程、规范和有关国家标准中，针对煤炭行业的生产经营特点及潜在的危险因素，规定了煤矿应当达到的基本安全生产条件，对国家的这些规定，煤矿必须严格执行，达不到规定的安全生产条件的，不得从事相关的生产经营活动。同时，要求煤矿在符合安全生产条件的基础上，还要不断改善安全生产条件，从根本上促进安全生产水平的提升。

要点5 ☞ 加强安全生产标准化建设

安全生产标准化体现了“安全第一、预防为主、综合治理”的方针，强调煤矿安全生产工作的规范化、科学化、系统化和法制化，强化风险管理和过程控制，注重绩效管理和持续改进，符合安全管理的基本规律，代表了现代安全管理的发展方向，是现代安全管理思想与我国传统安全管理方法、煤矿具体实际的有机结合，能有效提高企业安全生产水平，从而推动我国煤矿安全生产状况的持续稳定好转。

煤矿是安全生产的责任主体，必须建立健全煤矿安全生产标准化管理体系，通过树立安全生产理念和目标，实施安全承诺，建立健全组织机构，配备安全管理人员，建立并落实安全生产责任制和安全管理制度，提升从业人员素质，开展安全风险分级管控、事故隐患排查治理，抓好质量控制，不断规范、持续改进安全生产管理，适应煤矿安全治理体系和治理能力现代化要求，实现安全发展。

煤矿安全生产标准化管理体系包括理念目标和矿长安全承诺、组织机构、安全生产责任制及安全管理制度、从业人员素质、安全风险分级管控、事故隐患排查治理、质量控制、持续改进等8个要素，目的是提高安全生产水平，确保安全生产。

要点6 ☞ 安全生产信息化建设

加强信息化建设是提高安全生产管理水平的重要手段，是增强安全生产各项管理工作时效性的重要保障。安全生产信息化建设是安全生产的一项基础性工作，可以对全矿井生产过程各个环节所有信息流及数据进行采集、自动分析并实现控制，为各项安全管理提供技术保障，保证安全生产。主要可以从以下方面进行信息化建设：

（1）完整的人员分工、职责明确的煤矿安全管理组织体系。

（2）煤矿安全工作计划、实施、监督和总结动态管理系统。

（3）隐患采集、五定、整改、复查验收的无纸化闭环管理。

（4）“三违”查处、员工计分、事故责任全员安全行为动态档案。

（5）重点工程、隐患管理、工作进程等实时短信提示和报警。

（6）全员安全绩效自动化考核系统。

（7）矿井证照、三项岗位人员持证等安全资质的实时管理。

（8）领导下井、管理层履职、区队干部跟班等重点人群的管理。

（9）重点头面挂牌、现场安全确认等安全节点的实时监控。

（10）安全法规、规范标准、制度文件、规程措施动态知识库。

（11）隐患分类、“三违”人员、监督检查等业务数据图形化显示。

（12）煤矿安全管理记录、台账、报表、分析图表自动生成。

（13）煤矿安全评估、预警等图文资料的实时实施。

（14）煤矿井下安全监督检查辅助设备及相关网络支持。

煤企智能化升级是煤炭安全增产保供的关键举措。煤炭行业属于典型高危行业，生产过程中始终伴随着水害、火灾、瓦斯、粉尘等灾害隐患。推进煤矿智能化建设，可大量减少高危岗位人员，条件好的还可形成井下工作面无人采煤、少人值守的场景，避免煤矿工人直接面对灾害事故风险，大幅消除安全生产隐患。

要点7 ☞ 构建双重预防机制

煤矿安全风险分级管控是源头，是预防事故的第一道防线，煤矿事故隐患排查治理是预防事故的末端治理，是第二道防线。煤矿“双机制”构建就是要建设好这两道防线，这需要一个过程，需要研究研发、需要配套标准、需要配套资源，是企业责任主体和政府监管主体的有效手段。煤矿“双机制”建设能够解决安全生产的长效机制，能够有效破解当前安全生产工作的诸多瓶颈。

煤矿安全风险辨识以煤矿整体和井上下所有生产系统、环节、区域、工作地点、设备设施、岗位等为单位，以煤矿危险源辨识为基础，依据《煤矿安全规程》《煤矿安全生产标准化管理体系基本要求及评分方法（试行）》（煤安监行管〔2020〕16号）和国家相关法律、法规、标准和其他要求，以及企业相关规章制度、作业规程、操作规程、安全技术措施等开展安全风险辨识工作。

1. 风险辨识分为年度辨识、专项辨识和岗位辨识三类

1）年度辨识评估

每年矿长组织开展年度安全风险辨识，重点对容易导致群死群伤事故的危险因素进行安全风险辨识评估。

（1）每年矿长组织各分管负责人、副总工程师和相关科室、区（队）进行年度安全风险辨识评估，重点对井工煤矿瓦斯、水、火、煤尘、顶板、冲击地压及提升运输系统，露天煤矿边坡、爆破、机电运输等容易导致群死群伤事故的危险因素开展安全风险辨识评估。

（2）风险辨识评估范围应覆盖煤矿井（坑）下所有系统、场所、区域。

（3）高瓦斯及突出、水文地质类型复杂和极复杂、煤层自燃及容易自燃、有冲击地压等4类重大灾害矿井，应将相应影响区域的安全风险评估为重大风险。

（4）年底前完成年度安全风险辨识评估报告的编制，制定《煤矿重大安全风险管控方案》；方案应包含重大安全风险清单，相应的管理、技术、工程等管控措施，以及每条措施落实的人员、技术、时限、资金等内容。

（5）将辨识评估结果应用于确定下一年度安全生产工作重点，《煤矿重大安全风险管控方案》对下一年度生产计划、灾害预防和处理计划、应急救援预案、安全培训计划、安全费用提取和使用计划等提出意见。

2）专项辨识

以下情况，应按要求进行专项安全风险辨识评估：

（1）新水平、新采（盘）区、新工作面设计前，应开展1次专项辨识评估。该专项辨识评估由总工程师组织有关业务科室人员进行；辨识地质条件和重大灾害因素等方面存在的安全风险。专项辨识要有记录，参加人员要签字；内容明确，针对性强。编制专项安全风险辨识评估报告，完善重大安全风险清单，并制定相应管控措施；辨识评估结果用于完善设计方案，指导生产工艺选择、生产系统布置、设备选型、劳动组织确定。

（2）生产系统、生产工艺、主要设施设备、重大灾害因素（露天煤矿爆破参数、边坡参数）等发生重大变化时，开展1次专项辨识评估。该专项辨识评估由分管负责人组织有关业务科室人员进行；专项辨识要有记录，参加人员要签字，内容明确，针对性强。及时编制专项安全风险辨识评估报告，完善重大安全风险清单，并制定相应管控措施，与实际相符。辨识评估结果用于指导重新编制或修订完善作业规程、操作规程和安全技术措施。

（3）启封密闭、排放瓦斯、反风演习、工作面通过空巷（采空区）、更换大型设备、采煤工作面初采和收尾、综采（放）工作面安装回撤、掘进工作面贯通前，突出矿井过构造带及石门揭煤等高危作业实施前，露天煤矿抛掷爆破前，新技术、新工艺、新设备、新材料试验或推广应用前，连续停工停产1个月以上的煤矿复工复产前，开展1次专项辨识评估。该专项辨识评估由分管负责人（复工复产前专项辨识评估由矿长）组织有关科室、生产组织单位（区队）进行；重点辨识评估作业环境、工程技术、设备设施、现场操作等方面存在的安全风险；编制专项辨识评估报告，有新增重大风险或需调整措施的补充完善《煤矿重大安全风险管控方案》；辨识评估结果应用于对安全技术措施编制提出指导意见。

（4）本矿发生死亡事故或涉险事故、出现重大事故隐患，全国煤矿发生重特大事故，或者所在省份、所属集团煤矿发生较大事故后，开展1次针对性的专项辨识评估。该专项辨识评估由矿长组织分管负责人和科室进行；识别安全风险辨识评估结果及管控措施是否存在漏洞、盲区；编制专项辨识评估报告，有新增重大风险或需调整措施的补充完善《煤矿重大安全风险管控方案》；辨识评估结果应用于指导修订完善设计方案、作业规程、操作规程、安全技术措施。

3）岗位辨识

建立岗位安全风险清单，落实具体的管理对象、主要责任人、直接管理人员、主要监管部门、主要监管人员，进一步落实各岗位安全生产责任。依据岗位安全风险清单的条款和内容，制作岗位安全风险辨识评估卡，发到每个岗位员工手中，并保证在工作过程中随身携带。

2. 隐患分为一般事故隐患和重大事故隐患

事故隐患排查治理应坚持及时有效、先急后缓、先重点后一般、先安全后生产的原则，必须做到不安全不生产。事故隐患治理前无法保证安全或事故隐患治理过程中出现险情时，应撤离危险区域作业人员，并设置警示标志；事故隐患治理过程中，必须有可靠的安全措施，不得冒险作业和施工，严防事故发生。

严格隐患分级治理和挂牌督办。煤矿是隐患治理的责任主体，必须认真制定隐患治理方案，严格做到治理责任、措施、资金、期限、应急预案、监控措施“六落实”。重大事故隐患按监管权限由省级煤炭管理部门及市级煤炭管理部门负责挂牌督办。A级事故隐患的治理由煤矿上一级煤炭管理部门负责挂牌督办；B级事故隐患的治理由煤矿企业挂牌督办。C级事故隐患的治理，由煤矿区（队）、业务部门治理监控，煤矿安监部门挂牌督办。

（1）对煤矿企业报告的重大事故隐患、煤炭管理部门在监督检查中发现的重大事故隐患、举报并经查实的重大事故隐患、其他移交并经核实的重大事故隐患，一经具有安全监管权限的煤炭管理部门确认后，必须及时向隐患治理单位下达重大事故隐患治理督办通知书。督办通知书应当包括以下内容：

① 重大事故隐患基本情况；

② 治理方案报送期限；

③ 治理进度定期报告要求；

④ 治理完成期限；

⑤ 停产区域和治理期间的安全要求；

⑥ 督办销号程序。

（2）事故隐患治理完成后，严格进行分级验收。重大事故隐患治理由煤矿上一级煤炭管理部门组织初步验收后向负责挂牌督办部门提出验收申请，挂牌督办部门负责组织或委托验收。A 级事故隐患治理由煤矿上一级挂牌督办部门负责组织验收，B 级和 C 级事故隐患治理由煤矿企业负责组织验收。验收合格后解除督办、予以销号。

（3）对于短期内无法彻底治理的 A 级事故隐患，必须组织专家对其危险程度和影响范围进行评估，根据评估结果采取相应的安全监控和防护措施，确保安全。

（4）对不能在规定期限内完成治理重大事故隐患，煤矿企业要在规定的治理期限内向负有督办职责的煤炭管理部门提交重大事故隐患治理延期说明。

延期说明应当包括以下内容：

① 申请延期的原因；

② 已完成的治理工作情况；

③ 申请延期期限及采取的安全措施。

（5）煤矿每月要向上一级煤炭管理部门书面报告一般隐患排查治理情况和重大事故隐患治理进展情况，书面报告必须有单位负责人签字确认，并及时输入煤矿安全生产综合监管信息平台。

要点 8 ☞ 煤矿企业主要负责人和其他负责人

煤矿企业主要负责人（含实际控制人，下同）是本企业安全生产第一责任人，对本企业安全生产工作全面负责。其他负责人对职责范围内的安全生产工作负责。

实际控制人通常指的是虽然不是煤矿企业的法人代表或者股东，但通过投资的关系、协议或者其他的安排，能够实际支配煤矿行为的人。在一般情况下，董事长、执行董事或者总经理是企业的实际控制人，也是企业的法人，但是有些煤矿企业，特别是一些中小型的煤矿企业的法定代表人，背后往往另有实际控制人，他们对企业的重大事项有最终的决策权。这些实际控制人，为了逃避责任，特别是逃避安全追责的责任，不签名、不签字、不任职，躲在幕后，实际上控制煤矿的生产经营行为。这样一来，有了“替罪羊”在前台，他们在背后指挥，肆意违法生产，只管效益、不管安全，给安全生产工作带来了极大的风险和挑战。

本《条例》第一次从安全生产法规层面明确了煤矿实际控制人属于主要负责人，对本企业安全生产工作全面负责，也就是安全生产法规定的企业主要负责人的责任，如负有建立健全并落实本企业安全生产责任制，组织制定并实施安全生产规章制度、安全生产操作规程、作业规程，保证安全生产有效投入，组织建立并落实安全风险分级管控和隐患排查治理双重预防机制，及时、如实报告生产安全事故等职责。

煤矿企业实行全员安全生产责任制度，法定代表人和实际控制人同为安全生产第一责任人，主要技术负责人负有安全生产技术决策和指挥权，强化部门安全生产职责，落实一岗双责。各级矿山安全监管监察部门将把包括实际控制人在内的主要负责人履职情况作为检查重点，按照“谁投资、谁受益、谁负责”的原则，严格追责问责，构成犯罪的，依法移送司法机关追究刑事责任。

1. 主要负责人对本单位安全生产工作全面负责

本条所称主要负责人，对不同组织的煤矿企业（煤矿）而言也有所不同。对于公司制的煤矿企业（煤矿），按照公司法的规定，有限责任和股份有限公司的董事长是公司的法定代表人，经理负责“主持公司的生产经营管理工作”。因此，有限责任公司和股份有限公司的主要负责人是公司董事长和经理（总经理、首席执行官或其他实际履行经理职责的企业负责人）。对于非公司制的煤矿企业，主要负责人为煤矿矿长，对企业负有全面责任。

一般情况下，企业法定代表人由董事长或总经理担任，也是实际控制人。但是一些企业特别是一些中小企业的法定代表人背后往往另有实际控制人，他们对企业的重大事项有最终的决策权，对此，中共中央、国务院《关于推进安全生产领域改革发展的意见》中，明确规定法定代表人和实际控制人同为安全生产第一责任人，负有同等责任。

安全生产工作是企业管理工作中的重要内容，涉及企业生产经营活动中的各个方面，必须要由煤矿企业（煤矿）“一把手”统一领导，统筹协调，负全面责任。煤矿企业（煤矿）可以安排副职负责人协助主要负责人分管安全生产工作，但不能因此减轻或免除主要负责人对本单位安全生产工作所负的全面责任。煤矿企业（煤矿）的安全生产不仅关系到本单位的从业人员的人身安全和财产安全，还可能影响社会公共安全。煤矿企业（煤矿）主要负责人对安全生产全面负责，不仅是对本单位的责任，也是对社会应负的责任。

2. 主要技术负责人（总工程师）负有安全生产技术决策和指挥权责

煤矿安全生产专业性特点突出，近年来发生的一些重大、特大生产安全事故，集中暴露出煤矿企业存在的一些技术管理问题。因此，本条规定主要技术负责人（总工程师）负有安全生产技术决策和指挥权责。煤矿企业（煤矿）必须加强对安全生产技术管理基础工作的领导，建立健全以主要技术负责人（总工程师）为首的技术管理体系。主要技术负责人（总工程师）对主要负责人负责，主管技术工作。对重大安全生产技术问题提出方案和措施，经主要负责人审定或上级主管部门批准后，由分管副职组织实施。

3. 分管负责人、其他相关人员在履行岗位职责的同时，履行相应的安全生产工作职责

无论从宏观还是从微观上看，煤矿安全生产都不是孤立的，而是各方面因素相互作用的结果。煤矿安全生产工作是一个有机体，安全管理工作必须坚持系统思维，进行系统治理，从遵循和适应煤矿安全生产的规律出发，运用多种手段，多管齐下，形成标本兼治、齐抓共管的格局。煤矿安全生产不但是煤矿企业（煤矿）主要负责人、主要技术负责人和安全管理部门及安全管理人员的责任，煤矿企业（煤矿）的每一名分管负责人、每一个部门、每一个岗位、每一个员工都不同程度地直接或间接地影响安全生产，必须建立全员安全生产责任制，落实“一岗双责”，齐抓共管，把全体员工积极性和创造性调动起来，形成人人关心安全生产、人人提升安全素质、人人做好安全生产的局面。因此，本条规定煤矿企业（煤矿）分管负责人、其他相关人员在履行岗位职责的同时履行相应的安全生产工作职责。

第五条 县级以上人民政府应当加强对煤矿安全生产工作的领导，建立健全工作协调机制，支持、督促各有关部门依法履行煤矿安全生产工作职责，及时协调、解决煤矿安全生产工作中的重大问题。

学习要点 本条是关于各级人民政府煤矿安全生产职责的规定。

加强对煤矿安全生产的领导和监督管理，是各级人民政府应当承担的法定职责，是进一步强化煤矿安全生产工作的必然要求。

要点1 ☞ 加强对煤矿安全生产工作的领导

煤矿安全生产实行地方党政领导干部安全生产责任制，省级人民政府应当按照分级分类监管的原则，明确每一个煤矿企业的安全生产监管主体。按照政府职能转变要求，政府不应干预煤矿企业内部的生产经营活动，但煤矿安全生产作为生产经营活动中的重要环节，与可以由市场调节的其他环节和要素不一样，其直接关系到煤矿从业人员的生命，也关系到社会公共安全，必须要由政府这只“看得见的手”来发挥监督管理的作用。各级人民政府应当充分认识到加强煤矿安全生产工作领导的重要性和必要性，依法履行对本地区煤矿安全生产工作的领导责任，落实地方各级人民政府安全生产行政首长负责制和领导班子成员安全生产“一岗双责”制度，健全煤矿安全生产监管体制，认真研究解决本地区煤矿安全生产中的重大问题；确保有关法律、法规和国家关于安全生产方针政策的贯彻执行；要加强对煤矿事故预防工作的领导，按规定对危险性大、职业危害严重及重点项目的煤矿建设把好审批立项关，对威胁公众安全的煤矿重大事故隐患和危险设施、场所，要组织有关部门进行安全性评估；要加强安全生产的宣传教育，努力提高广大人民群众遵章守纪的自觉性和安全生产意识等。

要点 2 ☞ 建立健全安全生产工作协调机制

安全生产工作涉及的行业领域广、监管部门多，组织任务重、协调难度大，需要建立健全安全生产工作协调机制，目前的主要做法是成立各级安全生产委员会。安全生产委员会是各级党委和政府组织领导安全生产工作的议事协调机构。2003 年，国务院成立了安全生产委员会，主任由国务院副总理担任；目前全国各地均已成立了安全生产委员会，多数由政府主要领导任安委会主任，对于指导推动本地区安全生产工作发挥了重要作用。安委会的主要职责是：加强组织领导，研究部署本地区安全生产工作；指导各有关部门单位切实履行职责，形成齐抓共管的局面；加强统筹协调，分析安全生产形势，提出安全生产工作政策措施，切实解决存在的突出矛盾和问题。

要点 3 ☞ 支持、督促各有关部门依法履行煤矿安全生产监督管理职责

本条例第六条规定了县级以上人民政府负有煤矿安全生产监督管理职责的部门对煤矿安全生产实施监督管理，其他有关部门按照职责分工依法履行煤矿安全生产相关职责。

要点 4 ☞ 及时协调、解决煤矿安全生产监督管理中存在的重大问题

煤矿安全生产监督管理中的一些重大问题，如关闭不符合安全生产条件的煤矿企业的问题，淘汰安全隐患较多的落后生产工艺、设备的问题，对煤矿重大安全事故的抢救组织工作及事故的调查处理问题等，仅靠应急管理部门或者其他有关部门自身还难以解决，需要通过安全生产委员会等协调议事机构统筹协调，依法解决。

> **第六条** 县级以上人民政府负有煤矿安全生产监督管理职责的部门对煤矿安全生产实施监督管理，其他有关部门按照职责分工依法履行煤矿安全生产相关职责。

学习要点 本条是关于煤矿安全生产地方政府监管职责的规定。

煤矿安全生产监督管理体制，是煤矿安全生产制度体系建设的重要内容。国务院应急管理部门和县级以上地方各级人民政府应急管理部门是对我国安全生产工作实施综合监督管理的部门，有关部门在各自职责范围内对有关行业、领域的安全生产工作实施监督管理。本条要求县级以上地方人民政府负有煤矿安全生产监督管理职责的部门，依法对煤矿企业特别是一线生产作业场所进行监督检查。

县级以上地方各级人民政府应急管理部门负责安全生产综合监督管理和工矿商贸行业安全生产监督管理等职能。应急管理部门承担的综合监管职责主要包括两个方面：一是承担本级安全生产委员会的日常工作；二是指导协调、监督检查、巡查考核本级政府有关部门和下级政府安全生产工作。具体的监管形式包括：依照有关法律、法规的规定，对有关涉及安全生产的事项进行审批；依法对生产经营单位执行有关安全生产的法律、法规和国家标准或者行业标准的情况进行监督检查；按照国务院规定的权限组织对生产安全事故的调查处理；对违反本法的行为依法给予行政处罚等。

安全生产监督管理工作不仅仅是应急管理部门的职责，政府其他有关部门在其职责范围内，也承担着安全生产监督管理的责任。负有安全生产监督管理职责的部门之间的工作机制和要求，即应当相互配合、齐抓共管、信息共享、资源共用，依法加强安全生产监督管理工作。

要点1 ☞ 煤矿安全生产监督管理部门的监督管理职责

煤矿安全生产监督管理工作是一项专业性、实践性很强的工作，不同于政府机关的普通管理岗位。县级以上地方人民政府必须明确煤矿安全监督管理部门，配足配齐煤矿相关专业人员，给予必要的经费保障、装备保障等。煤矿安全生产监督管理干部不仅政治素质和专业素质过硬，而且身体素质也要过硬；既要懂业务、会管理，还要熟悉行政执法工作；既能发现煤矿存在的安全问题，还能提出解决问题的具体方案建议，达到煤矿安全监督管理与安全普法、安全教育、安全培训等多方面相统一等。

县级以上地方各级人民政府煤矿安全监督管理部门依法履行下列职责：

（1）分析煤矿安全形势，定期向本级人民政府报告煤矿安全工作，提出煤矿安全工作的意见和建议。

（2）按计划开展煤矿安全监督检查，对煤矿违法违规行为依法作出处理。

（3）组织煤矿安全专项整治。

（4）指导和监督管理煤矿安全培训工作。

（5）负责煤矿主要负责人、特种作业人员的考核、发证工作。

（6）组织煤矿安全生产标准化考核定级工作。

（7）参与煤矿事故调查处理。

（8）开展煤矿建设项目工程质量监督管理，对煤矿建设项目安全设施验收和综合竣工验收监督检查。

要点2 ☞ 其他有关部门的煤矿安全生产监督管理职责

“其他有关部门”，是指除煤矿安全生产监督管理部门外，依照有关法律、行政法规、地方性法规和本级人民政府对其部门职责划分的规定，对煤矿安全生产负有监督管理职责的部门。这就是说，煤矿安全生产工作监督管理工作不仅是煤矿安全监督管理部门的职责，政府的其他相关部门在其职责范围内，也承担着煤矿安全生产监督的职责。地方人民政府有关部门也应当依照相关分工，承担本部门相应的煤矿安全生产监督管理职责。

1. 县级以上地方各级人民政府煤炭行业管理部门依法履行的职责

（1）组织编制、实施本地区煤炭产业发展规划及安全专项规划。

（2）组织实施煤矿整顿关闭。

（3）负责煤矿生产能力核定和监督检查工作。

（4）指导煤矿机械化、自动化、信息化、智能化建设。

（5）负责煤炭行业安全基础管理、煤矿瓦斯等级鉴定管理、煤矿瓦斯防治能力评估管理，指导检查煤矿安全生产技术管理。

（6）负责对涉及煤矿安全生产的安全评价机构资质认定、安全生产检测检验机构资质认定，对涉及煤矿安全的社会服务机构进行监督管理。

（7）组织开展煤矿建设项目核准或审批。

2. 县级以上地方各级人民政府其他对煤矿安全生产工作实施监督管理的部门按照职责分工，对煤矿安全生产工作实施监督管理

（1）自然资源管理部门应当规范煤炭资源勘查、开采登记及采矿权管理等工作，严肃查处无采矿证开采、超层越界开采等违法行为。

（2）公安机关负责对煤矿储存和使用民用爆炸物品的监督管理。

（3）电力管理部门负责煤矿供用电的监督管理。

（4）市场监督管理部门负责煤矿企业工商“营业执照”的管理，对无照经营或证照过期的煤矿依法查处。

（5）建设行政主管部门负责煤矿建筑施工企业安全生产许可证的颁发和管理，会同煤炭行业管理部门强化对煤矿设计、施工和监理单位的资质监督管理。

（6）人力资源和社会保障部门组织实施劳动监察，监督企业依法缴纳工伤保险，维护煤矿企业从业人员合法权益。

（7）卫生健康管理部门负责煤矿职业病危害防治的监督管理。

（8）生态环境管理部门负责生态环境监测，严肃查处矿区环境污染和生态破坏行为。

第七条 国家实行煤矿安全监察制度。国家矿山安全监察机构及其设在地方的矿山安全监察机构负责煤矿安全监察工作，依法对地方人民政府煤矿安全生产监督管理工作进行监督检查。

国家矿山安全监察机构及其设在地方的矿山安全监察机构依法履行煤矿安全监察职责，不受任何单位和个人的干涉。

学习要点 本条是关于煤矿安全国家监察职责的规定。

要点1 ☞ 国家煤矿安全监察制度

煤矿安全是一个国家建设和发展的重要问题，对于保障煤矿工人生命安全和国家经济的稳定发展具有重要意义。为了确保煤矿安全，各国普遍实行煤矿安全的监察制度。国家实行煤矿安全监察制度，且依法履行煤矿安全监察职责时，不受任何单位和个人的干涉。

国家对煤矿安全实行监察制度，是为了保障煤矿工人的生命安全，维护国家经济的稳定发展。通过建立健全的监察制度，加强地方政府对煤矿的监督检查，提高煤矿的安全生产水平，减少煤矿事故的发生，保护矿工们的合法权益，确保煤炭资源的科学利用和煤炭工业的可持续高质量发展。

要点2 ☞ 国家煤矿安全监察职责

为了确保煤矿安全生产，国家矿山安全监察机构及其设在地方的矿山安全监察机构负责煤矿安全监察工作，依法对地方人民政府煤矿安全生产监督管理工作进行监督检查。

同时，《安全生产法》第六十五条规定，应急管理部门和其他负有安全生产监督管理职责的部门依法开展安全生产行政执法工作，对生产经营单位执行有关安全生产的法律、法规和国家标准或者行业标准的情况进行监督检查，行使以下职权：

一是进入煤矿进行检查，调阅有关资料，向有关单位和人员了解情况。

二是对检查中发现的安全生产违法行为，当场予以纠正或者要求限期改正。对依法应当给予行政处罚的行为，依照本法和其他有关法律、行政法规的规定作出行政处罚决定。

三是对检查中发现的事故隐患，应当责令立即排除；重大事故隐患排除前或者排除过程中无法保证安全的，应当责令从危险区域内撤出作业人员，责令暂时停产停业或者停止使用相关设施、设备；重大事故隐患排除后，经审查同意，方可恢复生产经营和使用。

四是对有根据认为不符合保障安全生产的国家标准或者行业标准的设施、设备、器材以及违法生产、储存、使用、经营、运输的危险物品予以查封或者扣押，对违法生产、储存、使用、经营危险物品的作业场所予以查封，并依法作出处理决定。

五是监督检查不得影响被检查单位的正常生产经营活动。

1. 行使监督检查权

在煤矿安全生产监督检查中，国家矿山安全监察机构及其设在地方的矿山安全监察机构具有以下权力：

（1）现场调查取证权。包括：①国家矿山安全监察机构及其设在地方的矿山安全监察机构有权进入煤矿进行现场检查，被检查单位不得拒绝。②有权向被检查煤矿调阅与监督检查有关的资料，如涉及高危作业的有关生产工艺的资料，安全设施、设备的档案资料，从业人员安全生产教育、培训、考核的资料等。被检查煤矿应当如实提供。③向有关人员，包括被检查煤矿的负责人，有关的管理人员、技术人员和作业人员等了解相关的情况。有关人员应当予以配合，如实提供有关情况。

（2）现场处理权。包括：①国家矿山安全监察机构及其设在地方的矿山安全监察机构，对监督检查中发现的安全生产违法行为，有权当场予以纠正或者要求限期改正。②责令排除事故隐患。对现场监督检查中发现的事故隐患，国家矿山安全监察机构及其设在地方的矿山安全监察机构有权责令被检查单位采取有效措施，立即予以排除。③责令采取紧急避险措施权。如果检查中发现的事故隐患属于重大隐患，在隐患排除前或者排除过程中不能保证人员安全的，国家矿山安全监察机构及其设在地方的矿山安全监察机构有权要求从危险区域撤出作业人员，同时要求暂时停止存在重大事故隐患的作业，或者暂停存在重大事故隐患的相关设施、设备的使用。只有在重大事故隐患被排除后，经过国家矿山安全监察机构及其设在地方的矿山安全监察机构审查同意，煤矿才能恢复有关的生产经营活动或者恢复有关设施、设备的使用。④对检查中发现的违法行为，依照有关法律、法规的规定应当由国家矿山安全监察机构及其设在地方的矿山安全监察机构予以处罚的，依法作出行政处罚的决定。

（3）采取查封或扣押行政强制措施权。国家矿山安全监察机构及其设在地方的矿山安全监察机构对有根据认为不符合保障安全生产的国家标准或者行业标准的设施、设备、器材以及违法生产、储存、使用、经营、运输的危险物品，有予以查封或者扣押的权力，对违法生产、储存、使用、经营危险物品的作业场所，有权予以查封。这里所规定的“查封”，是指国家矿山安全监察机构及其设在地方的矿山安全监察机构对于不符合保障安全生产的国家标准或者行业标准的设施、设备、器材以张贴封条或者其他必要措施封存起来，未经查封部门许可，任何单位或者个人不得启封、动用。这里所规定的“扣押”，是指国家矿山安全监察机构及其设在地方的矿山安全监察机构将不符合保障安全生产的国家标准或者行业标准的设施、设备、器材运到另外的场所予以扣留。《安全生产法》规定国家矿山安全监察机构及其设在地方的矿山安全监察机构有权采取查封、扣押的行政强制措施，一是为了防止这些不符合保障安全生产的国家标准或者行业标准的设施、设备、器材以及违法生产、储存、使用、经营、运输的危险物品的继续使用造成安全事故；二是可以为进一步查处该违法行为保留必要的证据。国家矿山安全监察机构及其设在地方的矿山安全监察机构在采取查封或扣押行政强制措施后，应当依照行政强制法、行政处罚法等法律的规定作出处理决定。

2. 依法行使监督检查权

国家矿山安全监察机构及其设在地方的矿山安全监察机构行使本条规定的职权，采取有关的行政措施时，应当依照行政强制法、行政处罚法等有关法律、法规规定的条件和程序进行。例如，采取查封、扣押等行政强制措施时，必须遵守行政强制法有关的程序规定，如采取查封、扣押措施，必须要有足够的根据，认为查封、扣押的物品确实不符合保障安全生产的国家标准、行业标准；要经过部门负责人的批准；执行查封、扣押措施时要通知被执行单位的负责人员到场，当事人不到场的，邀请见证人到场；对查封、扣押的设施、设备、器材应当清点、登记；对扣押物品办好交接手续；对查封、扣押的物品应当在法定期限内及时作出处理决定等。对依法应当给予行政处罚的，应当遵守行政处罚法规定的程序。

要点3 ☞ 煤矿的配合义务

国家矿山安全监察机构及其设在地方的矿山安全监察机构对煤矿进行监督检查时，煤矿出于担心受到处罚等原因，可能拒绝、阻挠监督检查。为了保障煤矿安全生产监督检查人员能够依法履行监督检查职责，本条规定了煤矿的配合义务。

1. 煤矿安全生产监督检查人员的监督检查职责

煤矿安全生产监督检查人员是指国家矿山安全监察机构及其设在地方的矿山安全监察机构的监督检查人员。煤矿安全生产监督检查人员必须依法履行监督检查职责。煤矿安全生产监督检查人员监督检查职责包括现场调查取证权、现场处理权、采取查封或扣押行政强制措施权等。赋予煤矿安全生产监督检查人员与其职责相适应的监督检查权利，是保证其依法履行职责的基础。煤矿安全生产监督检查人员履行监督检查职责应当依照法律规定的职权进行监督检查，不得影响被检查单位的正常生产经营活动，向当事人或者有关人员出示证件等。

煤矿安全生产监督检查人员履行监督检查职责，有时会与煤矿发生矛盾。比如，进入煤矿现场是调查取证的重要方式。但是，实践中执法部门进入煤矿有时非常困难，暴力冲突事件时有发生。如果执法部门不进入煤矿的场所进行现场调查，就无法行使监督权；如果执法部门频繁进入煤矿的场所，有时会给煤矿的生产经营带来不利的影响。正确处理这一对矛盾，一方面，法律必须明确执法部门可以进入煤矿进行现场检查，煤矿不得拒绝、阻挠；另一方面，执法部门也要避免频繁地进入煤矿的生产经营场所，从而保护煤矿正常的生产经营活动。不能滥用职权。对于违反法律规定的检查要求，煤矿有权予以拒绝，并有权向有关部门举报。

2. 煤矿应当配合煤矿安全生产监督检查人员监督检查

根据本条的规定，煤矿有接受国家矿山安全监察机构及其设在地方的矿山安全监察机构依法进行的监督检查的义务，对煤矿安全生产监督检查人员依法履行监督检查职责，应予以配合，不得拒绝、阻挠，包括允许监督检查人员进入相关场所实施现场检查，为监督检查人员依法履行职务提供便利条件，满足监督检查人员依法提出的调阅有关资料，检查有关设施、设备，找煤矿负责人或有关人员谈话了解有关情况等属于检查职权范围内的合法要求。

煤矿不履行这项法定义务时，应承担相应的法律责任。《安全生产法》第一百零八条规定，违反本法规定，生产经营单位拒绝、阻碍负有安全生产监督管理职责的部门依法实施监督检查的，责令改正；拒不改正的，处二万元以上二十万元以下的罚款；对其直接负责的主管人员和其他直接责任人员处一万元以上二万元以下的罚款；构成犯罪的，依照刑法有关规定追究刑事责任。《刑法》第 277 条第 1 款规定，以暴力、威胁方法阻碍国家机关工作人员依法执行职务的，处三年以下有期徒刑、拘役、管制或者罚金。同时，对于阻碍国家机关工作人员依法执行职务的行为，可以按照《治安管理处罚法》第五十条的有关规定给予治安管理处罚，即处警告或者二百元以下罚款；情节严重的，处五日以上十日以下拘留，可以并处五百元以下罚款。

第八条 国家实行煤矿生产安全事故责任追究制度。对煤矿生产安全事故责任单位和责任人员，依照本条例和有关法律法规的规定追究法律责任。

国家矿山安全监察机构及其设在地方的矿山安全监察机构依法组织或者参与煤矿生产安全事故调查处理。

学习要点 本条是关于煤矿生产安全事故责任追究和事故调查处理的规定。

要点1 ☞ 责任追究

煤矿发生生产安全事故，对经调查确定为责任事故的，除了依法追究事故单位的责任外，还要查明对安全生产的有关事项负有审批和监督职责的行政部门的责任，有失职、渎职行为的，依照《安全生产法》第九十条的规定追究法律责任。

煤矿生产经营活动中发生安全事故的原因多种多样，但大多数情况都是因为违反安全生产的法律、法规、标准和有关技术规程、规范等人为因素造成的。安全生产人命关天。我国在安全生产法、劳动法、矿山安全法、民法、刑法等法律及许多行政法规中，都对违反安全生产法律法规的法律责任作了明确规定。有关违反安全生产法律法规的法律责任，包括行政责任、民事责任、刑事责任。为此，本条明确规定，对煤矿生产安全事故实行责任追究制度。依照《安全生产法》和有关法律、行政法规的规定，煤矿生产安全事故责任单位和责任人员承担法律责任，国家实行煤矿生产安全事故责任追究制度。

煤矿安全生产事故责任追究制度是指根据《安全生产法》《煤矿安全规程》等相关法律法规，对煤矿安全生产事故的责任人进行追究和严肃处理的制度。该制度旨在促进煤矿安全生产，保障职工生命安全和财产安全，维护社会稳定和煤炭产业可持续发展。

1. 煤矿安全生产事故责任追究的形式

（1）行政责任。行政责任是指违反有关行政管理的法律、法规的规定所依法应当承担的法律后果。行政责任包括政务处分和行政处罚。政务处分的种类包括警告、记过、记大过、降级、撤职、开除等。行政处罚的种类包括：警告、通报批评；罚款、没收违法所得、没收非法财物；暂扣许可证件、降低资质等级、吊销许可证件；限制开展生产经营活动、责令停产停业、责令关闭、限制从业；行政拘留；法律、行政法规规定的其他行政处罚。

（2）民事责任。依照民法典的有关规定，因煤矿生产安全事故造成人员、他人财产损失的，煤矿生产事故责任单位和责任人员应当承担赔偿责任。赔偿责任主要包括造成人身和财产损害两方面的责任。侵害他人造成人身损害的，应当赔偿医疗费、护理费、交通费等为治疗和康复支出的合理费用，以及因误工减少的收入。造成残疾的，还应当赔偿残疾生活辅助具费和残疾赔偿金。造成死亡的，还应当赔偿丧葬费和死亡赔偿金。侵害他人财产的，财产损失按照损失发生时的市场价格或者其他方式计算。

（3）刑事责任。应对煤矿安全生产事故中造成人员伤亡和死亡的，依法追究责任人的刑事责任。刑事责任是指有依照刑法规定构成犯罪的严重违法行为所应承担的法律后果。刑法在“危害公共安全罪”一章中规定了重大责任事故罪、重大劳动安全事故罪、危险物品肇事罪、工程重大安全事故罪、危险作业罪等重大责任事故犯罪的刑事责任。刑法修正案十一又增加了“危险作业罪和强令、组织他人违章冒险作业罪”，危险作业罪指的是在进行特定作业时存在重大风险而不采取措施的情况；强令、组织他人违章冒险作业罪是指涉及强迫或指挥他人进行可能危及生命的违章作业罪。

2. 煤矿安全生产事故责任追究的意义

（1）促进煤矿安全生产。通过对责任人的追究，可以引发责任人的认真反思，自我检查，加强安全意识和责任意识，形成责任感强烈、安全意识深刻的企业文化氛围，推动煤矿安全生产工作全面提升。

（2）保障职工生命安全和财产安全。责任人的严格追究，不仅可以降低煤矿安全事故的发生率，也可以最大限度地保障职工的生命安全和财产安全，增强职工的安全感和归属感。

（3）维护社会稳定和煤炭产业可持续发展。煤炭产业是我国的重要支柱产业，煤矿安全生产事故的发生，不仅会对企业和个人造成重大的经济损失，还会影响社会稳定和煤炭产业的可持续发展。通过责任追究制度，可以有效降低煤矿事故的发生率，进而维护社会稳定和煤炭产业的可持续发展。

煤矿安全生产事故责任追究制度是煤矿安全生产的重要保障，对于促进煤矿安全生产，保障职工生命安全和财产安全，维护社会稳定和煤炭产业可持续发展都具有极其重要的作用。煤矿生产企业和所有从业人员应严格遵守安全生产法律法规，严格遵守安全操作规程，切实履行安全生产责任。只有这样，才能保障安全生产，促进职工健康发展，维护社会和谐稳定。

要点 2 ☞ 事故调查处理

《安全生产法》第八十六条规定，事故调查处理应当按照科学严谨、依法依规、实事求是、注重实效的原则，及时、准确地查清事故原因，查明事故性质和责任，评估应急处置工作，总结事故教训，提出整改措施，并对事故责任单位和人员提出处理建议。事故调查报告应当依法及时向社会公布。负责事故调查处理的国务院有关部门和地方人民政府应当在批复事故调查报告后一年内，组织有关部门对事故整改和防范措施落实情况进行评估，并及时向社会公开评估结果；对不履行职责导致事故整改和防范措施没有落实的有关单位和人员，应当按照有关规定追究责任。

《生产安全事故报告和调查处理条例》第十九条规定，特别重大事故由国务院或者国务院授权有关部门组织事故调查组进行调查。重大事故、较大事故、一般事故分别由事故发生地省级人民政府、设区的市级人民政府、县级人民政府负责调查。省级人民政府、设区的市级人民政府、县级人民政府可以直接组织事故调查组进行调查，也可以授权或者委托有关部门组织事故调查组进行调查。未造成人员伤亡的一般事故，县级人民政府也可以委托事故发生单位组织事故调查组进行调查。

《矿山生产安全事故报告和调查处理办法》（矿安〔2023〕7 号）规定，重大及以下等级煤矿事故由国家矿山安全监察局省级局牵头组织调查。未造成人员死亡的一般事故，县级人民政府或者国家矿山安全监察局省级局可以委托事故发生单位或者有关部门组织事故调查组进行调查。

《生产安全事故报告和调查处理条例》第四十五条规定，特别重大事故以下等级事故的报告和调查处理，有关法律、行政法规或者国务院另有规定的，依照其规定。这实际上是一个衔接性规定。这项规定主要考虑到现行有关法律、行政法规对事故调查处理已经作出了一些规定。本条明确了国家矿山安全监察机构及其设在地方的矿山安全监察机构依法组织或者参与煤矿生产安全事故调查处理。

第九条 县级以上人民政府负有煤矿安全生产监督管理职责的部门、国家矿山安全监察机构及其设在地方的矿山安全监察机构应当建立举报制度，公开举报电话、信箱或者电子邮件地址等网络举报平台，受理有关煤矿安全生产的举报并依法及时处理；对需要由其他有关部门进行调查处理的，转交其他有关部门处理。

任何单位和个人对事故隐患或者安全生产违法行为，有权向前款规定的部门和机构举报。举报事项经核查属实的，依法依规给予奖励。

学习要点 本条是关于煤矿事故举报的规定。

要点1 ☞ 举报机制

为深入贯彻落实习近平总书记关于安全生产重要指示批示精神，充分发挥社会各界对矿山安全生产的监督作用，严厉打击矿山安全领域瞒报事故等行为，在全国统一的安全生产举报投诉电话12350基础上，国家矿山安全监察局又在政府网站公布了矿山安全生产举报电话：010－64463182，010－64463011。

各级矿山安全监管监察部门要向社会公布矿山安全生产举报的渠道，鼓励社会公众和矿工通过网络、微信小程序、电话和信件等多种形式进行举报。所有生产、建设矿山企业必须在矿山办公场所、井口（坑口）等醒目位置设置举报奖励公告牌，公布地方监管监察部门举报电话和应急管理部安全生产举报微信小程序码。对核查属实的举报，按照规定要及时兑现奖励，最高可奖励30万元。

省级及以下矿山安全监管监察部门应当建立健全矿山重大隐患和安全生产违法行为举报奖励工作机制，向社会公开通信地址、邮政编码、举报电话、电子邮箱等举报渠道。省级矿山安全监管部门会同省级矿山安全监察机构在辖区所有矿山露天工业广场（人员出入主要路口）、井工矿山人员入井井口等醒目位置安设举报信息标识牌，载明接报单位及联系方式、匿名举报方法、受奖励的举报内容、举报奖励等级划分、奖励标准和领奖方式。

要点2 ☞ 畅通举报渠道

推进建立健全高效畅通的安全生产举报渠道，深化信息化赋能，全面构建“互联网＋举报”模式。各级应急管理部门要向社会公布接收安全生产举报（以下简称举报）的渠道，提供便捷、快速、有效的举报途径，鼓励社会公众和从业人员通过网络、微信小程序、电话和信件等多种渠道进行举报。充分利用应急管理部“安全生产举报系统”和微信小程序进行举报接收和办理工作，并将其他渠道收到的举报信息，及时、完整、规范地补充录入举报系统，对举报线索进行统一管理，提高举报工作信息化水平。设有单独门户网站的应急管理部门都要设置应急管理部“安全生产举报系统”入口、加挂“应急管理部安全生产举报”微信小程序码。各级应急管理部门要推动将举报电话、网址、微信小程序码张贴在煤矿显著位置，并要求煤矿不得擅自撕毁、涂改，便于从业人员进行举报。

要点3 ☞ 举报奖励

《矿山安全生产举报奖励实施细则（试行）》规定：

（1）任何单位、组织和个人（以下统称举报人）有权向县级以上地方人民政府负有矿山安全生产监管职责的部门或者各级矿山安全监察机构（以下统称矿山安全监管监察部门）举报矿山重大隐患和安全生产违法行为。

（2）省级及以下矿山安全监管监察部门开展举报奖励工作，应当遵循“合法举报、属地管理、分级负责”“谁受理、谁奖励”和“谁举报、奖励谁”的原则。

（3）举报人可以实名举报，也可以匿名举报。实名举报的，举报人应同时提供真实姓名和真实有效的联系方式；匿名举报的，举报人应同时提供通信畅通的手机号码。

（4）举报人可以通过安全生产举报投诉特服电话“12350”，或者以书信、电子邮件、传真、走访等方式举报矿山重大隐患和安全生产违法行为。举报的线索应当包含被举报的矿山名称、违法事实、时间、地点、联系方式和相关证据材料等；属于瞒报、谎报生产安全事故的，应当载明瞒报、谎报生产安全事故的矿山名称、事故发生时间、遇难人数、遇难者姓名、联系方式等相关信息。

（5）矿山重大隐患和安全生产违法行为经核查属实的，受理举报的矿山安全监管监察部门应当按照下列规定向举报人发放奖金，并报上一级矿山安全监管监察部门备案：

① 查实矿山重大隐患和安全生产违法行为（瞒报、谎报生产安全事故除外）的奖励。属于一级举报的，奖励金额按照行政处罚金额的 15% 计算；属于二级举报的，奖励金额按照行政处罚金额的 12% 计算。最低奖励 3000 元，最高奖励不超过 30 万元。

② 查实矿山瞒报、谎报生产安全事故的奖励，按照《安全生产领域举报奖励办法》（安监总财〔2018〕19 号）有关规定执行。

第十条 煤矿企业从业人员有依法获得安全生产保障的权利，并应当依法履行安全生产方面的义务。

学习要点 本条是关于煤矿从业人员权利和义务的规定。

要点 1 ☞ 煤矿从业人员有依法获得安全生产保障的权利

本条例所称“煤矿从业人员”，是该煤矿企业（煤矿）从事生产经营活动各项工作的所有人员，包括管理人员、技术人员和各岗位的工人，也包括煤矿企业

（煤矿）临时聘用的人员和其他相关人员。

按照本条规定，煤矿的从业人员有依法获得安全生产保障的权利。对从业人员的安全生产保障，关系到从业人员的生命安全。从业人员有获得安全生产保障的权利，是劳动者应有的基本人权。各国和有关国际组织对此都给予高度重视，以立法予以保障。按照安全生产法的规定，从业人员享有的安全生产保障权利主要包括：

（1）有关安全生产的知情权。包括获得安全生产教育和技能培训的权利，被如实告知作业现场和工作岗位存在的危险因素、防范措施及事故应急措施的权利。

（2）有获得符合国家标准的劳动防护用品的权利。

（3）有对安全生产问题提出批评、建议的权利。从业人员有权对本单位安全生产管理工作存在的问题提出建议、批评、检举、控告，煤矿不得因此作出对从业人员不利的处分。

（4）有对违章指挥的拒绝权。从业人员对管理者作出的可能危及安全的违章指挥，有权拒绝执行，并不得因此受到对自己不利的处分。

（5）有采取紧急避险措施的权利。从业人员发现直接危及人身安全的紧急情况时，有权停止作业或者在采取紧急措施后撤离作业场所，并不得因此受到对自己不利的处分。

（6）在发生生产安全事故后，有获得及时抢救和医疗救治并获得工伤保险赔付的权利等。

要点2 ☞ 煤矿从业人员应当依法履行安全生产方面的义务

按照本条规定，煤矿从业人员在享有获得安全生产保障权利的同时，也有应当依法履行安全生产方面的义务，以自己的行为保证安全生产。按照安全生产法的规定，从业人员的安全生产义务主要包括：

（1）在作业过程中必须遵守本单位的安全生产规章制度和操作规程，服从管理，不得违章作业。

（2）接受安全生产教育和培训，掌握本职工作所需要的安全生产知识。

（3）发现事故隐患应当及时向本单位安全生产管理人员或主要负责人报告。

（4）正确使用和佩戴劳动防护用品。

只有每个从业人员都认真履行自己在安全生产方面的法定义务，煤矿的安全生产工作才能得到保证。实践中，许多生产安全事故的发生，都是由于从业人员违章操作，或者不遵守规章制度造成的。因此，从业人员认真履行安全生产义务，是煤矿能够真正做到安全生产的非常重要的因素。

第十一条 国家矿山安全监察机构应当按照保障煤矿安全生产的要求，在国务院应急管理部门的指导下，依法及时拟订煤矿安全生产国家标准或者行业标准，并负责煤矿安全生产强制性国家标准的项目提出、组织起草、征求意见、技术审查。

学习要点 本条是关于煤矿安全生产强制性国家标准制定程序的规定。

强制性国家标准是经济社会活动的重要技术依据，在国家治理体系和治理能力现代化建设中，发挥着基础性、引领性、战略性作用。按照保障安全生产的要求，科学、合理地制定有关安全生产的强制性国家标准，并确保这些标准在生产经营活动中严格执行，是国家履行加强对安全生产工作监督管理职责的重要方式和手段。

要点1 ☞ 煤矿安全生产强制性国家标准

2017 年修订后的《标准化法》规定了国务院标准化行政主管部门及有关部门在国家强制性标准的提出、起草、征求意见、技术审查、发布及执行情况监督检查中的职责，按照中央有关要求和法律法规及部门职责规定，结合安全生产强制性国家标准制定工作的实际，此次修改增加了本条规定。

根据安全生产“十四五”规划，国家建立以强制性标准为主体、推荐性标准为补充的安全生产标准体系。根据安全生产执法结果、事故原因分析和新工艺技术装备应用等情况，及时制修订相关技术标准。鼓励有条件的地区、协会、企业率先制定新产品、新工艺、新业态的安全生产技术标准。支持企业制定高于国家、行业、地方标准的安全生产标准。建立与共建“一带一路”国家安全生产标准的对标衔接机制。修订后的《标准化法》，进一步理顺了我国标准管理体系，明确以标准作为农业、工业、服务业以及社会事业的各个领域中统一的技术要求。

要点2 ☞ 煤矿安全生产强制性国家标准的制定程序

国务院应急管理部门统筹提出安全生产强制性国家标准立项计划，有关部门按照职责分工组织起草、审查、实施和监督执行，国务院标准化行政主管部门负责及时立项、编号、对外通报、批准并发布，并与修订后的《标准化法》相衔接，进一步明确了国务院标准化行政主管部门、应急管理部门及有关部门在安全生产国家强制性标准方面的职责，主要包括四个方面：一是标准起草。国务院有关部门按照职责分工负责安全生产强制性国家标准的项目提出、组织起草、征求意见、技术审查。二是立项计划。国务院应急管理部门统筹提出安全生产强制性国家标准的立项计划。三是批准发布。国务院标准化行政主管部门负责安全生产强制性国家标准的立项、编号、对外通报和授权批准发布工作。四是监督检查。国务院标准化行政主管部门、有关部门依据法定职责对安全生产强制性国家标准的实施进行监督检查。

> **第十二条** 国家鼓励和支持煤矿安全生产科学技术研究和煤矿安全生产先进技术、工艺的推广应用，提升煤矿智能化开采水平，推进煤矿安全生产的科学管理，提高安全生产水平。

学习要点 本条是关于煤矿安全生产科技进步的规定。

煤矿安全生产管理工作的重点，是预防和减少生产安全事故的发生。加强对煤矿安全生产先进管理方法的研究，依靠科学技术保障煤矿安全生产是保障煤矿安全生产的重要环节。煤矿安全生产的科学技术研究成果，只有在煤矿生产经营实践中得到推广应用，才能发挥保障煤矿生产安全的实际作用。因此，国家鼓励和支持煤矿安全生产科学技术的研究，煤矿安全生产先进技术的推广应用。

要点1 ☞ 国家鼓励和支持煤矿安全生产科学技术研究

煤矿生产安全事故虽然有意外性、偶然性和突发性，但也有一定的规律。要达到预防和减少煤矿生产安全事故的目的，就要努力去发现这种规律，并采取有效措施加以防范。因此，必须加强煤矿安全生产科学技术的研究工作，针对煤矿生产经营活动的特点，加强对煤矿安全高效的设备、工具、工艺方法和有效的安全防护用品的研究开发，加快煤矿安全生产关键技术装备的升级换代，特别是加大对煤矿安全技术、装备、工艺和产品研发的支持力度，推动工业机器人、智能装备在危险工序和环节广泛应用，引导煤矿提高机械化、自动化、智能化生产水平，合理确定生产一线用工。政府及政府有关部门应当从资金、税收、人才等多方面采取优惠措施，鼓励和支持煤矿安全生产科学技术研究工作。加强煤矿安全生产理论和政策研究，运用大数据技术开展煤矿安全生产规律性、关联性特征分析，提高煤矿安全生产决策科学化水平。

要点2 ☞ 国家鼓励和支持煤矿安全生产技术、安全管理方法、安全装备设施的研究推广

科学技术是第一生产力，也是推动煤矿安全发展的不竭动力。要加快形成以企业为主体，政府引导、产学研协同、多元投资、成果共享的煤矿安全生产科技支撑体系，一要统筹支持煤矿安全生产领域科研项目与研发基地建设，二要加快煤矿安全生产关键技术装备研发、推广和应用，三要加快煤矿安全生产信息化、智能化、自动化建设。煤矿安全生产管理工作的重点，是预防和减少事故的发生。安全生产事故虽然有意外性、偶然性和突发性，但它有一定的规律。要达到预防和减少事故的目的，就要加强煤矿安全生产理论和政策研究，努力去发现这种规律，并采取有效措施加以防范。因此，必须加强煤矿安全生产科学技术、安全管理方法、安全装备设施的研究推广，依靠科技进步、科学管理保障煤矿生产安全。

要点3 ☞ 国家鼓励和支持煤矿专业技术人才培养

煤矿安全生产是一个复杂的系统工程，专业分工细致，涉及多门学科，从业人员需要很多专业人才；我国幅员辽阔，煤矿分布广泛，科技地质条件复杂，煤矿安全生产面临许多难题需要破解。煤矿安全生产需要大批专业技术人才。国家要加强重点实验室、工程技术研究中心、博士后工作站研发基地建设，对煤矿高校和非煤矿高校的煤矿专业给予政策扶持，鼓励和支持培养大批的煤矿专业技术人才。

中共中央、国务院《关于推进安全生产领域改革发展的意见》，强调要建立安全科技支撑体系。优化整合国家科技计划，统筹支持安全生产和职业健康领域科研项目，加强研发基地和博士后科研工作站建设。开展事故预防理论研究和关键技术装备研发，加快成果转化和推广应用。推动工业机器人、智能装备在危险工序和环节广泛应用。提升现代信息技术与安全生产融合度，统一标准规范，加快安全生产信息化建设，构建安全生产与职业健康信息化全国“一张网”。加强安全生产理论和政策研究，运用大数据技术开展安全生产规律性、关联性特征分析，提高安全生产决策科学化水平。

第二节　煤矿企业的安全生产责任

第十三条　煤矿企业应当遵守有关安全生产的法律法规以及煤矿安全规程，执行保障安全生产的国家标准或者行业标准。

学习要点　本条是煤矿企业应当遵守和执行安全生产法律法规、规程、标准的规定。

要点1 ☞ 煤矿企业应当遵守的安全生产法律法规（举例）

（1）《中华人民共和国安全生产法》（中华人民共和国主席令〔2021〕第88号，2021年9月1日施行）。

（2）《中华人民共和国矿山安全法》（2009年修正，2009年8月27日施行）。

（3）《中华人民共和国煤炭法》（中华人民共和国主席令〔2016〕第57号，2016年11月7日施行）。

（4）《中华人民共和国职业病防治法》（中华人民共和国主席令第24号，2018年12月29日施行）。

（5）《生产安全事故报告和调查处理条例》（中华人民共和国国务院令第493号公布，自2007年6月1日起施行）。

（6）《特种设备安全监察条例》（国务院令第549号）。

（7）《安全生产许可证条例》（国务院令第397号公布，国务院令第638号、第653号修改部分条款）。

（8）《生产安全事故应急条例》（国务院令第708号）。

要点2 ☞ 煤矿企业应当遵守的安全规程及细则（举例）

（1）《煤矿安全规程》（原国家安监总局令第87号公布，应急管理部令第8号修改部分条款，2022年4月1日施行）。

（2）《爆破安全规程》（GB 6722—2022）。

（3）《矿山救护规程》（AQ 1008—2007）；《矿山救援规程（修订草案）》。

（4）《煤矿防灭火细则》（矿安〔2021〕156号，2021年10月12日发布，2021年10月12日执行）。

（5）《防治煤矿冲击地压细则》（煤安监技装〔2018〕8号，2018年5月2日发布，2018年8月1日起施行）。

（6）《防治煤与瓦斯突出细则》（煤安监技装〔2019〕28号，2019年7月16日发布，2019年10月1日起施行）。

（7）《煤矿防治水细则》（煤安监调查〔2018〕14号，2018年6月4日发布，自2018年9月1日起施行）。

（8）《煤矿地质工作细则》（矿安〔2023〕192号，2023年12月29日发布，2023年12月29日执行）。

（9）《煤矿重大事故隐患判定标准》（应急管理部令第4号）。

要点3 ☞ 煤矿企业应当遵守的安全标准、规范（举例）

（1）《煤矿井下粉尘综合防治技术规范》（AQ 1020—2006）。

（2）《矿井密闭防灭火技术规范》（AQ 1044—2007）。

（3）《井下探放水技术规范》（KA/T 1—2023）。

（4）《煤矿巷道锚杆支护技术规范》（GB/T 35056—2018）。

（5）《带式输送机安全规范》（GB 14784—2013）。

（6）《巷道掘进混合式通风技术规范》（MT/T 441—2020）。

（7）《煤矿井下人员位置监测系统使用与管理规范》（MT/T 1198—2023）。

（8）《煤矿安全双重预防机制规范》（NB/T 11123—2023）。

（9）《矿用电动更衣吊篮安全管理规范》（KA/T 18—2023）。

要点4 ☞ 煤矿应当遵守的其他安全生产的规定、办法和意见（举例）

（1）《煤矿安全生产标准化管理体系考核定级办法（试行）》和《煤矿安全生产标准化管理体系基本要求及评分方法（试行）》，煤安监行管〔2020〕16号，自2020年7月1日起实施。

（2）《煤矿企业安全生产许可证实施办法》（原国家安监总局令第86号公布，原国家安监总局令第89号修改部分条款）。

（3）《煤矿安全培训规定》（原国家安监总局令第92号）、《矿山安全培训规定（征求意见稿）》。

（4）《生产安全事故应急预案管理办法》（应急管理部令第2号）。

（5）《煤矿作业场所职业病危害防治规定》（原国家安监总局令第73号）。

（6）《特种作业人员安全技术培训考核管理规定》（原国家安监总局令第30号公布，原国家安监总局令第63号、第80号修改部分条款）。

（7）《煤矿生产能力核定管理办法》（应急〔2021〕30号）。

（8）《防范煤矿采掘接续紧张暂行办法》（煤安监技装〔2018〕23号）。

（9）《煤矿单班入井（坑）作业人数限员规定》（矿安〔2023〕129号）。

（10）《煤矿井下反应型高分子材料安全管理办法（试行）》（煤安监技装〔2020〕18号）。

（11）《中共中央办公厅　国务院办公厅关于进一步加强矿山安全生产工作的意见》（安委办〔2023〕7号）。

（12）《关于防范遏制矿山领域重特大生产安全事故的硬措施》（安委〔2024〕1号）。

第十四条　新建、改建、扩建煤矿工程项目（以下统称煤矿建设项目）的建设单位应当委托具有建设工程设计企业资质的设计单位进行安全设施设计。

安全设施设计应当包括煤矿水、火、瓦斯、冲击地压、煤尘、顶板等主要灾害的防治措施，符合国家标准或者行业标准的要求，并报省、自治区、直辖市人民政府负有煤矿安全生产监督管理职责的部门审查。安全设施设计需要作重大变更的，应当报原审查部门重新审查，不得先施工后报批、边施工边修改。

学习要点

本条是煤矿安全设施设计以及变更审查方面的规定。

要点1 ☞ 煤矿建设项目安全设施设计资质要求

1. 煤矿建设项目是指新建、改建、扩建煤矿工程项目

应急管理部、国家矿山安全监察局印发《“十四五”矿山安全生产规划》要求：

（1）推动新建、改扩建矿井及大型煤矿、灾害严重煤矿实现智能化开采。

（2）严格煤矿安全准入。

① 停止审批山西、内蒙古、陕西新建和改扩建后产能低于120万吨/年的煤矿，宁夏新建和改扩建后产能低于60万吨/年的煤矿，其他地区新建和改扩建后产能低于30万吨/年的煤矿。

② 停止审批新建和改扩建后产能低于90万吨/年的煤与瓦斯突出煤矿。

③ 停止审批新建开采深度超1000米和改扩建开采深度超1200米的大中型及以上煤矿，新建和改扩建开采深度超600米的其他煤矿。

④ 停止审批新建和改扩建产能高于500万吨/年的煤与瓦斯突出煤矿，新建和改扩建产能高于800万吨/年的高瓦斯煤矿和冲击地压煤矿。

2. 煤矿建设项目必须进行安全设施设计，且需要有资质的设计单位

实践中有的煤矿改建或扩建没有按要求进行安全设施设计，或者有设计，但设计单位不具有工程建设企业设计资质，设计本身就存在设计性安全隐患，安全生产难以保证。

《建设项目安全设施“三同时”监督管理暂行办法》规定，生产经营单位是建设项目安全设施建设的责任主体。建设项目安全设施必须与主体工程同时设计、同时施工、同时投入生产和使用。

《安全生产法》第三十一条规定，生产经营单位新建、改建、扩建工程项目（以下统称建设项目）的安全设施，必须与主体工程同时设计、同时施工、同时

投入生产和使用。

要点2 ☞ 安全设施设计的具体内容

本《条例》规定，安全设施设计应当包括煤矿水、火、瓦斯、冲击地压、煤尘、顶板等主要灾害的防治措施。不仅如此，这些防治措施还必须符合国家标准或者行业标准的要求。设计中需要特别注意新旧标准的应用，避免设计出错。

要点3 ☞ 安全设施设计的审查

（1）省、自治区、直辖市人民政府负有煤矿安全生产监督管理职责的部门负责审查煤矿建设项目安全设施设计，建设单位和设计单位要主动及时如实申报。

（2）变更审查。安全设施设计需要重大变更时应当重新审查。安全设施设计需要作重大变更的，应当报原审查部门重新审查，不得先施工后报批、边施工边修改。

《国家发展改革委等部门关于进一步加强煤矿建设项目安全管理的通知》规定，煤矿建设项目施工过程中遇到瓦斯、煤层自燃、煤尘爆炸危险等级、水文地质类型等发生变化，原设计的开拓方式、开采工艺以及提升、运输、通风等主要生产系统、首采区及首采工作面布置等需要变更的，或施工过程中发现设计存在重大缺陷，影响安全施工，需要修改设计的，应立即停止施工，对初步设计和安全设施设计进行修改，报原批准部门重新审查。初步设计和安全设施设计经审查同意，并对施工组织设计修改完善后，方可恢复施工，不得先施工后报批、边施工边修改。其中，涉及项目核准文件所规定的建设规模、重大技术方案、总投资等有关内容调整的，应事先以书面形式向原核准部门报告，经原核准部门同意后，重新履行煤矿初步设计和安全设施设计报批程序。

有的省份根据当地情况，制定了更具体的实施办法。

第十五条 煤矿建设项目的建设单位应当对参与煤矿建设项目的设计、施工、监理等单位进行统一协调管理，对煤矿建设项目安全管理负总责。

施工单位应当按照批准的安全设施设计施工，不得擅自变更设计内容。

学习要点 本条是煤矿建设单位和施工单位应当履行职责的规定。

建立建设项目统一管理机制。煤矿建设、施工、监理和设计单位应当建立信息畅通、优势互补、统一指挥、反应灵敏、控制有效的安全管理机制。

要点 1 ☞ 煤矿建设单位

煤矿建设项目的建设单位对煤矿建设项目安全管理负总责。建设单位法定代表人（实际控制人或主要负责人）对建设项目安全全面负责，是建设项目安全管理的第一责任人，上级集团公司对建设项目安全承担领导责任。建设单位必须落实安全生产管理主体责任，履行安全管理职责。

（1）必须对煤矿建设项目进行统一协调管理。建立安全、技术、工程管理机构，建立健全项目建设期间领导带班下井等安全管理制度，按专业配足安全、技术人员，组织项目施工准备工作，加强对建设项目施工的监督管理。

（2）签订安全管理协议。建设单位应当与施工、监理等单位签订安全管理协议，明确各方的安全管理责任，并指定专职安全管理人员进行安全检查与协调。

（3）建设单位要指派安全管理人员现场跟班管理，及时发现和处理建设过程中的安全隐患。

要点 2 ☞ 煤矿建设项目施工单位

1. 施工单位

施工单位必须设置安全生产管理机构，明确安全、技术负责人，加强对施工项目部及施工过程的安全管理，按照批准的设计组织施工，并对工程质量负责。

施工单位要建立事故隐患排查治理制度，加强现场安全管理，及时排查并消除事故隐患。发现重大事故隐患的，应当立即停止施工、从危险区域撤出作业人员并及时报告建设单位。

2. 施工项目部

施工项目部必须建立健全安全生产责任制，制定项目部领导和管理人员现场带（跟）班等安全生产规章制度、各工种操作规程、应急救援预案。

施工项目部必须配备满足施工安全需要的装备，专职安全生产管理人员，以及矿建、机电、通风、地测等工程技术人员和特种作业人员。项目部负责人、专职安全生产管理人员、特种作业人员必须具备相应的安全生产知识和管理能力，并持证上岗。

要点 3 ☞ 煤矿建设项目监理单位

1. 明确监理单位安全责任

项目监理单位必须依法取得相应资质并在相应资质等级范围内承揽业务。监理单位对煤矿施工质量和安全等承担监理责任，应当公正、独立、自主地开展监理工作，配备与建设项目监理工作相适应的足够数量的监理工程师和监理人员（不得少于 4 人）及监理设备。要明确项目监理机构人员的分工和岗位职责，制定和落实项目监理规划、实施细则，严格监理程序。

2. 严格履行监理职责

监理单位要按照建设工程监理合同、监理规范等规定，严格审查施工组织设计中的安全技术措施或专项施工方案是否符合工程建设强制性标准，并监督落实，开展工程质量现场巡视检查和工程情况监理。对存在事故隐患的，要及时下达整改指令并报告建设单位；对存在重大事故隐患的，应当要求立即停止施工，并监督施工单位予以排除，待隐患消除后方可恢复施工。现场监理人员应当认真填写监理日志并做好监理报告。

第十六条 煤矿建设项目竣工投入生产或者使用前，应当由建设单位负责组织对安全设施进行验收，并对验收结果负责；经验收合格后，方可投入生产和使用。

学习要点 本条是煤矿安全设施竣工验收的规定。

要点1 ☞ 联合试运转

能源局印发的《煤矿建设项目竣工验收管理办法》（修订版）要求，煤矿建设项目建成后竣工验收前，应当进行联合试运转。联合试运转的期限一般为1～6个月；特殊情况下，在规定期限内未完成联合试运转工作的可以延期，但联合试运转总时间最长不得超过12个月。联合试运转期间，项目建设单位可按规定向有关部门申请专项验收。

1. 联合试运转实行备案管理

联合试运转开始前，项目建设单位应当编制联合试运转方案，并报省级煤炭行业管理部门备案。相关部门收到内容完整的联合试运转方案即为备案。联合试运转方案应当包括以下内容：

（1）联合试运转的系统、范围和期限。

（2）联合试运转的测试项目、测试方法、测试机构和人员。

（3）联合试运转的预期目标和效果。

（4）联合试运转期间产量计划与劳动组织。

（5）应急预案与安全保障措施。

（6）其他规定事项。

2. 编制联合试运转报告

联合试运转完成后，项目建设单位应编制联合试运转报告。联合试运转报告应当包含以下主要内容：

（1）各主要系统运行情况。

（2）主要生产设备故障处理记录与分析。

（3）提升、运输、排水、通风、供电、采掘等主要设施与装备的检测、检验报告。

（4）联合试运转的效果分析。

（5）有关安全生产的建议。

（6）其他应说明的事项。

要点 2 ☞ 竣工验收

煤矿建设项目竣工验收工作，是指煤矿建设项目按设计建成后、正式投入生产前，对项目建设地点、建设规模、建设内容、投资规模、工程质量、国家和行业强制性标准执行情况、产能置换等产业政策落实情况等事项的全面检查验收，以及对煤矿建设项目设计、施工、监理等工作的综合评价。能源局印发的《煤矿建设项目竣工验收管理办法》（国能发煤炭〔2019〕1 号）对竣工验收作了详细规定：

1. 煤矿建设项目竣工验收应当具备的条件

（1）已按批准的建设规模、标准、投资和内容建成，满足设计和生产要求；有剩余工程的，剩余工程不得是主体工程，不得影响煤矿正常生产。

（2）工程质量合格。

（3）安全设施、环境保护设施、水土保持设施、职业病防护设施、消防设施等按要求建成，并通过专项验收。

（4）项目建设单位已按要求落实煤炭产能置换等相关产业政策。

（5）项目竣工档案资料齐全，符合档案管理要求。

（6）煤矿组织机构设置符合有关要求，建立健全规章制度；职工经过培训合格，特种作业人员取得上岗操作资格证书；矿长安全生产知识和管理能力按规定考核合格。

（7）联合试运转达到预期效果，试运转中出现的问题已妥善解决，联合试运转报告已编制完成。

2. 竣工验收报告的主要内容

煤矿建设项目竣工验收前，项目建设单位应当编制竣工验收报告。竣工验收报告应当包括以下主要内容：

（1）项目基本情况。

（2）建设内容完成情况。
（3）管理机构及生产管理制度建设情况。
（4）人员持证上岗、培训、劳动定员情况。
（5）项目招投标以及合同履约情况。
（6）工程质量情况。
（7）主要设备检测检验情况。
（8）专项验收情况。
（9）联合试运转情况。
（10）项目竣工决算情况。
（11）项目效益与建设效果分析。
（12）存在问题及处理建议。

项目建设单位编制的竣工验收报告，应当附项目核准批复文件，采矿许可证，土地使用证，经批准的初步设计，安全设施、环境保护设施、水土保持设施、职业病防护设施、消防等验收结论，联合试运转报告等。

3. 竣工验收委员会的组成及工作

项目建设单位应当根据煤矿建设项目的具体情况，组成竣工验收委员会，负责开展项目竣工验收工作。竣工验收委员会应包括相关专业的技术专家，受邀专家应与建设项目设计、监理、施工等单位无利益关系。

对瓦斯、水文、地质等开采条件复杂的煤矿建设项目，项目建设单位可委托有关中介机构进行现场检查和预验收。受委托的中介机构应遵照客观、公正、科学的原则开展工作。

竣工验收委员会通过听取汇报、查阅档案资料、现场检查等方式，全面检查工程建设情况，对建设项目进行综合评价，讨论通过并签署《煤矿建设项目竣工验收鉴定书》。

4. 煤矿建设项目竣工验收的主要内容

（1）检查项目的审批文件是否齐全有效。
（2）检查项目是否按批准的规模、标准、内容建成。
（3）检查国家和行业强制性标准的执行情况。
（4）检查项目投资及使用情况。
（5）检查项目招投标以及合同履约情况。
（6）检查工程质量情况。
（7）核实项目是否已通过专项验收。
（8）检查煤矿组织机构、劳动定员、人员培训及外部条件等落实情况。

（9）检查联合试运转情况。

（10）对存在的问题和剩余工程提出处理意见。

（11）作出项目是否通过竣工验收的结论。

煤矿企业只有在安全设施设计验收合格的条件下，方可组织生产；否则，属于违法生产。煤矿建设项目竣工验收合格后，方可正式投入生产。

第十七条 煤矿企业进行生产，应当依照《安全生产许可证条例》的规定取得安全生产许可证。未取得安全生产许可证的，不得生产。

学习要点 本条是煤矿安全许可的规定。

煤矿安全生产许可证是从事煤炭生产活动的基本条件，没有取得煤矿安全生产许可证，属于非法生产。煤矿企业进行生产，应当依照《安全生产许可证条例》的规定取得安全生产许可证。

未取得安全生产许可证的，不得生产。对未取得安全生产许可证擅自生产的煤矿，依法关闭。

要点1 ☞《安全生产法》第二十条规定，生产经营单位应当具备本法和有关法律、行政法规和国家标准或者行业标准规定的安全生产条件；不具备安全生产条件的，不得从事生产经营活动。

要点2 ☞《安全生产许可证条例》规定，企业取得安全生产许可证，应当具备下列安全生产条件：

（1）建立、健全安全生产责任制，制定完备的安全生产规章制度和操作规程。

（2）安全投入符合安全生产要求。

（3）设置安全生产管理机构，配备专职安全生产管理人员。

（4）主要负责人和安全生产管理人员经考核合格。

（5）特种作业人员经有关业务主管部门考核合格，取得特种作业操作资格证书。

（6）从业人员经安全生产教育和培训合格。

（7）依法参加工伤保险，为从业人员缴纳保险费。

（8）厂房、作业场所和安全设施、设备、工艺符合有关安全生产法律、法规、标准和规程的要求。

（9）有职业危害防治措施，并为从业人员配备符合国家标准或者行业标准的劳动防护用品。

（10）依法进行安全评价。

（11）有重大危险源检测、评估、监控措施和应急预案。

（12）有生产安全事故应急救援预案、应急救援组织或者应急救援人员，配备必要的应急救援器材、设备。

（13）法律、法规规定的其他条件。

第十八条 煤矿企业主要负责人对本企业安全生产工作负有下列职责：

（一）建立健全并落实全员安全生产责任制，加强安全生产标准化建设；

（二）组织制定并实施安全生产规章制度和作业规程、操作规程；

（三）组织制定并实施安全生产教育和培训计划；

（四）保证安全生产投入的有效实施；

（五）组织建立并落实安全风险分级管控和隐患排查治理双重预防工作机制，督促、检查安全生产工作，及时消除事故隐患；

（六）组织制定并实施生产安全事故应急救援预案；

（七）及时、如实报告煤矿生产安全事故。

学习要点 本条是煤矿主要负责人安全职责的规定。

要点1 ☞ 本条款与《安全生产法》第二十一条一脉相承，是所有生产经营单位主要负责人应当履行的职责

煤矿企业是预防煤矿生产安全事故的责任主体。煤矿主要负责人除履行法定职责外，还可以根据企业的特点，增加其他职责，这也是企业全员安全生产责任制的主要部分。

本条款细化了煤矿企业主要负责人的安全生产责任。煤矿企业负责人（包括一些煤矿企业的实际控制人）对预防煤矿生产安全事故负主要责任。煤矿企业及其主要负责人对本企业的安全生产承担主要责任，不仅是法定的义务，也是维护本企业利益的必然要求。煤矿企业及其主要负责人必须对本企业的生产安全工作承担主体责任。

1. 建立健全并落实全员安全生产责任制，加强安全生产标准化建设

煤矿企业安全生产工作不单单是安全管理部门、安全管理人员的责任，煤矿

每一个部门、每一个岗位、每一个员工都不同程度地直接或者间接地影响煤矿安全生产，迫切需要把全体员工的积极性和创造性调动起来，形成人人关心安全生产、人人提升安全素质、人人做好安全生产的局面，提升煤矿企业整体安全生产水平，形成全面遏制煤矿生产安全事故的良好生产经营环境。

煤矿的主要负责人和其他负责人员必须亲自带头，自觉执行责任制的规定，经常或定期检查全员安全生产责任制的执行情况，增强本煤矿全体从业人员执行全员安全生产责任制的自觉性，使全员安全生产责任制的执行得以巩固，使员工自觉落实全员安全生产责任制，承担起安全生产的责任和义务。

推进煤矿安全生产标准化建设，是加强安全生产工作的一项带有基础性、长期性、根本性的工作，是落实企业主体责任、建立安全生产长效机制的有效途径。全员全过程参与，建立并保持煤矿安全生产标准化管理体系，实现安全健康管理系统化、岗位操作行为规范化、设备设施本质安全化、作业环境器具定置化，并持续改进。

2. 组织制定并实施安全生产规章制度和作业规程、操作规程

煤矿主要负责人应当组织制定本单位的安全生产规章制度和作业规程、操作规程，并保证其有效实施。

（1）安全生产规章制度是一个单位规章制度的重要组成部分，是保证生产经营活动安全、顺利进行的重要手段。

煤矿企业必须建立健全安全生产与职业病危害防治目标管理、投入、奖惩、技术措施审批、培训、办公会议制度，安全检查制度，安全风险分级管控工作制度，事故隐患排查、治理、报告制度，事故报告与责任追究制度等。

煤矿企业必须制定重要设备材料的查验制度，做好检查验收和记录，防爆、阻燃抗静电、保护等安全性能不合格的不得入井使用。

煤矿企业必须建立各种设备、设施检查维修制度，定期进行检查维修，并做好记录；必须建立安全设备台账和追溯管理制度。

（2）煤矿必须制定本单位的作业规程和操作规程。

煤矿安全生产规章制度和操作规程是根据其自身生产经营范围、危险程度、工作性质及具体工作内容，依照国家有关法律、行政法规、规章和标准的要求，有针对性规定的、具有可操作性的、保障安全生产的工作运转制度及工作方式、方法和操作程序。安全操作规程与岗位紧密联系，是保证岗位作业安全的重要基础。

（3）组织制定并实施安全生产教育和培训计划。

煤矿安全生产教育和培训计划是根据本煤矿安全生产状况、岗位特点、人员

结构组成，有针对性地规定煤矿负责人、安全生产管理人员、特种作业人员以及其他从业人员的安全生产教育和培训的统筹安排，包括经费保障、教育培训内容以及组织实施措施等内容。从业人员既是安全生产的保护对象，同时又是保证安全生产的决定因素。具有高安全素质和技能的从业人员，是保证生产经营活动安全进行的前提。安全生产教育和培训计划是具体落实从业人员教育和培训任务，保证教育和培训质量，提高从业人员安全素质和安全操作技能的重要保障。

（4）保证安全生产投入的有效实施。

安全生产投入是保障煤矿具备安全生产条件的必要物质基础。煤矿的资金投入，一般都是由煤矿主要负责人决策，可谓“大权在握”。一些煤矿的主要负责人往往更重视经济效益，认为安全生产投入会影响经济效益，或者存在侥幸心理，不想或不愿在安全方面过多地投入。

因此，要求煤矿必须有必要的安全生产投入。煤矿主要负责人应当保证本煤矿有安全生产投入，并保证这项投入真正用于本煤矿的安全生产工作。

（5）组织建立并落实安全风险分级管控和隐患排查治理双重预防工作机制，督促、检查安全生产工作，及时消除事故隐患。

安全风险分级管控和隐患排查治理双重预防工作机制，是贯彻落实坚持源头防范的重要预防措施，做到防患于未然，牢牢把握安全生产工作的主动权。

“安全风险”是事故发生可能性和后果严重程度的综合。风险是客观存在的，针对不同的风险应当采取不同的管控手段进行控制，确保风险不会演变为事故，为了提高风险管控效能，节约管理成本，应当对风险进行分级，以便选择最优管控手段。

“事故隐患”是指生产经营单位在生产设施、设备以及安全管理制度等方面存在的可能引发事故的各种自然或者人为因素，包括物的不安全状态、人的不安全行为以及管理上的缺陷等。隐患是导致事故的根源，隐患不除、事故难断。生产经营单位的主要负责人应当经常性地对本单位的安全生产工作进行督促、检查，对检查中发现的问题及时解决，对存在的生产安全事故隐患及时予以排除。

（6）组织制定并实施生产安全事故应急救援预案。

煤矿生产安全事故应急救援预案，是指煤矿根据本煤矿的实际，针对可能发生的事故的类别、性质、特点和范围等情况制定的事故发生时组织、技术措施和其他应急措施。煤矿生产安全事故应急救援预案对于防止事故扩大和迅速抢救受害人员，尽可能地减少损失，具有重要的作用。它是一个涉及多方面工作的系统工程，需要煤矿主要负责人组织制定和实施，一旦发生事故也要亲自指挥、调度。

（7）及时、如实报告煤矿生产安全事故。

煤矿发生生产安全事故，及时向有关部门报告，一方面可以使有关部门及时配合煤矿进行抢救，防止事故扩大，减少人员伤亡和损失，如实掌握事故的情况，按照规定向社会披露相关事故信息；另一方面也有利于有关部门对事故进行调查处理，分析事故的原因，处理有关责任人员，提出防范措施。煤矿应当按照有关法律、行政法规、规章的规定，及时、如实地报告生产安全事故，不得隐瞒不报、谎报或者迟报。

要点 2 ☞ 国家煤矿安监局关于印发《关于落实煤矿企业安全生产主体责任的指导意见》的通知，严格落实主要负责人法定职责部分要求

1. 落实安全生产第一责任人责任

煤矿企业主要负责人（包括法定代表人、实际控制人，下同）承担安全生产第一责任人责任，要及时学习贯彻落实习近平总书记关于安全生产重要指示批示精神和党中央、国务院关于安全生产的重大决策部署，每年不少于 2 次组织研究安全生产重大问题，并形成会议纪要。支持、指导和督促领导班子其他成员落实安全生产主体责任。强化风险管控和重大灾害治理，每年不少于 1 次向煤矿安全监管监察部门报告重大风险管控、重大灾害治理情况。严格兑现安全承诺。

2. 严格履行法定职责

煤矿企业主要负责人要带头执行安全生产法律法规，严格履行法定职责，依法建立健全安全生产责任制、安全生产规章制度。组织制定并实施安全生产教育和培训计划，保证安全生产投入有效实施。督促、检查安全生产工作，及时消除事故隐患。组织制定并实施事故应急救援预案，及时、如实报告生产安全事故。企业分管负责人要坚持“一岗双责”，履行好分管范围内的安全职责。

3. 实施安全公开承诺

煤矿企业主要负责人要代表企业领导班子每年向全体员工和社会公开作出安全承诺，安全承诺内容应至少包括：保证严格落实安全生产责任制和安全管理制度；保证有效管控重大安全风险、治理重大灾害，及时消除事故隐患；保证安全投入所需资金；保证不超能力下达生产任务和经营指标；保证不违规安排使用劳务派遣工和采掘工程外包队伍等。每年将安全承诺兑现情况纳入主要负责人年度述职内容和工作报告。

要点 3 ☞ 国务院安全生产委员会印发《关于防范遏制矿山领域重特大生产安全事故的硬措施》要求

矿山企业主要负责人（含实际控制人，下同）必须依法到现场严格履行安全生产第一责任人责任，严格执行全员安全生产岗位责任制；对安全管理责任不落实、安全生产投入不足、冒险组织作业等造成事故或者瞒报谎报事故的，依法从严从重处理处罚，按照“谁投资、谁受益、谁负责”严肃追究主要负责人法律责任。

要点4 ☞ 中共中央办公厅 国务院办公厅《关于进一步加强矿山安全生产工作的意见》要求，落实主要负责人责任

（1）矿山及其上级企业主要负责人（含法定代表人、实际控制人、实际负责人）依法履行安全生产第一责任人责任，加大安全投入和安全培训力度，及时研究解决矿山安全生产重大问题。

（2）矿山企业总部应当加强下属企业监督检查，主要负责人应当定期到生产现场督促检查安全生产工作，严禁下达超能力生产计划或者经营指标。

（3）推广矿长安全生产考核记分制度。

要点5 ☞ 第一次从安全生产法规层面明确了煤矿实际控制人属于主要负责人

实际控制人通常指的是虽然不是煤矿企业的法人代表或者股东，但通过投资的关系、协议或者其他的安排，能够实际支配煤矿行为的人。在一般情况下，董事长、执行董事或者总经理是企业的实际控制人，也是企业的法人，但是有些煤矿企业，特别是一些中小型的煤矿企业的法定代表人，背后往往另有实际控制人，他们对企业的重大事项有最终的决策权。这些实际控制人，为了逃避责任，特别是逃避安全追责的责任，不签名、不签字、不任职，躲在幕后，实际上控制煤矿的生产经营行为。这样一来，有了“替罪羊”在前台，他们在背后指挥，肆意违法生产，只管效益、不管安全，给安全生产工作带来了极大的风险和挑战。

第十九条 煤矿企业应当设置安全生产管理机构并配备专职安全生产管理人员。安全生产管理机构和安全生产管理人员负有下列安全生产职责：

（一）组织或者参与拟订安全生产规章制度、作业规程、操作规程和生产安全事故应急救援预案；

（二）组织或者参与安全生产教育和培训，如实记录安全生产教育和培训情况；

（三）组织开展安全生产法律法规宣传教育；

（四）组织开展安全风险辨识评估，督促落实重大安全风险管控措施；

（五）制止和纠正违章指挥、强令冒险作业、违反规程的行为，发现威胁安全的紧急情况时，有权要求立即停止危险区域内的作业，撤出作业人员；

> （六）检查安全生产状况，及时排查事故隐患，对事故隐患排查治理情况进行统计分析，提出改进安全生产管理的建议；
>
> （七）组织或者参与应急救援演练；
>
> （八）督促落实安全生产整改措施。
>
> 煤矿企业应当配备主要技术负责人，建立健全并落实技术管理体系。

学习要点 本条是煤矿安全生产管理机构和安全生产管理人员职责的规定。

本条主要是三个方面内容要求，一是煤矿企业应当设置安全生产管理机构；二是配备专职安全生产管理人员；三是履行好安全生产管理机构和安全生产管理人员所负的安全生产职责。煤矿企业应当根据企业特点进一步明确安全生产管理人员职责，不可照搬照抄，并配备专职安全生产管理人员。

要点1 ☞ 设置安全生产管理机构并配备专职安全生产管理人员

当前，有不少煤矿办矿能力和水平不高。煤矿的“五职”矿长不懂安全、不会技术，只知道出煤，有个别矿井甚至一个矿连一个“明白人”都没有。部分煤矿从业人员特别是安全生产的管理者技术水平不高，是影响矿山安全生产的最大短板，必须下大力气解决。真正让“明白人”来开矿、办矿，提升企业自主管理能力。煤矿企业必须为煤矿配备懂安全生产技术的矿长、生产矿长、安全矿长、机电矿长、总工程师。要求煤矿企业主要负责人和安全生产管理人员，持续保持安全生产知识、管理能力和水平。

《安全生产法》规定：

（1）矿山、金属冶炼、建筑施工、运输单位和危险物品的生产、经营、储存、装卸单位，应当设置安全生产管理机构或者配备专职安全生产管理人员。

（2）生产经营单位的安全生产管理机构以及安全生产管理人员应当恪尽职守，依法履行职责。

（3）生产经营单位未按照规定设置安全生产管理机构或者配备安全生产管理人员、注册安全工程师的，责令限期改正，处十万元以下的罚款；逾期未改正的，责令停产停业整顿，并处十万元以上二十万元以下的罚款，对其直接负责的主管人员和其他直接责任人员处二万元以上五万元以下的罚款。

要点2 ☞ 安全生产管理机构和安全生产管理人员的安全生产职责

本条款与《安全生产法》第二十五条一脉相承，是所有生产经营单位的安全生产管理机构以及安全生产管理人员履行的职责。煤矿安全生产管理机构以及安全生产管理人员除履行安全生产法规定的七条职责外，本条例还增加了“组织开展安全生产法律法规宣传教育”职责，本条除“（三）组织开展安全生产法律法规宣传教育”外其余七项均为《安全生产法》规定的职责。

（一）组织或者参与拟订安全生产规章制度、作业规程、操作规程和生产安全事故应急救援预案

安全生产规章制度、作业规程、操作规程和生产安全事故应急救援预案指引和约束本单位职工在安全生产方面的行为，是本单位安全生产的行为准则；其作用是明确各岗位安全职责、规范安全生产行为、建立和维护安全生产秩序；内容包括安全生产责任制、安全操作规程、基本的安全生产管理制度、事故应急预案、安全检查制度、安全生产责任制度等；得到有效执行并持续改进可以确保职工安全作业，防止事故发生，以进一步提高安全生产水平。

煤矿安全生产管理机构以及安全生产管理人员作为本煤矿具体负责安全生产管理事务的部门和人员，是贯彻落实有关安全生产方针、政策、法律、法规、标准以及规章制度等事项的具体执行者，从某种意义讲，也是主要负责人在安全生产方面的重要助手。煤矿安全生产管理机构以及安全生产管理人员对本煤矿的安全生产状况最了解、最熟悉。因此，本条规定，煤矿安全生产管理机构以及安全生产管理人员有职责和义务，根据主要负责人的安排，负责组织或者参与拟订本煤矿安全生产规章制度和操作规程、生产安全事故应急救援预案，以确保相关制度、规程和预案符合本单位安全生产的实际，并起到应有的作用。

安全管理机构、安全生产管理人员落实安全生产职责是煤矿安全“最后一公里”，是确保煤矿安全的法律、法规和企业规章制度、作业规程、岗位操作规程以及工作计划得到有效执行的关键机构和人员。

（二）组织或者参与安全生产教育和培训，如实记录安全生产教育和培训情况

煤矿安全生产管理机构以及安全生产管理人员协助本煤矿贯彻落实有关安全生产方针、政策、法律、法规、标准以及规章制度，对本煤矿安全生产工作最了解、最熟悉。为了使煤矿安全生产教育和培训计划更有针对性、操作性，并保证计划的有效贯彻实施，煤矿安全生产管理机构以及安全生产管理人员有职责和义务，根据主要负责人的安排，负责组织拟订本煤矿的安全生产教育和培训计划，或者积极参与拟定本煤矿的安全生产教育和培训，以保证教育和培训计划符合本煤矿安全生产的实际，起到应有的作用。同时，煤矿安全生产管理机构以及安全生产管理人员还应当详细记录本煤矿安全生产教育和培训情况，及时掌握煤矿安

全生产教育和培训计划的实施进展动向，向本煤矿主要负责人报告。

（三）组织开展安全生产法律法规宣传教育

《国家矿山安全监察局关于加强安全宣教进矿山工作的通知》：安全宣教进矿山工作是深入贯彻落实习近平总书记关于安全生产重要指示精神的重要抓手，是落实安全宣传“五进”工作的重要内容，是提升矿山本质安全水平、防范遏制重特大事故的治本之策。深入宣传安全生产有关法律法规。各矿山企业煤矿安全生产管理机构以及安全生产管理人员要深入组织宣传《安全生产法》《刑法修正案（十一)》《意见》《硬措施》《条例》等法律法规和有关重要文件，联系实际解读安全生产主体责任、违法违规问题处理处罚及行刑衔接等方面的内容，增强依法办矿、依法管矿的意识。宣传矿山安全举报奖励制度，重奖激励安全生产隐患举报，广泛开展“我是安全吹哨人”“查找身边的隐患”等活动，调动广大从业人员参与监督矿山企业及其主要负责人落实安全生产责任。

必须把宣传教育融入日常，发生较大以上事故的，必须制作警示教育片，集中开展从主要负责人到一线作业人员的警示教育，切实用身边事教育身边人；加大典型事故案例媒体曝光力度，警醒各地、各部门、各矿山企业深刻汲取教训，切实做到“一方出事故、多方受教育，一地有隐患、全国受警示”，形成齐抓共管的良好氛围。

（四）组织开展安全风险辨识评估，督促落实重大安全风险管控措施

安全风险辨识评估，是构建安全风险分级管控和隐患排查治理双重预防机制，严防风险演变、隐患升级导致生产安全事故发生的重要举措。增强事故预防的有效性，一定要强调源头防范，只有从源头上、根子上进行危险源辨识并进行科学评估，按照不同安全风险等级进行分级管控，有针对性地强化预防措施，才能做到防患于未然，牢牢把握安全生产工作的主动权。安全风险辨识评估分为年度安全风险辨识评估、专项安全风险辨识评估和岗位风险辨识评估；安全风险辨识评估包括划分风险点、识别危险源、风险评估、制定风险管控措施等方面的内容；安全风险辨识评估工具和方法，如风险矩阵、安全检查表、安全风险评估矩阵等；加强安全风险辨识的培训、建立定期评估机制、加强员工参与，以进一步提高安全风险辨识评估水平。本条款要求以上机构和人员充分利用自身专业知识和技能，做好本煤矿安全风险的辨别和评估工作。

煤矿企业要建立完善安全风险辨识评估、管控和警示报告机制，科学制定风险辨识程序和方法，定期组织开展重大风险辨识。制定重大风险管控方案，确定管控重点，明确管控责任，监督落实到位。每年向煤矿安全监管监察部门报送风险清单。以风险辨识管控为基础，加强隐患排查治理，定期对存在重大风险的场

所、环节、岗位开展隐患排查，分析隐患成因、制定消除措施，着力从根本上消除事故隐患。

（五）制止和纠正违章指挥、强令冒险作业、违反规程的行为，发现威胁安全的紧急情况时，有权要求立即停止危险区域内的作业，撤出作业人员

本条款明确规定，煤矿安全生产管理机构以及安全生产管理人员对检查中发现的违章指挥、强令冒险作业、违反操作规程的行为，应当立即制止和纠正。该项法定义务，必须严格执行，不得讲情面、讲私情。煤矿现场安全管理是重中之重，煤矿作为高风险行业，按照本单位安全生产责任制度及矿领导带班制度对于现场安全生产管理起到了有力的保障作用。及时制止和纠正违章指挥、强令冒险作业、违反煤矿安全规程和操作规程的行为可以扑灭事故“苗头”、养成职工按章作业的职业素养，进一步提高煤矿安全生产管理水平。

发现煤矿有下列情形之一的，所有现场作业人员、带班值班人员无须请示，有权第一时间撤人，有权要求立即停止危险区域内的作业，必须及时撤出危险区域作业人员，并在确保安全的前提下向矿调度室汇报。

（1）井下所有作业场所回风流中甲烷浓度超过 1.0% 的。

（2）井下发生明显响煤炮声，喷孔、顶钻，煤壁外鼓、掉渣，瓦斯涌出持续增大或者忽大忽小，煤尘增大等突出征兆的。

（3）井下出现煤层变湿、挂红、底鼓、淋水加大（含砂）等透水、突水、溃水征兆的。

（4）井田及周边地面积水坑水位突然下降并溃入井下的。

（5）当暴雨、洪水等自然灾害预警等级为红色（一级）、橙色（二级）的。

（6）发现明火且不能立即扑灭的。

（7）井下采掘作业地点出现强烈震动、巨响、瞬间底（帮）鼓、煤岩弹射等动力现象的。

（8）全矿井计划外停电且不能立即有效恢复的。

（9）露天煤矿遇到暴雨、8 级及以上大风等特殊天气，以及边坡出现明显沉降、变形加速、裂缝增大或贯通、大面积滚石滑落等滑坡征兆的。

（10）其他事故征兆等紧急情况应当停产撤人的。

（六）检查安全生产状况，及时排查事故隐患，对事故隐患排查治理情况进行统计分析，提出改进安全生产管理的建议

隐患是导致事故的根源，隐患不除事故不断，因此，隐患也称作生产安全事故隐患。煤矿安全生产管理机构以及安全生产管理人员的根本职责，就是及时排查生产安全事故隐患。煤矿安全生产管理机构应当根据本单位生产经营特点、风

险分布、危害因素的种类和危害程度等情况，制定检查工作计划，明确检查对象、任务和频次。煤矿安全生产管理机构以及安全生产管理人员应当有计划、有步骤地巡查、检查本单位每个作业场所、设备、设施，不留死角。对于安全风险大、容易发生生产安全事故的地点，应当加大检查频次。对于检查中发现的生产安全事故隐患，应当要求立即整改或排除；不能立即整改或排除的，要求暂时停止作业或施工，责令有关业务部门、区队、班组提出整改措施，限期整改；如果有可能发生生产安全事故，危及从业人员生命健康的，应当立即采取撤离从业人员到安全地点的措施；对于迟迟未整改完成的事故隐患，应当及时向本煤矿主要负责人或者主管安全生产工作的负责人报告。在排查生产安全事故隐患的过程中，发现本单位在安全生产管理、技术、装备、人员等方面存在问题的，安全生产管理机构以及安全生产管理人员有责任及时提出改进的建议，相关建议应具有科学性、针对性、有效性。

检查安全生产状况、排查事故隐患是关键的管理实践，煤矿中运用专业的方法、工具和技术进行定期检查、突发事件检查、隐患排查等，如实记录检查过程中发现的问题，向管理层和相关部门报告，提出改进建议及整改措施并督促落实。

（七）组织或者参与应急救援演练

开展应急救援演练是提高应急能力，检验生产安全事故应急救援预案有效性的重要途径。生产经营单位应当定期开展应急救援演练，及时修订应急预案，切实增强应急预案的有效性、针对性和操作性。通过应急救援演练，让每个可能涉及的部门、从业人员熟知事故发生后如何进行现场抢救、如何联络人员、如何避灾以及采取何种技术措施的方式和程序，提高广大从业人员的应急处置能力。一旦发生生产安全事故，将起到有效防止事故扩大、极大减少人员伤亡的作用。煤矿安全生产管理机构应当根据本煤矿的安排，积极组织本煤矿的应急演练，制定详细的工作方案，精心组织实施，确保应急演练取得效果。对于有关部门组织的区域应急演练，其中要求本煤矿参加的应急演练活动，或者本煤矿其他部门，包括应急救援机构组织的应急演练，煤矿安全生产管理机构都应当积极参与，并积极配合做好应急演练的相关工作。

《生产安全事故应急预案管理办法》中规定，矿山应当至少每半年组织一次生产安全事故应急预案，并将情况报送所在地县级以上地方人民政府负有安全生产监督管理职责的部门。这就需要安全生产管理人员组织实施。作为煤矿企业在此必须明确具体的管理人员是“组织”或“参与”，不可原样照搬。

（八）督促落实安全生产整改措施

煤矿安全生产整改措施，包括重大事故隐患整改措施以及其他不安全问题整改措施，它是一项复杂的系统工程，包括整改的目标和任务、采取的方法和措施、经费和装备物资的落实、负责整改的机构和人员、整改的时限和要求、相应的安全措施和应急预案等，涉及人、财、物多个方面。仅由安全生产管理机构落实安全生产整改措施，是难以做到的。按照“管生产经营必须管安全”的原则，落实安全生产整改措施应当由相关业务部门负责。

安全生产是一个持续改进的过程。落实安全生产整改措施需要制定出详细的整改计划，明确整改措施、责任人和时间节点；建立跟踪机制，定期检查整改进展情况，确保整改措施按时完成；定期评估整改措施的效果，不断完善和优化安全生产管理体系。可以有效督促落实安全生产整改措施，提高安全生产水平，保障员工的生命财产安全。

要点3 ☞ 煤矿企业应当配备主要技术负责人，建立健全并落实技术管理体系

煤矿要建立健全技术管理体系，切实提升科技保安、科技强安水平。我国煤矿赋存条件十分复杂、隐蔽致灾因素多样，对安全生产技术要求比较高。为进一步提升科技保障能力，《条例》规定要求必须配备主要技术负责人，建立健全并落实企业技术管理体系，根据不同灾害类型，比如瓦斯类型、冲击地压类型、水害类型，配备相应组织机构和相应技术管理人员。

煤矿技术负责人责任涉及煤矿的技术设备、安全生产和生产效率等方面。需要具备优秀的技术管理能力；需要负责煤矿的安全技术管理、建立健全的技术管理体系；需要推动技术创新和提升，提高生产效率和安全性；需要关注新技术的发展，引进先进的生产技术和设备，以提高煤矿的竞争力和可持续发展能力。

第二十条　煤矿企业从业人员负有下列安全生产职责：

（一）遵守煤矿企业安全生产规章制度和作业规程、操作规程，严格落实岗位安全责任；

（二）参加安全生产教育和培训，掌握本职工作所需的安全生产知识，提高安全生产技能，增强事故预防和应急处理能力；

（三）及时报告发现的事故隐患或者其他不安全因素。

对违章指挥和强令冒险作业的行为，煤矿企业从业人员有权拒绝并向县级以上地方人民政府负有煤矿安全生产监督管理职责的部门、所在地矿山安全监察机构报告。

煤矿企业不得因从业人员拒绝违章指挥或者强令冒险作业而降低其工资、福利等待遇，无正当理由调整工作岗位，或者解除与其订立的劳动合同。

学习要点 本条是关于煤矿从业人员安全职责的规定。

《安全生产法》在第三章规定了从业人员的安全生产权利义务，本条例也有对应的规定。

要点1 ☞ 遵守煤矿企业安全生产规章制度和作业规程、操作规程，严格落实岗位安全责任

《安全生产法》第五十七条规定，从业人员在作业过程中，应当严格落实岗位安全责任，遵守本单位的安全生产规章制度和操作规程，服从管理，正确佩戴和使用劳动防护用品。

1. 遵章守制、服从管理

煤矿从业人员在作业过程中应当严格遵守本煤矿的安全生产规章制度和作业规程、操作规程，服从管理。

煤矿安全生产规章制度是煤矿企业规章制度的重要组成部分。煤矿安全生产管理方面的规章制度包括安全生产责任制、安全技术措施管理、安全检查制度，安全风险分级管控工作制度，事故隐患排查、治理、报告制度，事故报告与责任追究制度等。

作业规程是煤矿企、事业单位为完成某项生产或建设的单项或单位工程根据《煤矿安全规程》和设计文件，结合工程的具体情况而编制的指导施工的重要技术文件。凡从事该项工程施工的人员必须遵照执行。作业规程是煤矿生产建设某项工程的行为规范，具有法规性质。其作用是科学地组织与指导施工，组织施工部门的技术经济活动，使工程达到安全、优质、高效、快速、低耗的效果，达到设计的要求。

操作规程是煤矿企事业单位或其主管部门，根据《煤矿安全规程》和质量标准，为完成某项产品或为某个工种编制的指导生产工艺操作的重要技术文件。如光爆锚喷操作规程，打眼工操作规程等。凡从事该项产品生产的人员或某工种，都必须遵照执行。操作规程是产品生产工艺操作的行为规范，具有法规性质。操作规程的作用，是指导产品生产全过程的工艺操作，在安全条件下生产出合乎质量标准的产品。

因此，生产经营单位的从业人员在作业过程中应当遵守本单位的安全生产规章制度和操作规程，服从管理。这样才能保证生产经营单位的活动安全、有序地进行。同时，对生产经营单位的从业人员不服从管理，违反安全生产规章制度或者操作规程的，本法规定了法律责任，由生产经营单位给予批评教育，依照有关规章制度给予处分；构成犯罪的，依照刑法有关规定追究刑事责任。

2. 落实岗位安全责任

从业人员在作业过程中，应当严格落实岗位安全责任，是本次法律修改新增内容。《中共中央、国务院关于推进安全生产领域改革发展的意见》提出，企业实行全员安全生产责任制度。《安全生产法》第四条规定，生产经营单位建立健全全员安全生产责任制，第二十二条规定，生产经营单位的全员安全生产责任制应当明确各岗位的责任人员、责任范围和考核标准等内容。因此，从业人员在作业过程中，应当根据自身岗位的性质、特点和具体工作内容，强化安全生产意识，提高安全生产技能，严格落实岗位安全责任，切实履行安全职责，做到安全生产工作“层层负责、人人有责、各负其责”。同时，对生产经营单位的从业人员不落实岗位安全责任的，本法规定了法律责任，由生产经营单位给予批评教育，依照有关规章制度给予处分；构成犯罪的，依照刑法有关规定追究刑事责任。

要点2 ☞ 参加安全生产教育和培训，掌握本职工作所需的安全生产知识，提高安全生产技能，增强事故预防和应急处理能力

《安全生产法》第五十八条规定，从业人员应当接受安全生产教育和培训，掌握本职工作所需的安全生产知识，提高安全生产技能，增强事故预防和应急处理能力。

《煤矿安全规程》第九条规定：煤矿企业必须对从业人员进行安全教育和培训。培训不合格的，不得上岗作业。主要负责人和安全生产管理人员必须具备煤矿安全生产知识和管理能力，并经考核合格。特种作业人员必须按国家有关规定培训合格，取得资格证书，方可上岗作业。矿长必须具备安全专业知识，具有组织、领导安全生产和处理煤矿事故的能力。

1. 安全教育培训的基本内容

安全教育培训的基本内容包括安全意识教育、安全知识教育和安全技能教育。

（1）安全意识教育。安全意识教育是安全教育的重要组成部分，是搞好安全生产的关键环节。它包括思想认识教育和劳动纪律教育两方面内容。从业人员通过思想认识教育要提高对劳动保护和安全生产重要性的认识，奠定安全生产的思想基础。劳动纪律教育是提高企业管理水平和安全生产条件，减少工伤事故，保障安全生产的必要前提。

（2）安全知识教育。从业人员接受安全知识教育是提高其安全技能的重要手段。其内容包括生产经营单位的基本生产概况、生产过程、作业方法或者工艺流程；生产经营单位内特别危险的设备和区域；专业安全技术操作规程；安全防护基本知识和注意事项；有关特种设备的基本安全知识；有关预防生产经营单位常发生事故的基本知识；个人防护用品的构造、性能和正确使用的有关常识等。

（3）安全技能教育。安全技能教育是巩固从业人员安全知识的必要途径。其内容包括设备的性能、作用和一般的结构原理；事故的预防和处理及设备的使用、维护和修理。接受安全生产教育培训的人员应当达到相应要求，如对生产经营单位行政领导和技术负责人来说，在安全生产教育培训后，要懂得安全生产技术的基本理论；能制定、审查灾害预防处理计划和实施措施，能正确组织、指挥抢救事故；具备检查、处理事故隐患，分析安全情况和提出改善安全措施的能力。

2. 安全教育培训的形式

从业人员接受安全教育培训的形式多种多样，如组织专门的安全教育培训班；班前班后交代安全注意事项，讲评安全生产情况；施工和检修前进行安全措施交底；各级负责人和安全员在作业现场工作时进行安全宣传教育、督促安全法规和制度的贯彻执行；组织安全技术知识讲座、竞赛；召开事故分析会、现场会，分析造成事故原因、责任、教训，制定事故防范措施；组织安全技术交流，安全生产展览、张贴宣传画、标语，设置警示标志，以及利用广播、电影、电视、录像等方式进行安全教育；通过由安全技术部门召开的安全例会、专题会、表彰会、座谈会或者采用安全信息、简报、通报等形式，总结、评比安全生产工作，达到安全教育的目的。从业人员要积极参加上述形式的安全教育培训。

要点 3 ☞ 及时报告发现的事故隐患或者其他不安全因素

《安全生产法》第五十九条规定，从业人员发现事故隐患或者其他不安全因素，应当立即向现场安全生产管理人员或者本单位负责人报告；接到报告的人员应当及时予以处理。

从业人员处于安全生产的第一线，最有可能及时发现事故隐患或者其他不安全因素，因此，本条规定煤矿从业人员要及时报告发现的事故隐患或者其他不安全因素。

煤矿生产安全事故虽然有意外性、偶然性和突发性的特点，但它又有一定的规律，可以通过采取有效措施尽可能加以预防。煤矿从业人员处于安全生产的第一线，最有可能及时发现事故隐患或者其他不安全因素，因此，本条对煤矿从业人员发现事故隐患或者其他不安全因素规定了报告义务，这也符合职工参与安全生产工作的机制要求，其报告义务有两点要求：一是在发现上述情况后，应当立即报告，因为生产安全事故的特点之一是突发性，如果拖延报告，则使事故发生的可能性加大，发生了事故则更是悔之晚矣；二是接受报告的主体是现场安全生产管理人员或者本煤矿的负责人，以便于对事故隐患或者其他不安全因素及时作出处理，避免事故的发生。接到报告的人员须及时进行处理，以防止有关人员延误消除事故隐患的时机。

要点4 ☞ 关于煤矿违章指挥和强令冒险作业的行为

从业人员享有的拒绝违章指挥、强令冒险作业权，是保护从业人员生命安全和健康的一项重要的权利。这里规定的违章指挥，主要是指生产经营单位的负责人、生产管理人员和工程技术人员违反规章制度，不顾从业人员的生命安全和健康，指挥从业人员进行生产活动的行为。强令冒险作业是指生产经营单位管理人员对于存在危及作业人员人身安全的危险因素而又没有相应的安全保护措施的作业，不顾从业人员的生命安全和健康，强迫命令从业人员进行作业。这些都对从业人员生命安全和健康构成极大威胁。为了保护自己的生命安全和健康，对于生产经营单位的这种行为，劳动者有权予以拒绝。

（1）《劳动法》规定，劳动者对用人单位管理人员违章指挥、强令冒险作业，有权拒绝执行。

（2）关于违章指挥和强令冒险作业，《安全生产法》有如下规定：

① 从业人员有权拒绝违章指挥和强令冒险作业。

② 生产经营单位不得因从业人员拒绝违章指挥、强令冒险作业而降低其工资、福利等待遇或者解除与其订立的劳动合同。

③ 生产经营单位的安全生产管理机构以及安全生产管理人员有制止和纠正违章指挥、强令冒险作业、违反操作规程行为的职责。

④ 发现生产经营单位违章指挥、强令冒险作业或者发现事故隐患时，工会有权提出解决的建议，生产经营单位应当及时研究答复。

（3）违章指挥和强令冒险作业的行为属于犯罪。

《刑法》第一百三十四条第二款规定：“强令他人违章冒险作业，或者明知存在重大事故隐患而不排除，仍冒险组织作业，因而发生重大伤亡事故或者造成其他严重后果的，处五年以下有期徒刑或者拘役；情节特别恶劣的，处五年以上有期徒刑。”

① 利用组织、指挥、管理职权，强制他人违章作业的。

② 采取威逼、胁迫、恐吓等手段，强制他人违章作业的。

③ 故意掩盖事故隐患，组织他人违章作业的。

④ 其他强令他人违章作业的行为。

（4）对违章指挥和强令冒险作业的行为，煤矿企业从业人员有权拒绝并向县级以上地方人民政府负有煤矿安全生产监督管理职责的部门、所在地矿山安全监察机构报告。

本条款赋予了煤矿企业从业人员拒绝违章指挥和强令冒险作业行为的权利和保障。同时，还可以向县级以上地方人民政府负有煤矿安全生产监督管理职责的部门、所在地矿山安全监察机构报告。目前多数煤矿安全生产监督管理部门和矿山安全监察机构在煤矿企业设立了工作联系牌或举报联系牌。载明了举报联系电话、电子邮箱、工作单位地址等。

（5）煤矿企业不得因从业人员拒绝违章指挥或者强令冒险作业而降低其工资、福利等待遇，无正当理由调整工作岗位，或者解除与其订立的劳动合同。

① 煤矿企业不得因从业人员拒绝违章指挥、强令冒险作业而降低其工资、福利等待遇。

② 煤矿企业不得因从业人员拒绝违章指挥、强令冒险作业而无正当理由调整工作岗位。

③ 煤矿企业不得因从业人员拒绝违章指挥、强令冒险作业而解除与其订立的劳动合同。

要点5 ☞ 煤矿企业不得因从业人员拒绝违章指挥或者强令冒险作业而降低其工资、福利等待遇，无正当理由调整工作岗位，或者解除与其订立的劳动合同

从业人员享有的拒绝权，是法律赋予的，煤矿企业应当保障从业人员行使，任何人不得侵犯从业人员依法享有的权利。如果煤矿企业因为从业人员依法行使法律规定的权利，便对该从业人员通过降低其工资、福利待遇等方式，对其进行打击报复，或者因此解除与该从业人员订立的劳动合同，就是对劳动者依法行使正当权利的侵犯。根据劳动合同法的规定，劳动者拒绝用人单位管理人员违章指挥、强令冒险作业的，不视为违反劳动合同。用人单位违章指挥、强令冒险作业危及劳动者人身安全的，劳动者可以立即解除劳动合同，不需要事先告知用人单位。这是从另一个方面赋予从业人员的权利。

第二十一条　煤矿企业主要负责人和安全生产管理人员应当通过安全生产知识和管理能力考核，并持续保持相应水平和能力。

煤矿企业从业人员经安全生产教育和培训合格，方可上岗作业。煤矿企业特种作业人员应当按照国家有关规定经专门的安全技术培训和考核合格，并取得相应资格。

学习要点 本条是关于煤矿安全生产教育、培训和考核的规定。

国务院安全生产委员会印发的《关于防范遏制矿山领域重特大生产安全事故的硬措施》的通知安委〔2024〕1号：要求矿山企业必须严格实施安全生产教育和培训计划，大力提升从业人员安全意识和安全素养，“五职”矿长和主要负责人每年必须接受矿山安全监察机构会同监管部门组织的专门安全教育培训，新上岗的从业人员岗前安全培训时间不得少于72学时并经培训考核合格后方可上岗，取消井下劳务派遣用工。

要点1 ☞ 煤矿企业主要负责人和安全生产管理人员

矿山企业主要负责人和安全生产管理人员应当每年接受不少于二十四学时的专门安全教育培训。国家矿山安全监察局组织制定矿山企业主要负责人和安全生产管理人员安全生产知识和管理能力考核标准及考试要点，建立国家级考试题库。省级矿山安全培训主管部门应当根据前款规定的考核标准及考试要点，建立省级考试题库，并报国家矿山安全监察局备案。

（1）矿山企业主要负责人考试应当包括下列内容：

① 国家安全生产方针、政策和有关安全生产的法律、法规、规章及标准。

② 安全生产管理、安全生产技术基本知识。

③ 重大危险源管理、重大事故防范、应急管理和事故调查处理的有关规定。

④ 国内外先进的安全生产管理经验。

⑤ 安全风险分级管控和隐患排查治理双重预防工作机制。

⑥ 安全生产标准化管理体系。

⑦ 典型事故和应急救援案例分析。

⑧ 其他需要考试的内容。

（2）矿山企业安全生产管理人员考试应当包括下列内容：

① 国家安全生产方针、政策和有关安全生产的法律、法规、规章及标准。

② 安全生产管理、安全生产技术等知识。

③ 伤亡事故报告、统计的调查处理方法。

④ 应急管理的内容及其要求。

⑤ 国内外先进的安全生产管理经验。

⑥ 安全风险分级管控和隐患排查治理双重预防工作机制。

⑦ 安全生产标准化管理体系。

⑧ 典型事故和应急救援案例分析。

⑨ 其他需要考试的内容。

（3）矿山企业主要负责人和安全生产管理人员应当自任职之日起六个月内通过考核部门组织的安全生产知识和管理能力考核，并持续保持相应水平和能力。

（4）矿山企业“五职”矿长和负责采煤（矿）、掘进、机电运输、通风、地质测量工作的技术负责人（简称“五职”技术人员）除参加安全生产知识考试外，还应当经过能力考核。

（5）安全生产知识考试应当在规定的考试机构（点）采用计算机方式进行。考试试题从国家级考试题库和省级考试题库随机抽取，其中抽取国家级考试题库试题比例占百分之八十以上。考试满分为一百分，八十分以上为合格。

（6）矿山企业主要负责人和安全生产管理人员考试不合格的，可以补考一次，经补考仍不合格的，一年内不得再次申请考核。“五职”矿长和“五职”技术人员考核不合格，不具备相应安全生产知识和管理能力的，可以补考一次，补考合格前不得继续履职。考核部门应当告知其所在矿山企业或其任免机关调整其工作岗位。

要点 2 ☞ 煤矿企业特种作业人员

（1）矿山特种作业人员必须经专门的安全技术培训和考核合格，由省级矿山安全培训主管部门颁发《中华人民共和国特种作业操作证》（以下简称特种作业操作证）后，方可上岗作业。

（2）矿山特种作业人员在参加资格考试前应当按照规定的培训大纲进行安全生产知识和实际操作能力的专门培训。其中，初次培训的时间不得少于九十学时。

已经取得职业高中、技工学校及中专以上学历的毕业生从事与其所学专业相应的特种作业，持学历证明经考核发证部门审核属实的，免予初次培训，直接参加资格考试。

（3）矿山特种作业操作资格考试包括安全生产知识考试和实际操作能力考试。安全生产知识考试合格后，进行实际操作能力考试。

矿山特种作业操作资格考试应当在规定的考试机构（点）进行，安全生产知识考试应当使用统一的考试题库，使用计算机考试，实际操作能力考试采用国家统一考试标准进行考试。考试满分均为一百分，八十分以上为合格。

（4）特种作业人员应当每三年接受不少于二十四学时的专门脱产培训。

要点3 ☞ 煤矿企业其他从业人员

（1）矿山企业应当对其他从业人员进行安全培训和考核，保证其具备必要的安全生产知识、技能和事故应急处置能力，知悉自身在安全生产方面的权利和义务。

（2）矿山企业其他从业人员的初次安全培训时间不得少于七十二学时，每年再培训的时间不得少于二十学时。初次安全培训和每年再培训均为脱产培训。

（3）安全培训机构对其他从业人员安全培训合格后，应当颁发安全培训合格证明；未经培训并取得培训合格证明的，不得上岗作业。

（4）从业人员必须熟知各类灾害避灾路线、地面建筑场所的安全疏散通道和自救逃生方法；不熟悉避灾逃生路线，或者不能熟练使用自救器等紧急自救装备的，不得安排上岗作业。严厉整治封闭占堵消防通道、逃生通道行为，确保生命通道畅通。

（5）对从业人员的安全培训，具备安全培训条件的矿山企业应当以自主培训为主，也可以委托具备安全培训条件的机构进行安全培训。不具备安全培训条件的矿山企业应当委托具备安全培训条件的机构进行安全培训。矿山企业采用委托培训的，从业人员应当在安全培训机构接受培训。

第二十二条 煤矿企业应当为煤矿分别配备专职矿长、总工程师，分管安全、生产、机电的副矿长以及专业技术人员。

对煤（岩）与瓦斯（二氧化碳）突出、高瓦斯、冲击地压、煤层容易自燃、水文地质类型复杂和极复杂的煤矿，还应当设立相应的专门防治机构，配备专职副总工程师。

学习要点 本条是关于煤矿专业机构设置及人员配备的规定。

《条例》首次从法规层面明确规定煤矿企业应当配备“五职”矿长、专业技术人员和专门灾害防治机构，对煤矿矿级领导机构设置及各专业人员配置提出了更详尽的要求。目前全国煤矿专业人才奇缺，科班身份更加难觅，有的煤矿1人兼任多个岗位职务，甚至1人兼任不同矿井领导职务，导致抓安全生产工作精力不足。

另外，对灾害严重复杂矿井，提出配备专职副总工程的要求，以便加强煤矿的安全技术管理工作。

要点1 ☞《关于防范遏制矿山领域重特大生产安全事故的硬措施》要求

矿山企业必须配备安全生产管理机构和人员（“五职”矿长必须有主体专业大专以上学历且有10年以上矿山一线从业经历，“五科”专业技术人员必须为主体专业毕业且有5年以上矿山一线从业经历）。

（1）“五职”矿长是指在矿山企业中担任特定管理职位的五位主要负责人，具体包括：

矿长：负责矿区的全面管理和运营。

安全矿长：负责矿区的安全生产工作。

生产矿长：负责矿区的生产计划和组织。

总工程师：负责矿区的技术管理和工程实施。

机电矿长：负责矿区的机电设备的维护和管理。

（2）“五科”专业技术人员是指在矿山企业中担任专业技术岗位的人员，这些岗位包括：

技术科：负责煤炭开采巷道掘进技术工作。

机电科：负责煤矿机电设备的运输和管理。

通风科：负责煤矿通风系统设计和维护管理。

地测科：负责煤矿地质勘探和测量、煤矿防治水等工作。

安全科：负责煤矿安全监督管理工作。

这些专业人员的职责和能力对于矿区的生产效率、安全性和管理质量具有重要影响。

要点2 ☞《煤矿安全规程》规定

（1）煤矿企业必须设置专门机构负责煤矿安全生产与职业病危害防治管理工作，配备满足工作需要的人员及装备。

（2）煤矿建设、施工单位必须设置项目管理机构，配备满足工程需要的安全人员、技术人员和特种作业人员。

（3）水文地质条件复杂、极复杂的煤矿，应当设立专门的防治水机构。

（4）矿井防治冲击地压工作应当设专门的机构与人员。

要点3 ☞《煤矿防治水细则》规定

煤矿应当根据本单位的水害情况，配备满足工作需要的防治水专业技术人员，配齐专用的探放水设备，建立专门的探放水作业队伍，储备必要的水害抢险救灾设备和物资。

水文地质类型复杂、极复杂的煤矿，还应当设立专门的防治水机构、配备防治水副总工程师。

要点4 ☞《防治煤与瓦斯突出细则》规定

突出矿井的矿长、总工程师、防突机构和安全管理机构负责人、防突工应当满足下列要求：

（1）矿长、总工程师应当具备煤矿相关专业大专及以上学历，具有3年以上煤矿相关工作经历。

（2）防突机构和安全管理机构负责人应当具备煤矿相关中专及以上学历，具有2年以上煤矿相关工作经历。

（3）防突机构应当配备不少于2名专业技术人员，具备煤矿相关专业中专及以上学历。

（4）防突工应当具备初中及以上文化程度（新上岗的煤矿特种作业人员应当具备高中及以上文化程度），具有煤矿相关工作经历，或者具备职业高中、技工学校及中专以上相关专业学历。

要点5 ☞《防治煤矿冲击地压细则》规定

有冲击地压矿井的煤矿企业必须明确分管冲击地压防治工作的负责人及业务主管部门，配备相关的业务管理人员。冲击地压矿井必须明确分管冲击地压防治工作的负责人，设立专门的防冲机构，并配备专业防冲技术人员与施工队伍，防冲队伍人数必须满足矿井防冲工作的需要，建立防冲监测系统，配备防冲装备，完善安全设施和管理制度，加强现场管理。

要点6 ☞《煤矿防灭火细则》规定

煤矿企业、煤矿应当明确防灭火工作负责部门，建立健全防灭火管理制度和各级岗位责任制度。开采容易自燃和自燃煤层的矿井应当配备满足需要的防灭火专业技术人员。

要点7 ☞《煤矿地质工作细则》规定

煤矿企业、煤矿应配备地质副总工程师，设立地测部门并配齐所需的地质及相关专业技术人员和仪器设备，建立健全煤矿地质工作规章制度。

地质副总工程师、地测部门负责人应由地质及相关专业技术人员担任。

要点8 ☞《煤矿安全生产标准化管理体系基本要求及评分方法》（试行）要求

煤矿安全生产组织机构完备（井工煤矿有负责安全、采煤、掘进、通风、机电、运输、地测、防治水、安全培训、调度、应急管理、职业病危害防治等工作的管理部门；露天煤矿有负责安全、钻孔、爆破、采装、运输、排土、边坡、机电、地测、防治水、防灭火、安全培训、调度、应急管理、职业病危害防治等工作的管理部门），配备管理人员；

煤（岩）与瓦斯（二氧化碳）突出矿井、水文地质类型复杂和极复杂矿井、冲击地压矿井按规定设有相应的机构和队伍。

第二十三条 煤矿企业应当按照国家有关规定建立健全领导带班制度并严格考核。

井工煤矿企业的负责人和生产经营管理人员应当轮流带班下井，并建立下井登记档案。

学习要点 本条是关于煤矿领导带班下井的规定。

煤矿企业不仅要按《煤矿领导带班下井及安全监督检查规定》的要求，进行下井带班，还要进行严格考核，并建立登记档案。有的矿井下井带班人员下井时长、数量不足，不按要求检查、督促、解决带班中存在的安全生产问题。主要原因是没有考核机制，没有进行考核。

要点1 ☞ 带班煤矿领导

《条例》从法规层面明确规定煤矿企业应当配备“五职”矿长以及配备专职副总工程师是为煤矿领导带班制度提供了人力保障。

《煤矿领导带班下井及安全监督检查规定》所称煤矿领导，是指煤矿的主要负责人、领导班子成员和副总工程师；建设矿井的领导，是指煤矿建设单位和从事煤矿建设的施工单位的主要负责人、领导班子成员和副总工程师。

要点2 ☞ 带班要求

（1）煤矿是落实领导带班下井制度的责任主体，每班必须有矿领导带班下井，并与工人同时下井、同时升井。

（2）煤矿应当建立健全领导带班下井制度，并严格考核。

① 带班下井制度应当明确带班下井人员、每月带班下井的个数、在井下工作时间、带班下井的任务、职责权限、群众监督和考核奖惩等内容。

② 煤矿的主要负责人每月带班下井不得少于5个。

③ 煤矿领导带班下井时，其领导姓名应当在井口明显位置公示。煤矿领导每月带班下井工作计划的完成情况，应当在煤矿公示栏公示，接受群众监督。

（3）煤矿领导带班下井时，应当履行下列职责：

① 加强对采煤、掘进、通风等重点部位、关键环节的检查巡视，全面掌握当班井下的安全生产状况。

② 及时发现和组织消除事故隐患和险情，及时制止违章违纪行为，严禁违章指挥，严禁超能力组织生产。

③ 遇到险情时，立即下达停产撤人命令，组织涉险区域人员及时、有序撤离到安全地点。

（4）煤矿领导带班下井实行井下交接班制度。

上一班的带班领导应当在井下向接班的领导详细说明井下安全状况、存在的问题及原因、需要注意的事项等，并认真填写交接班记录簿。

（5）煤矿应当建立领导带班下井档案管理制度。

煤矿领导升井后，应当及时将下井的时间、地点、经过路线、发现的问题及处理情况、意见等有关情况进行登记，并由专人负责整理和存档备查。

煤矿领导带班下井的相关记录和煤矿井下人员定位系统存储信息保存期不少于一年。

（6）煤矿没有领导带班下井的，煤矿从业人员有权拒绝下井作业。煤矿不得因此降低从业人员工资、福利等待遇或者解除与其订立的劳动合同。

第二十四条 煤矿企业应当为从业人员提供符合国家标准或者行业标准的劳动防护用品，并监督、教育从业人员按照使用规则佩戴、使用。

煤矿井下作业人员实行安全限员制度。煤矿企业应当依法制定井下工作时间管理制度。煤矿井下工作岗位不得使用劳务派遣用工。

学习要点 本条是关于煤矿提供劳动防护用品及劳动用工的规定。

要点1 ☞ 劳动防护用品

劳动防护用品是保护职工安全所采取的必不可少的辅助措施，在某种意义上它是劳动者防止职业伤害的最后一项措施。煤矿从业人员的劳动防护用品已经成为保护劳动者的主要措施。因此，劳动防护用品的质量好坏，对于保障劳动者的劳动安全是很重要的。特别是煤矿从业人员的劳动防护用品，如果其质量出现问题，将直接危及作业人员的生命健康。因此，劳动防护用品必须保证质量，安全可靠，起到应有的劳动保护的作用。

（1）《煤矿作业场所职业病危害防治规定》：煤矿应当按照《煤矿职业安全

卫生个体防护用品配备标准》（AQ 1051—2008）规定，为接触职业病危害的劳动者提供符合标准的个体防护用品，并指导和督促其正确使用。

煤矿企业为从业人员提供的劳动防护用品，应该是符合国家标准或者行业标准的、合格的劳动防护用品，只有这样，才能真正起到保障从业人员劳动安全的作用。实践中需要注意的是，煤矿企业必须把劳动防护用品发放到从业人员手中，不得以货币或其他物品替代应当配备的劳动防护用品。煤矿企业还应当建立健全劳动防护用品的购买、验收、保管、发放、使用、更换、报废等管理制度，并应按照劳动防护用品的使用要求，在使用前对其防护功能进行必要的检查。

（2）从业人员要正确佩戴、使用。煤矿企业依法向从业人员提供了劳动防护用品，但从业人员由于缺乏相关操作知识、安全意识不强、图省事等原因，不按照规定佩戴或使用相关的劳动防护用品，这也可能造成很大的事故隐患。因此本条款规定煤矿企业应当采取措施，使从业人员掌握劳动防护用品的使用规则，并在实践中监督、教育、指导从业人员按照使用规则佩戴、使用劳动防护用品，使其真正发挥作用。《用人单位劳动防护用品管理规范》明确规定，劳动者在作业过程中，应当按照规章制度和劳动防护用品使用规则，正确佩戴和使用劳动防护用品。《煤矿安全规程》规定，入井（场）人员必须戴安全帽等个体防护用品，穿带有反光标识的工作服。入井（场）前严禁饮酒。入井人员必须随身携带自救器、标识卡和矿灯，严禁携带烟草和点火物品，严禁穿化纤衣服。

要点 2 ☞ 煤矿井下作业人员实行安全限员制度

国家矿山安全监察局印发的《煤矿单班入井（坑）作业人数限员规定》（矿安〔2023〕129 号）规定：

1. 煤矿类型及采掘工作面范围的界定

（1）灾害严重矿井是指高瓦斯矿井、煤（岩）与瓦斯（二氧化碳）突出矿井、水文地质类型复杂极复杂矿井、冲击地压矿井。

（2）采煤工作面是指包括工作面及工作面进、回风巷在内的区域；掘进工作面是指从掘进迎头至工作面回风流与全风压风流汇合处的区域。

（3）采掘工作面限员人数不包括临时性进出的煤矿安全监管监察等执法人员、煤矿上级公司检查人员、煤矿矿级领导及职能部门巡检人员、巡回瓦斯检查员（当班专职瓦斯检查员除外）等，上述人员进入采掘工作面时，区别管理人员定位卡，严格控制时长，不得影响煤矿正常生产活动。

2. 限员规定

（1）井工煤矿单班入井作业人数。

生产能力 K （万 t/a）	灾害严重矿井 （人）	其他矿井 （人）
$K \leqslant 30$	≤100	≤80
$30 < K \leqslant 60$	≤200	≤100
$60 < K < 120$	≤300	≤180
$120 \leqslant K < 180$	≤400	≤200
$180 \leqslant K < 300$	≤600	≤280
$300 \leqslant K < 500$	≤800	≤400
$K \geqslant 500$	≤850	≤450

（2）井工采煤工作面单班作业人数。

矿井类型	机械化采煤工作面（人）		炮采工作面（人）
	检修班	生产班	
灾害严重矿井	≤40	≤25	≤25
其他矿井	≤30	≤20	≤25

（3）井工掘进工作面单班作业人数。

矿井类型	综掘工作面（人）	炮掘工作面（人）
灾害严重矿井	≤18	≤15
其他矿井	≤16	≤12

（4）露天煤矿单班入坑作业人数。

生产能力 K （万 t/a）	剥采比 R （m^3/t）	单班入坑作业人数 （人）
$K \leqslant 100$	$R < 6$	≤80
	$R \geqslant 6$	≤120

（续）

生产能力 K（万 t/a）	剥采比 R（m^3/t）	单班入坑作业人数（人）
$100<K\leqslant400$	$R<6$	≤200
	$R\geqslant6$	≤250
$400<K<1000$	$R<6$	≤300
	$R\geqslant6$	≤400
$1000\leqslant K<2000$	$R<6$	≤550
	$R\geqslant6$	≤650
$2000\leqslant K<3000$		≤750
$K\geqslant3000$		≤850

（5）煤矿交接班期间井（坑）下瞬时总人数（不包含采掘工作面）不受限员规定限制，应尽量缩短交接班时间，时间不得超过 2 小时，瞬时总人数不得超 1000 人。交接班期间井（坑）下停止爆破、排放瓦斯、启封密闭、动火等危险作业，强化劳动组织，合理划分交接区域，防止人员过度集中。露天煤矿除坑下固定设备操作人员外，原则上在坑上交接班，不具备条件的应选择在稳定边坡区域交接班。

要点 3 ☞ 煤矿企业应当依法制定井下工作时间管理制度

《关于进一步规范煤矿劳动用工促进煤矿安全生产的指导意见》（煤安监行管〔2020〕38 号）规范了煤矿从业人员工作时间。

1. 规范井下作业人员工作时间

煤矿井下作业人员工作时间过长，得不到合理休息，是事故发生的重要原因之一。各地区要推动煤矿企业通过提高矿井机械化、自动化、信息化和智能化水平，大力研发应用煤矿机器人，推行“一优三减”，鼓励有条件的煤矿积极推行“四六”工作制等缩短单班井下作业时间，降低劳动强度、强化劳动保护、改善作业环境。煤矿企业应依法制定从业人员工作时间管理制度，严格遵守国家关于劳动者工作时间、延长工作时间的相关规定，其中，井下作业人员每日工作时间（包含从井口到作业地点往返时间等）不超过 8 小时，每周工作时间不超过 40 小时。确因生产经营需要，经与工会和从业人员协商后可以延长工作时间，一般每日不得超过 1 小时；因特殊原因需要延长工作时间的，在保障从业人员身体健康的条件下延长工作时间每日不得超过 3 小时，但是每月不得超过 36 小时。煤矿企业安排井下作业人员延长工作时间的，应依法安排补休或支付加班工资。

2. 鼓励逐步取消夜班作业

各地区应鼓励有条件的煤矿企业通过优化采掘设计、改进劳动组织、升级装备技术等措施，减少夜班作业，逐步实现取消非智能化采掘工作面的夜班作业。对于夜班取消采煤、掘进作业的煤矿，按有关规定优先给予职业培训和技能鉴定补贴支持。

要点 4 ☞ 煤矿井下工作岗位不得使用劳务派遣用工

《关于进一步规范煤矿劳动用工　促进煤矿安全生产的指导意见》（煤安监行管〔2020〕38 号）规范了劳务派遣用工，规定：煤矿井下工作岗位是煤矿企业主营业务岗位，不得采取劳务派遣用工。

国务院安全生产委员会印发的《关于防范遏制矿山领域重特大生产安全事故的硬措施》也明确规定，矿山企业必须取消井下劳务派遣用工。

第二十五条　煤矿企业使用的安全设备的设计、制造、安装、使用、检测、维修、改造和报废，应当符合国家标准或者行业标准。

煤矿企业应当建立安全设备台账和追溯、管理制度，对安全设备进行经常性维护、保养并定期检测，保证正常运转，对安全设备购置、入库、使用、维护、保养、检测、维修、改造、报废等进行全流程记录并存档。

煤矿企业不得使用应当淘汰的危及生产安全的设备、工艺，具体目录由国家矿山安全监察机构制定并公布。

学习要点　本条是关于煤矿安全设备的规定。

煤矿安全设备作为煤矿生产活动的重要设备，其性能优劣以及使用是否得当，直接关系到煤矿生产活动的安全性，以及在发生生产安全事故时能否及时救援、减少损失。对煤矿安全设备从设计到报废的每个环节都实行标准化管理，对于保证煤矿安全设备的性能具有重要意义。煤矿作为安全设备的使用单位，规定其使用安全设备过程中的维护、保养、检测等义务，以确保煤矿安全设备可以发挥效用。

要点 1 ☞ 煤矿安全设备应符合国家标准或者行业标准

煤矿安全设备，主要是指为了保护煤矿从业人员等煤矿生产活动参与者的安全，防止煤矿生产安全事故发生以及在发生煤矿生产安全事故时用于救援而安装使用的机械设备和器械，如自救器、灭火设备以及安全检测系统、瓦斯检测器、测风仪表、氧气检测仪、顶板压力监测仪器等各种安全检测仪器。煤矿安全设备有的是作为煤矿生产装备的附属设备，需要与这些装备配合使用；有的则是能够在保证安全生产方面独立发挥作用。这些安全设备需要按照国家有关要求在煤矿生产活动中配备，以确保煤矿生产安全和事故救援顺利进行。

安全设备直接关系到生产经营活动以及应急时能否及时进行救援、减少人员伤亡和财产损失。在实践中，因为安全设备的设计、制造、安装、使用、检测、维修、改造和报废不符合有关标准而导致发生生产安全事故或者造成损失的情况层出不穷。实践中，因安全设备的设计、制造、安装、使用、检测、维修、改造和报废不符合有关标准而导致发生生产安全事故或损失扩大的情况屡见不鲜。在一起16名矿工集体中毒身亡的事故中，主要原因就是该矿的机电设备过流保护装置安装不符合有关标准，设定值偏大，失去过流保护作用，造成机电硐室中变压器烧坏起火，使几千米正在安装的皮带化为灰烬，产生大量的有毒气体造成中毒事故。为了防止类似事故的发生，需要对安全设备进行全方位、全过程的管理，要实现管理目的，就要通过制定标准，使生产经营单位有章可循。实际上，煤矿安全设备的管理涉及多个环节，监管部门对每个环节都进行具体的监管是不实际的，通过制定标准，使安全设备的设计、制造、安装、使用、检测、维修、改造和报废都符合相应的国家标准或者行业标准，煤矿要严格执行标准来开展有关的活动，可以有效地降低监管成本，监管部门可以通过抽样的方式进行监督检查，实现保障安全的目的。由于安全设备对于生产经营单位的安全生产至关重要，煤矿有必要对安全设备进行自始至终的全方位、全过程的监管。因此，本条规定，安全设备的设计、制造、安装、使用、检测、维修、改造和报废，都必须符合国家标准或者行业标准。这是一条概括性规定，内容非常丰富，涉及安全设备的各个环节要求。现行有关法律对安全设备的标准问题也有相关规定。如《安全生产法》规定，安全设备的设计、制造、安装、使用、检测、维修、改造和报废，应当符合国家标准或者行业标准。《中华人民共和国煤炭法》规定，煤矿企业使用的设备、器材、火工产品和安全仪器，必须符合国家标准或者行业标准。

要点2 ☞ 煤矿安全设备的维护、保养和定期检测

1. 煤矿企业应当建立安全设备台账和追溯、管理制度

（1）煤矿企业必须制定重要设备材料的查验制度，做好检查验收和记录，防爆、阻燃抗静电、保护等安全性能不合格的不得入井使用。

（2）煤矿企业必须建立各种设备、设施检查维修制度，定期进行检查维修，并做好记录。

（3）煤矿使用的纳入安全标志管理的产品，必须取得煤矿矿用产品安全标志。未取得煤矿矿用产品安全标志的，不得使用。

（4）试验涉及安全生产的新技术、新工艺必须经过论证并制定安全措施；新设备、新材料必须经过安全性能检验，取得产品工业性试验安全标志。

2. 煤矿安全设备的使用维护保养与检测

对煤矿安全设备的使用，《安全生产法》规定，生产经营单位必须对安全设备进行经常性维护、保养，并定期检测，保证正常运转。维护、保养、检测应当做好记录，并由有关人员签字。《中华人民共和国矿山安全法》规定，矿山企业必须对机电设备及其防护装置、安全检测仪器，定期检查、维修，保证使用安全。

煤矿安全设备发挥效用主要在于安装后投入使用的环节。煤矿安全设备在使用过程中，可能出现各种各样的问题，因此，使用煤矿安全设备的煤矿必须对其进行经常性维护、保养，并定期检测，保证煤矿安全设备正常运转并处于良好的状态，发挥保证安全的效用。通过经常性维护、保养和定期检测，可以及时发现并处理煤矿安全设备存在的问题，这是使用单位的义务，也是提高安全设备使用年限的重要途径。比如，煤矿企业使用的防爆电气设备，由于运输、闲置等原因的影响，可能会造成防爆面以及某个元件的损坏或变形，致使设备不密封而达不到防爆性能，因此一般要求企业必须每月检查一次。另外，矿山企业使用的瓦斯检测仪器，无论是光学原理，还是催化元件原理的，使用时间久了，就会出现零点漂移，影响应有的精度。而如果瓦斯检测仪器精度不准，就不能正确反映作业环境的瓦斯浓度，容易造成生产安全事故的发生，因此按规定矿山企业必须定期进行校正。

经常性维护、保养和定期检测情况，应当做好记录。为明确对煤矿安全设备进行维护、保养、检测责任，增强煤矿有关人员的责任心，促使认真按照要求对煤矿安全设备进行维护、保养、检测。记录的内容，一般应当包括经常性维护、保养和定期检测的时间、地点、人员、安全设备的名称，维护、保养、检测的结果，发现的问题以及问题的处理情况等。记录是相关工作开展的见证，是重要的追溯资料，也是相关单位履行义务的凭证。需要在记录上签字的有关人员，包括直接从事维护、保养、检测的技术人员以及相关的煤矿安全生产管理人员。必要时，煤矿主要负责人也要签字确认。这样规定，有利于发生事故时的责任划分，为正确追究有关人员的法律责任提供第一手证据材料。

要点 3 ☞ 危及煤矿生产安全的工艺、设备实行淘汰

2010 年，国务院下发《关于进一步加强企业安全生产工作的通知》，要求强制淘汰落后技术产品，对于不符合有关安全标准、安全性能低下、职业危害严重、危及安全生产的落后技术、工艺和装备要列入国家产业结构调整指导目录，予以强制性淘汰。《煤矿安全规程》规定，严禁使用国家明令禁止使用或者淘汰的危及生产安全和可能产生职业病危害的技术、工艺、材料和设备。煤矿企业不得使用应当淘汰的危及生产安全的设备、工艺，具体目录由国家矿山安全监察机构制定并公布。

1. 危及生产安全的工艺、设备

危及生产安全的工艺、设备分两个等级，一是严重危及生产安全的工艺、设备，二是其他危及生产安全的工艺、设备。

（1）严重危及生产安全的工艺、设备是指不符合生产安全要求，极有可能导致生产安全事故发生，致使人民群众生命和财产遭受重大损失的工艺、设备。工艺、设备在生产经营活动中属于物的因素，相对于人的因素来说，这种因素对生产安全的影响是一种“硬约束”，只要是使用严重危及生产安全的工艺、设备，即使安全生产管理得再好，人的作用发挥得再充分，也仍然难以避免生产安全事故的发生。对于这些严重危及生产安全的工艺、设备，必须予以淘汰，且这种淘汰不因地域差异和经济发展水平的不同而有所区别，在全国范围内都应当予以淘汰。

（2）其他危及生产安全的工艺、设备，与严重危及生产安全的工艺、设备相比，危险性较低，有的工艺、设备在煤矿及其从业人员履行了适当的注意义务或者附加了必要的防护条件后，可以尽量避免事故的发生。考虑到各地经济发展程度和技术装备水平的差异，国家对于这些工艺、设备不一概予以淘汰，由各省、自治区、直辖市根据本地区的实际情况决定是否淘汰。

2. 淘汰目录

对应当淘汰的工艺、设备实行目录管理，有利于生产经营单位对照执行，也方便负有安全生产监督管理的部门进行执法和监督检查。原国家安全监管总局、国家矿山安全监察局（原国家煤矿安全监察局）先后制定了 6 批禁止井工煤矿使用的设备及工艺目录（涉及煤矿淘汰落后安全技术工艺、设备目录）。

（1）《关于发布〈禁止井工煤矿使用的设备及工艺目录（第一批）〉的通知》（安监总规划〔2006〕146 号）。

（2）《关于发布〈禁止井工煤矿使用的设备及工艺目录（第二批）〉的通知》（安监总煤装〔2008〕49 号）。

（3）《关于发布〈禁止井工煤矿使用的设备及工艺目录（第三批）〉的通知》（安监总煤装〔2011〕17 号）。

（4）《关于印发淘汰落后安全技术装备目录（2015 年第一批）的通知》（安监总科技〔2015〕75 号）。

（5）《关于印发淘汰落后安全技术工艺、设备目录（2016 年）的通知》（安监总科技〔2016〕137 号）。

（6）《关于发布〈禁止井工煤矿使用的设备及工艺目录（第四批）〉的通知》（煤安监技装〔2018〕39 号）。

（7）《产业结构调整指导目录（2024 年本）》煤炭行业（国家发展改革委令第 7 号）。

第二十六条 煤矿的采煤、掘进、机电、运输、通风、排水、排土等主要生产系统和防瓦斯、防煤（岩）与瓦斯（二氧化碳）突出、防冲击地压、防火、防治水、防尘、防热害、防滑坡、监控与通讯等安全设施，应当符合煤矿安全规程和国家标准或者行业标准规定的管理和技术要求。

煤矿企业及其有关人员不得关闭、破坏直接关系生产安全的监控、报警、防护、救生设备、设施，或者篡改、隐瞒、销毁其相关数据、信息，不得以任何方式影响其正常使用。

学习要点 本条是关于煤矿主要生产系统和安全设施的使用管理规定。

要点 1 ☞ 煤矿的主要生产系统和灾害防治安全设施必须符合安全规程、标准要求

（1）煤矿主要生产系统包括采煤、掘进、机电、运输、通风、排水、排土等。

（2）煤矿的安全设施包括防瓦斯、防煤（岩）与瓦斯（二氧化碳）突出、防冲击地压、防火、防治水、防尘、防热害、防滑坡、监控与通讯等。

要点 2 ☞ 不得关闭、破坏有相关安全设施、设备，也不得篡改和销毁数据

《刑法修正案（十一）》第一百三十四条已列为危险作业罪。刑法修正案（十一）针对生产安全事故频发增加规定了危险作业罪，对在生产、作业中违反有关安全管理的规定，关闭、破坏直接关系生产安全的监控、报警、防护、救生设备、设施，或者篡改、隐瞒、销毁其相关数据、信息的行为，规定了刑事责任。因此，需要高度重视安全设施、设备的使用管理问题。

《安全生产法》第三十六条第三款规定，生产经营单位不得关闭、破坏直接关系生产安全的监控、报警、防护、救生设备设施，或者篡改、隐瞒、销毁其相关数据、信息。第九十九条第四项规定，关闭、破坏直接关系生产安全的监控、报警、防护、救生设备设施，或者篡改、隐瞒、销毁其相关数据、信息的责令限期改正，处五万元以下的罚款，逾期未改正的，处五万元以上二十万元以下的罚款。

与煤矿生产安全存在直接关系的监控、报警、防护、救生设备、设施及相关数据、信息，是有效防止煤矿生产安全事故发生的重要保障。实践中，有些煤矿出于节省运营成本、逃避监管等方面的考虑，关闭、破坏相关设施，或者篡改、隐瞒、销毁相关数据、信息的行为，致使相关设备设施不能发挥应有的预防和保护功能，导致煤矿生产安全事故发生或者扩大事故后果。这里所讲的关闭、破坏的“设备、设施”，属于“直接关系煤矿生产安全的”设备、设施，关闭、破坏后可能直接导致事故发生，具有客观现实危险性。篡改、隐瞒、销毁的数据、信息，是与煤矿生产安全存在直接关系的设备设施的数据、信息。篡改、隐瞒、销毁这些数据、信息，将影响煤矿生产安全，妨碍有关部门的监督管理。

第二十七条　井工煤矿应当有符合煤矿安全规程和国家标准或者行业标准规定的安全出口、独立通风系统、安全监控系统、防尘供水系统、防灭火系统、供配电系统、运送人员装置和反映煤矿实际情况的图纸，并按照规定进行瓦斯等级、冲击地压、煤层自燃倾向性和煤尘爆炸性鉴定。

井工煤矿应当按矿井瓦斯等级选用相应的煤矿许用炸药和电雷管，爆破工作由专职爆破工承担。

学习要点　本条是井工煤矿生产系统、图纸、爆破和有关瓦斯等级、冲击地压等方面鉴定的规定。

要点1 ☞ 井工煤矿的安全生产条件

（1）《煤矿企业安全生产许可证实施办法》规定，井工煤矿的安全设施、设备、工艺必须符合下列条件：

① 矿井至少有2个能行人的通达地面的安全出口，各个出口之间的距离不得小于30 m；井下每一个水平到上一个水平和各个采（盘）区至少有两个便于行人的安全出口，并与通达地面的安全出口相连接；采煤工作面有两个畅通的安全出口，一个通到进风巷道，另一个通到回风巷道。在用巷道净断面满足行人、运输、通风和安全设施及设备安装、检修、施工的需要。

② 按规定进行瓦斯等级、煤层自燃倾向性和煤尘爆炸危险性鉴定。

③ 矿井有完善的独立通风系统。矿井、采区和采掘工作面的供风能力满足安全生产要求，矿井使用安装在地面的矿用主要通风机进行通风，并有同等能力的备用主要通风机，主要通风机按规定进行性能检测；生产水平和采区实行分区

通风；高瓦斯和煤与瓦斯突出矿井、开采容易自燃煤层的矿井、煤层群联合布置矿井的每个采区设置专用回风巷，掘进工作面使用专用局部通风机进行通风，矿井有反风设施。

④ 矿井有安全监控系统，传感器的设置、报警和断电符合规定，有瓦斯检查制度和矿长、技术负责人瓦斯日报审查签字制度，配备足够的专职瓦斯检查员和瓦斯检测仪器；按规定建立瓦斯抽采系统，开采煤与瓦斯突出危险煤层的有预测预报、防治措施、效果检验和安全防护的综合防突措施。

⑤ 有防尘供水系统，有地面和井下排水系统；有水害威胁的矿井还应有专用探放水设备。

⑥ 制定井上、井下防火措施；有地面消防水池和井下消防管路系统，井上、井下有消防材料库；开采容易自燃和自燃煤层的矿井还应有防灭火专项设计和综合预防煤层自然发火的措施。

⑦ 矿井有两回路电源线路；严禁井下配电变压器中性点直接接地；井下电气设备的选型符合防爆要求，有短路、过负荷、接地、漏电等保护，掘进工作面的局部通风机按规定采用专用变压器、专用电缆、专用开关，实现风电、瓦斯电闭锁。

⑧ 运送人员的装置应当符合有关规定。使用检测合格的钢丝绳；带式输送机采用非金属聚合物制造的输送带的阻燃性能和抗静电性能符合规定，设置安全保护装置。

⑨ 有通信联络系统，按规定建立人员位置监测系统。

⑩ 按矿井瓦斯等级选用相应的煤矿许用炸药和电雷管，爆破工作由专职爆破工担任。

⑪ 不得使用国家有关危及生产安全淘汰目录规定的设备及生产工艺；使用的矿用产品应有安全标志。

⑫ 配备足够数量的自救器，自救器的选用型号应与矿井灾害类型相适应，按规定建立安全避险系统。

⑬ 有反映实际情况的图纸：矿井地质图和水文地质图，井上下对照图，巷道布置图，采掘工程平面图，通风系统图，井下运输系统图，安全监控系统布置图和断电控制图，人员位置监测系统图，压风、排水、防尘、防火注浆、抽采瓦斯等管路系统图，井下通信系统图，井上、下配电系统图和井下电气设备布置图，井下避灾路线图。采掘工作面有符合实际情况的作业规程。

（2）《煤矿安全规程》规定，井工煤矿必须按规定填绘反映实际情况的下列图纸：

① 矿井地质图和水文地质图。

② 井上、下对照图。

③ 巷道布置图。

④ 采掘工程平面图。

⑤ 通风系统图。

⑥ 井下运输系统图。

⑦ 安全监控布置图和断电控制图、人员位置监测系统图。

⑧ 压风、排水、防尘、防火注浆、抽采瓦斯等管路系统图。

⑨ 井下通信系统图。

⑩ 井上、下配电系统图和井下电气设备布置图。

⑪ 井下避灾路线图。

要点2 ☞ 煤矿必须按规定进行的鉴定

1. 瓦斯等级鉴定

煤矿瓦斯等级鉴定严格执行《煤矿瓦斯等级鉴定办法》（煤安监技装〔2018〕9号）：

（1）矿井瓦斯等级鉴定应当以独立生产系统的自然井为单位。

（2）低瓦斯矿井每2年应当进行一次高瓦斯矿井等级鉴定，高瓦斯、突出矿井应当每年测定和计算矿井、采区、工作面瓦斯（二氧化碳）涌出量，并报省级煤炭行业管理部门和煤矿安全监察机构。

经鉴定或者认定为突出矿井的，不得改定为非突出矿井。

（3）低瓦斯矿井应当在以下时间前进行并完成高瓦斯矿井等级鉴定工作：

① 新建矿井投产验收；

② 矿井生产能力核定完成；

③ 改扩建矿井改扩建工程竣工；

④ 新水平、新采区或开采新煤层的首采面回采满半年；

⑤ 资源整合矿井整合完成。

（4）突出矿井（或突出煤层）鉴定工作由具备煤与瓦斯突出鉴定资质的机构承担。

高瓦斯矿井等级鉴定工作，由具备鉴定能力的煤矿企业或者委托具备相应资质的鉴定机构承担。

2. 冲击地压鉴定

煤矿冲击地压鉴定执行《冲击地压矿井鉴定暂行办法》（矿安〔2023〕58号）的规定：

冲击地压矿井的鉴定工作依据综合指数法等方法，冲击地压矿井危险等级鉴定结果分为无、弱、中等、强（严重）四级。

（1）矿井发生生产安全事故，经事故调查组认定为冲击地压事故的，该矿井直接认定为冲击地压矿井，并进行煤层和冲击地压矿井危险等级确定。

（2）有下列情况之一的矿井，应当进行煤层（顶底板岩层）冲击倾向性鉴定：

① 有强烈震动、瞬间底（帮）鼓、煤岩弹射等动力现象。

② 埋深超过 400 m 的煤层，且煤层上方 100 m 范围内存在单层厚度超过 10 m、单轴抗压强度大于 60 MPa 的坚硬岩层。

③ 开采煤层埋深大于 800 m。

④ 相邻矿井开采的同一煤层发生过冲击地压或经鉴定为冲击地压煤层。

⑤ 冲击地压矿井开采新水平、新煤层。

⑥ 井田范围内发生震级 2.0 级以上矿震事件。

（3）在矿井井田范围内发生过冲击地压现象的煤层，或者经评价具有冲击危险性的煤层为冲击地压煤层。

有冲击地压煤层的矿井为冲击地压矿井。冲击地压矿井危险等级以煤层冲击危险性评价等级最高的结果为准。

（4）经鉴定无冲击地压的矿井在开拓新煤层、新水平、新采区，或者冲击地压矿井实际揭露情况与鉴定条件存在较大差异时，煤矿企业（煤矿）应及时重新进行冲击地压矿井鉴定。

（5）经鉴定为冲击地压矿井的，不得改定为无冲击地压矿井。

（6）煤矿企业（煤矿）委托鉴定机构鉴定时，应当与鉴定机构签订合同，合同内容应当包括鉴定对象、内容及双方职责等。

3. 煤层自燃倾向性鉴定

煤的自燃倾向性是指煤在常温下氧化能力的内在属性。煤的自燃倾向性分为容易自燃、自燃、不易自燃 3 类。

《煤矿安全规程》规定，新设计矿井应当将所有煤层的自燃倾向性鉴定结果报省级煤炭行业管理部门及省级煤矿安全监察机构。生产矿井延深新水平时，必须对所有煤层的自燃倾向性进行鉴定。

《煤矿防灭火细则》规定，新建矿井或者改扩建矿井应当将平均厚度为 0.3 m 以上煤层的自燃倾向性鉴定结果报省级煤炭行业管理部门、煤矿安全监管部门和矿山安全监察机构。

生产矿井延深新水平时，必须对揭露的平均厚度为 0.3 m 以上煤层的自燃倾向性进行鉴定。

煤的自燃倾向性鉴定工作应当由具备鉴定能力的机构承担，承担单位对鉴定结果负责。

4. 煤尘爆炸性鉴定

《煤矿安全规程》规定，新建矿井或者生产矿井每延深一个新水平，应当进行1次煤尘爆炸性鉴定工作，鉴定结果必须报省级煤炭行业管理部门和煤矿安全监察机构。煤矿企业应当根据鉴定结果采取相应的安全措施。

《煤尘爆炸性鉴定规范》（AQ 1045—2007）规定，煤尘爆炸性鉴定工作由国家授权的煤尘爆炸性鉴定机构进行。新矿井的地质精查报告中，必须有所有煤层的煤尘爆炸性鉴定资料。生产矿井每延深一个新水平，应进行1次煤尘爆炸性鉴定工作。

煤尘爆炸性的鉴定方法有两种：一种是在大型煤尘爆炸试验巷道中进行，这种方法比较准确可靠，但工作繁重复杂，所以一般作为标准鉴定用；另一种是在实验室内使用大管状煤尘爆炸性鉴定仪进行，方法简便，目前多采用这种方法。

要点3 ☞ 煤矿爆破工作

井工煤矿应当按矿井瓦斯等级选用相应的煤矿许用炸药和电雷管，爆破工作由专职爆破工承担。

（1）井下爆破作业，必须使用煤矿许用炸药和煤矿许用电雷管。一次爆破必须使用同一厂家、同一品种的煤矿许用炸药和电雷管。煤矿许用炸药的选用必须遵守下列规定：

① 低瓦斯矿井的岩石掘进工作面，使用安全等级不低于一级的煤矿许用炸药。

② 低瓦斯矿井的煤层采掘工作面、半煤岩掘进工作面，使用安全等级不低于二级的煤矿许用炸药。

③ 高瓦斯矿井，使用安全等级不低于三级的煤矿许用炸药。

④ 突出矿井，使用安全等级不低于三级的煤矿许用含水炸药。

在采掘工作面，必须使用煤矿许用瞬发电雷管、煤矿许用毫秒延期电雷管或者煤矿许用数码电雷管。使用煤矿许用毫秒延期电雷管时，最后一段的延期时间不得超过130 ms。使用煤矿许用数码电雷管时，一次起爆总时间差不得超过130 ms，并应当与专用起爆器配套使用。

（2）在有瓦斯或者煤尘爆炸危险的采掘工作面，应当采用毫秒爆破。在掘进工作面应当全断面一次起爆，不能全断面一次起爆的，必须采取安全措施。在采煤工作面可分组装药，但一组装药必须一次起爆。严禁在1个采煤工作面使用2台发爆器同时进行爆破。

（3）在高瓦斯矿井采掘工作面采用毫秒爆破时，若采用反向起爆，必须制定安全技术措施。在高瓦斯、突出矿井的采掘工作面实体煤中，为增加煤体裂隙、松动煤体而进行的 10 m 以上的深孔预裂控制爆破，可以使用二级煤矿许用炸药，并制定安全措施。

（4）井下爆破工作必须由专职爆破工担任。突出煤层采掘工作面爆破工作必须由固定的专职爆破工担任。爆破作业必须执行“一炮三检”和“三人连锁爆破”制度，并在起爆前检查起爆地点的甲烷浓度。

第二十八条 露天煤矿的采场及排土场边坡与重要建筑物、构筑物之间应当留有足够的安全距离。

煤矿企业应当定期对露天煤矿进行边坡稳定性评价，评价范围应当涵盖露天煤矿所有边坡。达不到边坡稳定要求时，应当修改采矿设计或者采取安全措施，同时加强边坡监测工作。

学习要点 本条是关于露天煤矿采场、排土场位置安全要求以及稳定性评价的规定。

要点 1 ☞ 露天煤矿的安全设施、设备、工艺要求

（1）按规定设置栅栏、安全挡墙、警示标志。

（2）露天采场最终边坡的台阶坡面角和边坡角符合最终边坡设计要求。

（3）采用铁路运输的露天采场主要区段的上下平盘之间应当设人行通路或者梯子，并按有关规定在梯子两侧设置安全护栏。

（4）设备走行道路和作业场地坡度不得大于设备允许的最大坡度，转弯半径不得小于设备允许的最小转弯半径。

（5）露天采场最终边坡的台阶坡面角和边坡角，必须符合最终边坡设计要求。

（6）最小工作平盘宽度，必须保证采掘、运输设备的安全运行和供电通信线路、供排水系统、安全挡墙等的正常布置。

要点 2 ☞ 露天煤矿与周边安全距离

1. 铁路 1000 米

《铁路运输安全保护条例》第十八条规定：在铁路线路两侧路堤坡脚、路堑坡顶、铁路桥梁外侧起各 1000 米范围内，及在铁路隧道上方中心线两侧各 1000 米范围内，禁止从事采矿、采石及爆破作业。

在前款规定的范围内，因修建道路、水利工程等公共工程，确需实施采石、爆破作业的，应当与铁路运输企业协商后，采取必要的安全防护措施。

2. 电力设施500米

《电力设施保护条例》实施细则第十条规定：

任何单位和个人不得在距电力设施周围五百米范围内（指水平距离）进行爆破作业。因工作需要必须进行爆破作业时，应当按国家颁发的有关爆破作业的法律法规，采取可靠的安全防范措施，确保电力设施安全，并征得当地电力设施产权单位或管理部门的书面同意，报经政府有关管理部门批准。

在规定范围外进行的爆破作业必须确保电力设施的安全。

3. 村庄、居民区300米

《爆破安全规程》规定，爆破警戒范围是300米；爆破个别飞散物人员的安全允许距离露天深孔爆破要求按设计，但不小于200米。

4. 省道、国道、高速公路100米

《公路安全保护条例》第十七条规定：禁止在下列范围内从事采矿、采石、取土、爆破作业等危及公路、公路桥梁、公路隧道、公路渡口安全的活动：

① 国道、省道、县道的公路用地外缘起向外100米，乡道的公路用地外缘起向外50米。

② 公路渡口和中型以上公路桥梁周围200米。

③ 公路隧道上方和洞口外100米。

在前款规定的范围内，因抢险、防汛需要修筑堤坝、压缩或者拓宽河床的，应当经省、自治区、直辖市人民政府交通运输主管部门会同水行政主管部门或者流域管理机构批准，并采取安全防护措施方可进行。

要点3 ☞ 露天煤矿边坡稳定性评价

边坡安全是露天矿山安全生产的重要组成部分，矿山边坡稳定性分析是边坡设计、边坡稳定状态判别、边坡加固与治理的重要决策依据，对保障矿山安全生产具有重要的意义。

煤矿企业应当定期对露天煤矿进行边坡稳定性评价，评价范围应当涵盖露天煤矿所有边坡。达不到边坡稳定要求时，应当修改采矿设计或者采取安全措施，同时加强边坡监测工作。露天煤矿应当进行专门的边坡工程、地质勘探工程和稳定性分析评价。边坡稳定性评价依据《露天煤矿边坡稳定性年度评价技术规范》（GB/T 37573—2019）、《露天煤矿边坡变形监测技术规范》（GB/T 37697—2019）进行。

1. 露天煤矿边坡稳定性的影响因素

（1）地质条件。地质条件是影响煤矿边坡稳定性的关键因素，地质构造和地层组合对边坡稳定性产生直接影响。

（2）地下水位。地下水位变化会引起边坡的变形和破坏。

（3）荷载。荷载是导致煤矿边坡失稳的主要因素。

2. 露天煤矿边坡稳定性的评价方法

（1）数值模拟方法。采用数值模拟方法可以分析较为真实的地质条件，并定量地评估边坡的稳定性。

（2）实地观测法。实地观测法就是利用仪器观测边坡变形的方式来评价其稳定性。

（3）模拟实验法。通过对不同条件的模拟实验来探究边坡的稳定性。

3. 露天煤矿边坡稳定性的分析方法

（1）基本的分析方法。要对煤矿边坡稳定性进行分析，可以采用物理模型、理论分析的方法。

（2）实验分析法。通常需要在露天煤矿附近建立实验场地，打缩模泥样、边坡模型进行研究，以确定边坡破坏机理，进一步加深对其稳定性的了解。

（3）监测分析法。对边坡的变形膨胀与位移进行全面的监测，同时利用分析软件对数据进行分析，以评估其稳定性。

4. 边坡稳定技术措施

（1）确定合理的台阶高度和平台宽度。合理的台阶高度对露天开采的技术经济指标和作业安全都具有重要的意义。确定台阶的高度要考虑矿岩的埋藏条件和力学性质、穿爆作业的要求、采掘工作的要求，不超过 10 m。平台宽度不但影响边坡角的大小，也影响边坡的稳定。工作平台宽度取决于所采用的采掘运输设备的要求和爆堆的宽度。

（2）正确选择台阶面和最终边坡角。台阶坡面角的大小与矿岩性质、穿爆方式、推进方向、矿岩层理方向和节理发育情况等因素有关。工作台阶坡面角的大小在各类矿山安全规程都作了详细规定。

（3）选用合理的开采顺序和推进方向。在生产过程中要坚持从上到下的开采顺序，打向下孔或倾斜炮孔，杜绝在作业台阶底部进行掏底开采，避免边坡形成伞檐状或空洞。一般情况下应选用从上盘向下盘的采剥方向推进，做到有计划、有条理地开采。

（4）合理进行爆破作业，减少爆破震动对边坡的影响。由于爆破作业产生地震波可以使岩体的节理张开，因此在接近边坡地段尽量不采用大规模的齐发爆破，可以采用微差爆破、预裂爆破、减震爆破等控制爆破技术，并严格控制同时爆破的炸药量。在采场内应采用松动爆破，以防飞石伤人，减少对边坡的损害。

（5）矿山必须建立健全边坡管理和检查制度。当发现边坡上有裂陷可能或有大块浮石及伞檐悬在上部时，必须进行迅速处理。处理时要有安全可靠的措施，受到危险的作业人员和设备要撤到安全地点。

（6）矿山应选派技术人员或者是有经验的工人专门负责边坡管理工作，及时清除隐患，发现边坡有塌陷征兆时有权制止采剥作业，并向矿山负责人报告。

（7）对于有边坡滑动趋向的山体，必须采取有效的安全措施。露天矿有变形和滑动迹象的矿山，必须设立专门的观测点，定期观测记录其变化情况。应当定期巡视采场及排土场边坡，发现有滑坡征兆时，必须设明显标志牌。对设有运输道路、采运机械和重要设施的边坡，必须及时采取安全措施。

第二十九条　煤矿企业应当依法制定生产安全事故应急救援预案，与所在地县级以上地方人民政府组织制定的生产安全事故应急救援预案相衔接，并定期组织演练。

煤矿企业应当设立专职救护队；不具备设立专职救护队条件的，应当设立兼职救护队，并与邻近的专职救护队签订救护协议。发生事故时，专职救护队应当在规定时间内到达煤矿开展救援。

学习要点　本条是有关煤矿事故应急救援方面的规定。

煤矿企业作为安全生产责任主体，结合本煤矿实际制定煤矿生产安全事故应急救援预案，第一时间对煤矿生产安全事故作出应对，最大限度减少人员、财产损失。同时从实际出发，规定煤矿生产安全事故应急救援预案应与所在地县级以上地方人民政府组织制定的应急救援预案相衔接，并定期组织演练，将进一步提高应对突发生产安全事故的救援能力。

要点1 ☞ 煤矿生产安全事故应急救援预案的制定

《生产安全事故应急预案管理办法》规定，生产经营单位主要负责人负责组织编制和实施本单位的应急预案，并对应急预案的真实性和实用性负责；各分管负责人应当按照职责分工落实应急预案规定的职责。

煤矿应急预案分为综合应急预案、专项应急预案和现场处置方案。

（1）综合应急预案，是指生产经营单位为应对各种生产安全事故而制定的综合性工作方案，是本单位应对生产安全事故的总体工作程序、措施和应急预案体系的总纲。

（2）专项应急预案，是指生产经营单位为应对某一种或者多种类型生产安全事故，或者针对重要生产设施、重大危险源、重大活动防止生产安全事故而制定的专项性工作方案。

（3）现场处置方案，是指生产经营单位根据不同生产安全事故类型，针对具体场所、装置或者设施所制定的应急处置措施。

煤矿风险种类多、可能发生多种类型事故的，应当组织编制综合应急预案。综合应急预案应当规定应急组织机构及其职责、应急预案体系、事故风险描述、预警及信息报告、应急响应、保障措施、应急预案管理等内容。对于某一种或者多种类型的事故风险，煤矿可以编制相应的专项应急预案，或将专项应急预案并入综合应急预案。专项应急预案应当规定应急指挥机构与职责、处置程序和措施等内容。对于危险性较大的场所、装置或者设施，煤矿应当编制现场处置方案。现场处置方案应当规定应急工作职责、应急处置措施和注意事项等内容。

煤矿要根据《生产经营单位生产安全事故应急预案编制导则》（GB/T 29639—2020）的编制程序来编制预案：包括成立应急预案编制工作组、资料收集、风险评估、应急资源调查、应急预案编制、桌面推演、应急预案评审和批准实施等 8 个步骤。

《煤矿安全规程》也规定，煤矿企业必须编制应急救援预案并组织评审，由本单位主要负责人批准后实施。

要点 2 ☞ 煤矿应急救援预案应当与所在地县级以上地方人民政府组织的应急预案相衔接

国务院 2010 年出台的《关于进一步加强企业安全生产工作的通知》（国发〔2010〕23 号）和 2011 年出台的《关于坚持科学发展安全发展促进安全生产形势持续稳定好转的意见》（国发〔2011〕40 号）规定，要完善企业与政府应急预案衔接机制，建立省、市、县三级安全生产预案报备制度。矿山应当在应急预案公布之日起 20 个工作日内，按照分级属地原则，向县级以上人民政府应急管理部门和其他负有安全生产监督管理职责的部门进行备案，并依法向社会公布。

《生产安全事故应急预案管理办法》要求，生产经营单位编制的各类应急预案之间应当相互衔接，并与相关人民政府及其部门、应急救援队伍和涉及的其他单位的应急预案相衔接。

《煤矿安全规程》也规定，煤矿企业应急救援预案应当与所在地县级以上地方人民政府组织制定的生产安全事故应急救援预案相衔接。

《煤矿安全生产标准化管理体系基本要求及评分办法》也要求，应急救援预案与煤矿所在地政府的生产安全事故应急救援预案相衔接。

要点 3 ☞ 煤矿应当定期组织应急救援预案演练

预案只是为实战提供了一个方案，保障煤矿生产安全事故发生时能够及时、协调、有序地开展应急救援等应急处置工作。因此，需要煤矿通过经常性的演练提高实战能力和水平。按照《生产安全事故应急预案管理办法》的要求，煤矿应当制定本单位的应急预案演练计划，根据本煤矿的事故风险特点，每年至少组织一次综合应急预案演练或者专项应急预案演练，每半年至少组织一次现场处置方案演练。应急预案演练结束后，应急预案演练组织单位应当对应急预案演练效果进行评估，撰写应急预案演练评估报告，分析存在的问题，并对应急预案提出修订意见。同时，煤矿应当采取多种形式开展应急预案的宣传教育，普及生产安全事故避险、自救和互救知识，提高从业人员和社会公众的安全意识与应急处置技能；组织开展本单位的应急预案、应急知识、自救互救和避险逃生技能的培训活动，使有关人员了解应急预案内容，熟悉应急职责、应急处置程序和措施。

《生产安全事故应急条例》规定，矿山应当至少每半年组织1次生产安全事故应急救援预案，并将情况报送所在地县级以上地方人民政府负有安全生产监督管理职责的部门。

《煤矿安全规程》规定，应急救援预案的主要内容发生变化，或者在事故处置和应急中发现存在重大问题时，及时修订完善。煤矿企业必须建立应急制度。应急计划、方案、记录和总结评估报告等资料保存期限不少于2年。

要点4 ☞ 煤矿企业设立专职或兼职矿山救援队

矿山救援队是煤矿安全生产应急管理和生产安全事故应急救援的基础力量，是应急救援体系建设的重要组成部分，矿山必须进一步加强煤矿救援队的建设与管理，不断提高矿山企业事故防范和应对事故灾害能力。

矿山救援队（以下统称救援队）是处置矿山生产安全事故的专业应急救援队伍。兼职矿山救援队（以下统称兼职救援队）是由矿山企业职工兼职组成，参与处置本单位生产安全事故的兼职应急救援队伍。

《安全生产法》规定，危险物品的生产、经营、储存单位以及矿山、金属冶炼、城市轨道交通运营、建筑施工单位应当建立应急救援组织；生产经营规模较小的，可以不建立应急救援组织，但应当指定兼职的应急救援人员。

《生产安全事故应急条例》（国务院令第708号）也规定，矿山等人员密集场所经营单位，应当建立应急救援队伍；其中，小型企业或者微型企业等规模较小的生产经营单位，可以不建立应急救援队伍，但应当指定兼职的应急救援人员，并且可以与邻近的应急救援队伍签订应急救援协议。

《国务院关于加强基层应急队伍建设的意见》（国办发〔2009〕59号）要求，煤矿和非煤矿山、危险化学品单位应当依法建立由专职或兼职人员组成的应急救援队伍。不具备单独建立专业应急救援队伍的小型企业，除建立兼职应急救援队伍外，还应当与邻近建有专业救援队伍的企业签订救援协议，或者联合建立专业应急救援队伍。应急救援队伍在发生事故时要及时组织开展抢险救援，平时开展或协助开展风险隐患排查。

《煤矿安全规程》规定，所有煤矿必须有矿山救护队为其服务。井工煤矿企业应当设立矿山救护队，不具备设立矿山救护队条件的煤矿企业，所属煤矿应当设立兼职救护队，并与就近的救护队签订救护协议；否则，不得生产。矿山救护队到达服务煤矿的时间应当不超过 30 min。

《矿山救援规程》也规定，井工矿山企业应当建立救援队，救援队到达服务矿井的时间应当不超过 30 min；其中，规模较小、不具备建立救援队条件的矿山企业，所属矿井应当建立兼职救援队，并与就近的救援队签订救援服务协议，救援队距离服务矿井应当不超过 100 km。

1. 煤矿企业应当设立专职救护队；发生事故时，专职救护队应当在规定时间内到达煤矿开展救援

（1）矿山救护队必须实行标准化、军事化管理和 24 h 值班。

（2）矿山救护大队应当由不少于 2 个中队组成，矿山救护中队应当由不少于 3 个救护小队组成，每个救护小队应当由不少于 9 人组成。

（3）矿山救护队大、中队指挥员应当由熟悉矿山救援业务，具有相应煤矿专业知识，从事煤矿生产、安全、技术管理工作 5 年以上和矿山救援工作 3 年以上，并经过培训合格的人员担任。

（4）矿山救护大队指挥员年龄不应超过 55 岁，救护中队指挥员不应超过 50 岁，救护队员不应超过 45 岁，其中 40 岁以下队员应当保持在 2/3 以上。指战员每年应当进行 1 次身体检查，对身体检查不合格或者超龄人员应当及时进行调整。

（5）新招收的矿山救护队员，应当具有高中及以上文化程度，年龄在 30 周岁以下，从事井下工作 1 年以上。

新招收的矿山救护队员必须通过 3 个月的基础培训和 3 个月的编队实习，并经综合考评合格后，才能成为正式队员。

（6）矿山救护队出动执行救援任务时，必须穿戴矿山救援防护服装，佩戴并按规定使用氧气呼吸器，携带相关装备、仪器和用品。

2. 不具备设立专职救护队条件的，应当设立兼职救护队，并与邻近的专职救护队签订救护协议

1）兼职救援队建设和管理

（1）根据矿井生产规模、自然条件和灾害情况确定队伍规模，一般不少于 2 个小队，每个小队不少于 9 人。

（2）应急救援人员主要由矿山生产一线班组长、业务骨干、工程技术人员和管理人员兼职担任，具备相应的身体条件和心理素质。

（3）设正、副队长各 1 名，明确至少 1 名负责装备管理和维护保养的人员，确保救援装备处于完好和备用状态。

（4）队伍直属矿长领导，业务上接受矿总工程师（技术负责人）和与矿山企业签订救援服务协议的救援队的指导。

（5）矿山企业组织应急救援人员参加救援知识和业务培训，组织兼职救援队开展救援训练和业务考核。

2）兼职救援队的主要任务

（1）迅速参加本矿生产安全事故初期控制和处置，救助遇险人员。

（2）协助救援队开展应急救援工作。

（3）协助救援队开展矿山企业预防性安全检查和安全技术工作。

（4）参与本矿职工自救互救知识的宣传教育工作，参加本矿应急救援演练。

要点 5 ☞ 救护协议

设立兼职救援队的煤矿要与邻近的专职救护队签订救护协议，协议的主要内容有：

（1）矿山救护服务范围：矿井灾害事故的抢救与处理；矿山救护服务咨询；对协议矿井进行定期安全预防检查，存在的问题及时整改并上报；监督检查协议矿井的救护队伍建设和救护技术指导；协助矿井搞好职工的自救互救和现场急救救护知识的普及教育。

（2）矿井发生瓦斯、煤尘、火、水、顶板等事故的抢救与处理，以及事故现场勘察；矿井所发生的事故必须进行积极抢救，力争将事故损失降到最低。

（3）矿井启封火区、瓦斯排放、反风演习和需要矿山救护队配合的安全技术工作。

（4）煤矿要提供必要的工作条件和救灾环境；提供矿井采掘平面图，通风系统图，避灾线路图，灾害预防处理计划和矿井应急预案等图纸资料。图纸每季度更新一次。

第三十条 煤矿企业应当在依法确定的开采范围内进行生产，不得超层、越界开采。

采矿作业不得擅自开采保安煤柱，不得采用可能危及相邻煤矿生产安全的决水、爆破、贯通巷道等危险方法。

学习要点 本条是关于煤矿开采范围的规定。

《中华人民共和国煤炭法》规定：煤炭生产应当依法在批准的开采范围内进行，不得超越批准的开采范围越界、越层开采。采矿作业不得擅自开采保安煤柱，不得采用可能危及相邻煤矿生产安全的决水、爆破、贯通巷道等危险方法。

《中华人民共和国矿山安全法》规定：矿山企业应当在采矿许可证批准的范围开采，禁止越层、越界开采。

要点1 ☞“超层、越界开采的”为煤矿重大事故隐患，且超层越界开采曾发生多起重大伤亡事故

（1）超层开采。超出采矿许可证载明的开采煤层层位或者标高而进行开采的，指开采采矿许可证未载明的煤层、开采采矿许可证载明标高之外的煤层。

（2）越界开采。超出采矿许可证载明的坐标控制范围而开采的，指开采采矿许可证载明矿区范围拐点坐标之外的煤层的。

要点2 ☞“擅自开采（破坏）安全煤柱的”为煤矿重大事故隐患，且开采（破坏）安全煤柱曾发生多起重大伤亡事故

保安煤柱也称安全煤柱，是指在煤矿开采范围内为地面建筑和矿井生产的安全而保留的不开采的煤。《煤矿安全规程》中规定，严禁任意变更设计确定的工业场地、矿界、防水和井巷等的安全煤柱；严禁开采和毁坏高速铁路的安全煤柱。

“擅自开采（破坏）”，是指未经正规设计、安全论证和审批，探巷及采掘工程直接进入安全煤柱，或以其他形式对安全煤柱造成损坏的。

“开采”，是指在各类安全煤柱中进行采掘活动的；“破坏”是指以“探巷”等名义进入安全煤柱或者在生产活动中以各种形式损坏安全煤柱，造成安全威胁的。

> **第三十一条** 煤矿企业不得超能力、超强度或者超定员组织生产。正常生产煤矿因地质、生产技术条件、采煤方法或者工艺等发生变化导致生产能力发生较大变化的，应当依法重新核定其生产能力。
>
> 县级以上地方人民政府及其有关部门不得要求不具备安全生产条件的煤矿企业进行生产。

学习要点 本条是有关煤矿生产能力方面的规定。

要点1 ☞ “超能力、超强度、超定员组织生产”为煤矿重大事故隐患，煤矿不得“三超”生产

《煤矿重大生产安全事故隐患判定标准》（应急管理部令第4号）“超能力、超强度或者超定员组织生产”重大事故隐患，是指有下列情形之一的：

（1）矿井全年原煤产量超过矿井核定（设计）生产能力110%的，或者矿井月产量超过矿井核定（设计）生产能力10%的。

（2）矿井开拓、准备、回采煤量可采期小于有关标准规定的最短时间组织生产、造成接续紧张的，或者采用“剃头下山”开采的。

（3）采掘工作面瓦斯抽采不达标组织生产的。

（4）煤矿未制定或者未严格执行井下劳动定员制度的。

要点2 ☞ 煤矿生产能力核定

煤矿生产能力分为设计生产能力和核定生产能力。煤矿生产能力核定严格按照《煤矿生产能力管理办法》和《煤矿生产能力核定标准》进行核定。

（1）设计生产能力是指由依法批准的新建、改扩建煤矿和煤矿技术改造项目设计确定，建设施工单位据此建设，竣工验收确定的生产能力。

（2）核定生产能力是指正常生产煤矿，因地质、生产技术条件、采煤方法或工艺等发生变化，致使生产能力发生较大变化，按照《煤矿生产能力管理办法》规定重新核定，最终由负责煤矿生产能力核定工作的部门审查确认的能力。

（3）正常生产的煤矿有下列情形之一的，应当组织进行生产能力核定：

① 采场条件或提升、运输、通风、排水、供电、瓦斯抽采、地面等系统（环节）之一发生较大变化。

② 实施采掘机械化、智能化改造，采煤方法、采掘（剥）生产工艺有重大改变。

③ 煤层赋存条件、资源储量发生较大变化。

④ 其他生产技术条件发生较大变化。

（4）正常生产的煤矿有下列情形之一的，不得核增生产能力：

① 安全保障能力建设、机械化改造等不符合《国务院办公厅关于进一步加强煤矿安全生产工作的意见》（国办发〔2013〕99号）有关规定的。

② 生产技术、工艺、装备或生产布局不符合国家有关规定或采用限制类生产工艺的。

③ 高瓦斯、煤与瓦斯突出、冲击地压、水文地质类型复杂极复杂等灾害严

重的。

④ 产能低于国家或省级相关文件所确定引导退出煤矿规模的。

⑤ 正在履行改扩建、技术改造建设项目程序的。

⑥ 非综合机械化开采的。

⑦ 矿井采用单回路供电的。

⑧ 同时生产采煤工作面个数超过 2 个的。

⑨ 采掘（剥）接续紧张的。

⑩ 安全生产标准化等级为三级或不达标的。

⑪ 开采同一煤层的相邻矿井为煤与瓦斯突出或冲击地压矿井，未进行鉴定的。

⑫ 有安全生产领域联合惩戒失信行为且未满期限的。

⑬ 发现存在超能力生产等重大事故隐患未满半年或未整改完成的。

⑭ 1 年内，发现其上级公司向煤矿下达超能力产量和经济指标的。

⑮ 煤矿井下单班作业人数超过有关限员规定的。

⑯ 露天煤矿批复用地达不到 3 年接续要求，采煤对外承包，或将剥离工程承包给 2 家（不含）以上施工单位的。

⑰ 2 年内因采场布局不合理、采掘接续紧张导致生产安全死亡事故的。

⑱ 开采范围与自然保护区、风景名胜区、饮用水水源保护区重叠的。

⑲ 存在“未批先建”“批小建大”等违法违规行为的。

⑳ 国家相关政策禁止或安全生产形势不宜核增的。

（5）正常生产的煤矿有下列情形之一的，应及时评估矿井生产能力是否符合实际，并及时核减不具备安全保障条件的产能。

① 发生煤与瓦斯突出或冲击地压事故的。

② 初次被鉴定为煤与瓦斯突出矿井、冲击地压矿井和水文地质类型极复杂矿井的。

③ 工作面回采深度突破 1000 m 的。

④ 近 2 年内连续发生生产安全死亡事故，或发生较大及以上生产安全事故的。

⑤ 非停产限产原因，连续 2 年实际原煤产量达不到登记生产能力 70% 的。

（6）冲击地压和煤与瓦斯突出矿井，应严格按照《煤矿安全规程》《防治煤矿冲击地压细则》《防治煤与瓦斯突出细则》《煤矿防治水细则》要求或规定的采、掘工作面个数、推进速度等核定能力。

（7）煤矿有下列情形之一的，应及时核销生产能力：

① 因资源枯竭或资源整合等，办理注销手续的。

② 被依法实施关闭的。

③ 其他原因需要核销的。

要点 3 ☞ 煤矿安全生产保供

本条款规定，县级以上地方人民政府及其有关部门不得要求不具备安全生产条件的煤矿企业进行生产，也就是强调了煤矿保供要确保安全生产。

坚持安全第一，强调安全保供。当前，有个别地方政府对没有安全保障能力的煤矿，违规下达煤炭保供计划。有些基层政府对辖区内煤矿的非法违法行为视而不见，甚至包庇纵容。一些地区和煤矿安全保供的任务、压力比较大，但是保供是在安全条件下的保供，安全必须放在第一位。不能笼统地讲“千方百计增产保供”“为了增产保供千方百计”，不能明知存在重大安全风险带病保供，该停的不停、该关的不关，一旦出了生产安全事故，保供不是逃避事故责任的理由。对此，要求县级以上地方政府及有关部门不得要求不具备安全生产条件的煤矿进行生产，一旦发生事故对负有责任的直接责任人、领导人员要严肃追究责任，涉嫌违法犯罪的要移送司法机关追究刑事责任。

第三十二条 煤矿企业应当按照煤矿灾害程度和类型实施灾害治理，编制年度灾害预防和处理计划，并根据具体情况及时修改。

学习要点 本条是关于煤矿灾害预防治理方面的规定。

《煤矿安全规程》规定，煤矿必须编制年度灾害预防和处理计划，并根据具体情况及时修改。灾害预防和处理计划由矿长负责组织实施。

要点 1 ☞《煤矿灾害预防和处理计划》编制内容

每一生产和在建煤矿，都必须编制年度《煤矿灾害预防和处理计划》（以下简称《计划》）。《计划》应能起到防范事故发生，并在一旦发生事故能指导迅速抢救受灾遇险人员的作用。《计划》应包括以下内容：

（1）根据本矿的采掘等生产计划、区域地质条件和其他自然因素，列举瓦斯爆炸、煤（岩）与瓦斯（二氧化碳）突（喷）出、火灾、水害、冲击地压、滑坡等事故的预兆、预防措施等。

（2）制定发生事故后所有现场人员的自救、撤离、抢救等措施、方案、职责，明确避灾路线，规定所必须的工程、设备、仪表、器材、工具、标识的数量、使用地点、使用方法和管理办法等。

（3）制定处理事故的组织领导和有关单位、部门及其负责人的任务、职责、通知方法和顺序。

（4）列出有关处理各种事故必备的技术资料：通风系统示意图、网络图（在这两种图上都应当标明通风设施的位置、风向、风量）及反风试验报告；供电系统图和电话的安装地点；地面和井下消防洒水、排水、注浆、充填、瓦斯抽采和压风等管路系统图；地面和井下消防材料库的位置及其所储备的材料、设备、工具的品名和数量登记表；井上下对照图，图中应标明井口位置和标高、地面铁路、公路、钻孔、水井、水管、储水池以及其他存放可供处理事故的材料、设备和工具的地点。

要点2 ☞《计划》编制、审批与落实程序

1.《计划》的编制、修改方法和审批程序

（1）《计划》必须由矿总工程师负责组织通风、采掘、机电、地测、技术等单位的有关人员编制，并有矿山救护队参加。

（2）《计划》必须在每年开始前一个月报矿长批准。

（3）在每季度开始前15天，矿总工程师根据矿井自然条件和采掘工程的变动情况，组织有关部门进行修改和补充。

2.《计划》的贯彻执行

（1）已批准的《计划》由矿长负责组织执行。

（2）已批准的《计划》应当及时向全体职工（包括全体矿山救护队员）贯彻，组织学习，并熟悉避灾路线。不熟悉《计划》有关内容的人员，不得下井作业。

（3）必须按照《规程》规定，每年至少组织一次应急演练。对演练中发现的问题，必须采取措施，立即修改。

（4）已批准的《计划》（含所附工程图和表册）应当分别送交矿长、副矿长、矿总工程师，调度、生产、地测、机电、通风、运输、安全、救护等业务部门及驻矿安全机构等。有上级企业的，还应当报上级企业的技术负责人和调度室、安全、计划等相关部门。上述单位和负责人应当经常或定期检查《计划》的贯彻执行情况。

要点3 ☞《煤矿安全规程》关于灾害预防处理计划的规定

（1）井下爆炸物品库、机电设备硐室、检修硐室、材料库、井底车场、使用带式输送机或者液力偶合器的巷道以及采掘工作面附近的巷道中，必须备有灭火器材，其数量、规格和存放地点，应当在灾害预防和处理计划中确定。

（2）任何人发现井下火灾时，应当视火灾性质、灾区通风和瓦斯情况，立即采取一切可能的方法直接灭火，控制火势，并迅速报告矿调度室。矿调度室在接到井下火灾报告后，应当立即按灾害预防和处理计划通知有关人员组织抢救灾区人员和实施灭火工作。

（3）矿值班调度和在现场的区、队、班组长应当依照灾害预防和处理计划的规定，将所有可能受火灾威胁区域中的人员撤离，并组织人员灭火。电气设备着火时，应当首先切断其电源；在切断电源前，必须使用不导电的灭火器材进行灭火。

（4）井工煤矿应当向矿山救护队提供采掘工程平面图、矿井通风系统图、井上下对照图、井下避灾路线图、灾害预防和处理计划，以及应急救援预案。

第三十三条 煤矿开采有下列情形之一的，应当编制专项设计：

（一）有煤（岩）与瓦斯（二氧化碳）突出的；

（二）有冲击地压危险的；

（三）开采需要保护的建筑物、水体、铁路下压煤或者主要井巷留设煤柱的；

（四）水文地质类型复杂、极复杂或者周边有老窑采空区的；

（五）开采容易自燃和自燃煤层的；

（六）其他需要编制专项设计的。

学习要点 本条是关于煤矿专项设计的规定。

要点1 ☞ 有煤（岩）与瓦斯（二氧化碳）突出的

1.《煤矿安全规程》规定

（1）煤层瓦斯压力达到或者超过3 MPa的区域，必须采用地面钻井预抽煤层瓦斯，或者开采保护层的区域防突措施，或者采用井下顶（底）板巷道远程操控方式施工区域防突措施钻孔，并编制专项设计。

（2）井巷揭穿突出煤层必须编制防突专项设计，并报企业技术负责人审批。

（3）突出煤层采掘工作面必须编制防突专项设计。

2.《防治煤与瓦斯突出细则》规定

（1）根据建井前评估结果进行的突出矿井设计及突出矿井的新水平、新采区设计，必须有防突设计篇章。非突出矿井升级为突出矿井时，必须编制矿井防突专项设计。设计应当包括开拓方式、煤层开采顺序、采区巷道布置、采煤方法、通风系统、防突设施（设备）、两个“四位一体”综合防突措施等内容。突出矿井必须建立地面永久瓦斯抽采系统。突出矿井必须对防突措施的技术参数和效果进行实际考察确定。

（2）揭煤作业包括从距突出煤层底（顶）板的最小法向距离 5 m 开始，直至揭穿煤层进入顶（底）板 2 m（最小法向距离）的全过程，应当采取局部综合防突措施。在距煤层底（顶）板最小法向距离 5 m 至 2 m 范围，掘进工作面应当采用远距离爆破。揭煤作业前应当编制井巷揭煤防突专项设计，并报煤矿企业技术负责人审批。

（3）突出煤层的每个煤巷掘进工作面和采煤工作面都必须编制工作面防突专项设计，报煤矿总工程师批准。实施过程中当煤层赋存条件变化较大或者巷道设计发生变化时，还应当作出补充或者修改设计。

（4）井巷揭煤防突专项设计应当至少包括下列内容：

① 井巷揭煤区域煤层、瓦斯、地质构造及巷道布置的基本情况。

② 建立安全可靠的独立通风系统及加强控制通风风流设施的措施。

③ 控制突出煤层层位、准确确定安全岩柱厚度的措施，测定煤层瓦斯参数的钻孔等工程布置、实施方案。

④ 揭煤工作面突出危险性预测及防突措施效果检验的方法、指标，预测及检验钻孔布置等。

⑤ 井巷揭煤工作面防突措施。

⑥ 安全防护措施及组织管理措施。

⑦ 加强过煤层段巷道的支护及其他措施。

（5）煤巷掘进和采煤工作面防突专项设计应当至少包括下列内容：

① 煤层、瓦斯、地质构造及邻近区域巷道布置的基本情况。

② 建立安全可靠的独立通风系统及加强控制通风风流设施的措施。

③ 工作面突出危险性预测及防突措施效果检验的方法、指标以及预测、效果检验钻孔布置等。

④ 防突措施的选取及施工设计。

⑤ 安全防护措施。

⑥ 组织管理措施。

要点 2 ☞ 有冲击地压危险的

1.《煤矿安全规程》规定

（1）新建矿井和冲击地压矿井的新水平、新采区、新煤层有冲击地压危险的，必须编制防冲设计。

（2）非冲击地压矿井升级为冲击地压矿井时，应当编制矿井防冲设计，并按照防冲要求进行矿井生产能力核定。

2.《防治煤矿冲击地压细则》规定

（1）新建矿井在可行性研究阶段应当根据地质条件、开采方式和周边矿井等情况，参照冲击倾向性鉴定规定对可采煤层及其顶底板岩层冲击倾向性进行评估，当评估有冲击倾向性时，应当进行冲击危险性评价，评价结果作为矿井立项、初步设计和指导建井施工的依据，并在建井期间完成煤层（岩层）冲击倾向性鉴定。

（2）有冲击地压危险的采掘工作面作业规程中必须包括防冲专项措施，防冲专项措施应当依据防冲设计编制，应当包括采掘作业区域冲击危险性评价结论、冲击地压监测方法、防治方法、效果检验方法、安全防护方法以及避灾路线等主要内容。

（3）新建矿井和冲击地压矿井的新水平、新采区、新煤层有冲击地压危险的，必须编制防冲设计。防冲设计应当包括开拓方式、保护层的选择、巷道布置、工作面开采顺序、采煤方法、生产能力、支护形式、冲击危险性预测方法、冲击地压监测预警方法、防冲措施及效果检验方法、安全防护措施等内容。

3. 防冲设计的内容

（1）防冲设计应当包括开拓方式、保护层的选择、采区巷道布置、工作面开采顺序、采煤方法、生产能力、支护形式、冲击危险性预测方法、冲击地压监测预警方法、防冲措施及效果检验方法、安全防护措施等内容。

（2）新建矿井防冲设计还应当包括：防冲必须具备的装备、防冲机构和管理制度、冲击地压防治培训制度和应急预案等。

（3）新水平防冲设计还应当包括：多水平之间相互影响、多水平开采顺序、水平内煤层群的开采顺序、保护层设计等。

（4）新采区防冲设计还应当包括：采区内工作面采掘顺序设计、冲击地压危险区域与等级划分、基于防冲的回采巷道布置、上下山巷道位置、终采线位置等。

要点3 ☞ 开采需要保护的建筑物、水体、铁路下压煤或者主要井巷留设煤柱的

《建筑物、水体、铁路及主要井巷煤柱留设与压煤开采规范》规定：

（1）建筑物保护煤柱开采应当进行专门开采方案设计。

（2）编制建筑物下压煤开采方案时，对于地表下沉造成的地表积水问题，应当采取有效控制地表沉降的井下开采措施或者地面疏排水措施。

要点4 ☞ 水文地质类型复杂、极复杂或者周边有老窑采空区的

1.《煤矿安全规程》规定

煤层顶板存在富水性中等及以上含水层或者其他水体威胁时，应当实测垮落带、导水裂隙带发育高度，进行专项设计，确定防隔水煤（岩）柱尺寸。

2. 矿井水文地质类型

（1）根据井田内受采掘破坏或者影响的含水层及水体、井田及周边老空（火烧区，下同）水分布状况、矿井涌水量、突水量、开采受水害影响程度和防治水工作难易程度，将矿井水文地质类型划分为简单、中等、复杂和极复杂4种类型。

（2）矿井水文地质类型应当每3年修订1次。当发生较大以上水害事故或者因突水造成采掘区域或矿井被淹的，应当在恢复生产前重新确定矿井水文地质类型。

3. 矿井水文地质类型报告

矿井应当收集水文地质类型划分各项指标的相关资料，分析矿井水文地质条件，编制矿井水文地质类型报告，由煤炭企业总工程师组织审批。

矿井水文地质类型报告，应当包括下列主要内容：

（1）矿井所在位置、范围及四邻关系，自然地理，防排水系统等情况。

（2）以往地质和水文地质工作评述。

（3）井田地质、水文地质条件。

（4）矿井充水因素分析，井田及周边老空水分布状况。

（5）矿井涌水量的构成分析，主要突水点位置、突水量及处理情况。

（6）矿井未来3年采掘和防治水规划，开采受水害影响程度和防治水工作难易程度评价。

（7）矿井水文地质类型划分结果及防治水工作建议。

4.《煤矿防治水细则》规定

水体下采煤，其防隔水煤（岩）柱应当按照裂缝角与水体采动等级所要求的防隔水煤（岩）柱相结合的原则设计留设。煤层顶板存在富水性中等及以上含水层或者其他水体威胁时，应当实测垮落带、导水裂隙带发育高度，进行专项设计，确定防隔水煤（岩）柱尺寸。

本条例实施后只要被划分为水文地质类型复杂、极复杂的或者周边有老窑采空区的矿井都要进行专项设计。

要点5 ☞ 开采容易自燃和自燃煤层的

1.《煤矿安全规程》规定

开采容易自燃和自燃煤层的矿井，必须编制矿井防灭火专项设计，采取综合预防煤层自然发火的措施。

2.《煤矿重大事故隐患判定标准》规定

开采容易自燃和自燃煤层的矿井，未编制防灭火专项设计或者未采取综合防灭火措施的，属于重大事故隐患。

3.《煤矿防灭火细则》规定

（1）开采容易自燃和自燃煤层的矿井，必须编制矿井防灭火专项设计，采取综合预防煤层自然发火的措施。

（2）矿井必须制定防止采空区自然发火的封闭及管理专项措施，及时构筑各类密闭并保证质量。采煤工作面回采结束后，必须在45天内进行永久性封闭。构筑、维修采空区密闭时必须编制设计，制定专项安全措施。

（3）采用水力采煤时，应当根据煤层自然发火期进行区段划分，保证划分区段在自然发火期内采完并及时封闭。密闭设施必须进行专项设计。

（4）密闭按服务期限可分为临时密闭和永久密闭，采用密闭防火时，应当编制密闭设计，并经矿总工程师批准。

（5）不得在火区的同一煤层的周围进行采掘工作。在同一煤层同一水平的火区两侧、煤层倾角小于35°的火区下部区段、火区下方邻近煤层进行采掘时，必须编制设计，制定专项安全措施。

4. 防灭火专项设计内容

矿井防灭火专项设计应当包含以下内容，可根据矿井实际情况予以增减。延伸新水平、开采新采（盘）区、采煤方法或通风系统等发生重大变化时，及时修订矿井防灭火专项设计。矿井防灭火专项设计由矿总工程师负责审批。

（1）矿井概况（重点说明地质构造、煤层赋存、煤质、瓦斯、煤尘、煤的自燃倾向性、自然发火期、地温、开拓开采情况、矿井通风、历史发火情况、火区、矿井周边煤矿等）。

（2）矿井火灾危险性分析（包括内因火灾危险性分析和外因火灾危险性分析）。

（3）煤层自然发火预测预报指标体系（包括煤层自燃倾向性、煤层自然发火期、煤层自然发火标志气体及临界值、煤层自然发火预兆预警值的确定）。

（4）矿井火灾监测系统（包括束管火灾监测系统、人工采样监测系统、安全监控系统和其他监测系统）。

（5）矿井防灭火系统及设施（包括自然发火综合防治系统，消防洒水系统，井上、下消防材料库和防火构筑物）。

（6）内因火灾防治技术方案（包括工作面“进回风巷道”防灭火技术方案、工作面安装期间防灭火技术方案、工作面回采期间防灭火技术方案、工作面回撤期间防灭火技术方案、工作面推进缓慢期间防灭火技术方案和已封闭采空区自然发火防治方案）。

（7）外因火灾防治技术方案（包括机电设备火灾防治方案、电缆火灾防治方案、带式输送机火灾防治方案、油脂及其他可燃物品火灾防治方案、电气焊及火工品火灾防治方案、井下爆破引发火灾防治方案、无轨胶轮车火灾防治方案和其他外因火灾防治方案）。

（8）火区治理（包括火区治理技术方案、井下封闭火区日常管理和火区启封）。

（9）矿井防灭火管理制度（包括组织机构和规章制度）。

（10）火灾应急救援预案。

要点6 ☞ 其他需要编制专项设计的

《煤矿安全规程》规定：

（1）采煤工作面用充填法控制顶板时，必须及时充填。控顶距离超过作业规程规定时禁止采煤，严禁人员在充填区空顶作业；且应当根据地表保护级别，编制专项设计并制定安全技术措施。

（2）采用水力采煤时，必须遵守：采用倾斜短壁水力采煤法时，回采巷道两侧的回采煤垛应当上下错开，左右交替采煤。应当根据煤层自然发火期进行区段划分，保证划分区段在自然发火期内采完并及时密闭。密闭设施必须进行专项设计。

（3）采用架空乘人装置运送人员时，应当有专项设计。

以及其他法律法规、国家标准、行业标准规定的其他需要编制的专项设计。

第三十四条 在煤矿进行石门揭煤、探放水、巷道贯通、清理煤仓、强制放顶、火区密闭和启封、动火以及国家矿山安全监察机构规定的其他危险作业，应当采取专门安全技术措施，并安排专门人员进行现场安全管理。

学习要点 本条是关于煤矿危险作业需要采取专门安全技术措施并安排专门人员进行现场安全管理的规定。

本条款规定需要采取专门安全技术措施，并安排专门人员进行现场安全管理。

要点 1 ☞《煤矿安全规程》规定需要制定专门安全技术措施

（1）使用凿岩台车、模板台车时，必须制定专项安全技术措施。

（2）采用无轨胶轮车运输的矿井人行道宽度不足 1 m 时，必须制定专项安全技术措施，严格执行“行人不行车，行车不行人”的规定。

（3）在未固结的灌浆区、有淤泥的废弃井巷、岩石洞穴附近采掘时，应当制定专项安全技术措施。

（4）开采底板有承压含水层的煤层，隔水层能够承受的水头值应当大于实际水头值；当承压含水层与开采煤层之间的隔水层能够承受的水头值小于实际水头值时，应当采取疏水降压、注浆加固底板改造含水层或者充填开采等措施，并进行效果检验，制定专项安全技术措施，报企业技术负责人审批。

（5）向井下输送混凝土时，必须制定安全技术措施。混凝土强度等级大于 C40 或者输送深度大于 400 m 时，严禁采用溜灰管输送。

（6）采煤工作面用充填法控制顶板时，必须及时充填。控顶距离超过作业规程规定时禁止采煤，严禁人员在充填区空顶作业；且应当根据地表保护级别，编制专项设计并制定安全技术措施。

（7）恢复已封闭的停工区或者采掘工作接近这些地点时，必须事先排除其中积聚的瓦斯。排除瓦斯工作必须制定安全技术措施。

（8）进行管道输送、瓦斯利用或者排空时，必须按有关标准的规定执行，并制定安全技术措施。

（9）在高瓦斯矿井采掘工作面采用毫秒爆破时，若采用反向起爆，必须制定安全技术措施。

要点 2 ☞ 石门揭煤安全技术措施

1. 技术要求

（1）揭煤采用远距离爆破，全断面一次揭开。爆破位置设在距井口 50 m 以外的安全地点。揭煤由技术负责人现场负责。

（2）施工前，必须按炮眼布置图要求布置炮眼，装药爆破。

（3）作业人员必须佩戴自救器下井，并随身携带。

（4）打眼作业时，在距正头 3 m 处挂一台便携式瓦斯报警仪。

2. 安全技术规定

1）总则

在掘进施工过程中，严格执行《煤矿安全规程》、煤矿操作规程和作业规程，严格按照施工措施组织施工。坚决贯彻“安全第一、预防为主、综合治理”的安全生产方针，坚持先安全后生产，不安全不生产的原则。

2）通风、瓦斯与爆破管理规定

（1）揭煤选用2×11 kW对旋式轴流通风机通风，风筒距迎头距离不超过5 m。

（2）局部通风机必须安装“风电闭锁”，使用的电气设备必须安装“瓦斯电闭锁”装置，并确保完好使用。

（3）施工中，瓦斯（二氧化碳）浓度不得超过1%，严禁瓦斯超限作业。一旦瓦斯超限，必须汇报调度室并按规定进行处理。

（4）严格执行瓦斯检查制度，巷道迎头、高冒区、电气设备附近10 m范围内及其他需要检查的地点，必须巡回检查，并做好记录，正确填写牌板和手册，及时汇报调度室。

（5）严格执行“一炮三检”和“三人连锁爆破”制度。本次揭煤采用远距离爆破作业，炮眼必须按照炮眼布置图施工，用黏土作炮泥把炮眼封实。

（6）爆破前首先开启防尘水幕，理顺风筒，确保炮烟、粉尘全部排出并有效除尘处理，减少粉尘、炮烟危害。

（7）严格执行火工品管理规定，炸药、雷管必须入箱上锁，钥匙由爆破员专人保管并随身携带。

（8）装药前，停止所有电力电源，雷管脚线必须扭结，远离导体并用绝缘胶布包好，严防杂散电流引起爆炸事故。

（9）加强爆破警戒工作，所有井下人员必须全部撤至地面，严防人员误入。

3）工作面钻眼作业安全措施

（1）打眼前，必须进行“敲帮问顶”，找净活石悬矸。

（2）打眼过程中，随时注意钻孔情况，发现可疑现象，必须立即停止打眼，查明原因并及时汇报，请示处理。若有安全危险，立即撤出人员，严禁冒险蛮干。

（3）打眼必须采用湿式作业，防止粉尘危害。眼打好后，把风水管收好，堆放在指定的地方，搞好文明施工。

（4）打钻前必须将永久支护架设到工作面迎头。

（5）工作面必须设一台灵敏可靠的电话。

（6）加强通风管理，严格按规定配风，且风筒到工作面的距离不得大于5 m。

（7）在打钻过程中发生顶钻、夹钻、瓦斯异常等现象，必须停止钻进，经分析采取有效预防措施后方可继续进行。

（8）岩眼不得打入煤层，眼底距煤层应保持 0.2 m 的距离。如果岩眼已打入煤层，必须在眼底的岩石中充填 0.2 m 的炮泥。

4）其他安全技术措施

（1）为防止爆破诱发突出和降低爆破时突出的强度，应采用金属挡栏。金属挡栏是由槽钢排列成的方格框架，框架中槽钢的间隔为 0.4 m，槽钢彼此用卡环固定。使用时在迎工作面的框架上，再铺上网眼为 20 mm × 20 mm 的金属网，然后用木支柱将框架撑成 45°的斜面。挡栏为一组（两架挡栏组成），其间距为 6 m。

（2）揭开煤层后，在石门附近 30 m 范围内掘进煤巷时，必须加强支护，严格采取防突措施。

（3）雷管、炸药等火工品必须按规定运输，保管和使用。非火工品操作人员严禁操作火工品。

（4）所有作业人员必须爱护电气设备及仪器仪表，非正常损坏的要照价赔偿。恶意敲击的，一经发现，要给予重罚。

（5）各工种必须按《煤矿安全规程》和操作规程的有关规定进行作业，特殊工种必须是培训合格人员，持证上岗。

（6）所有作业人员必须加强自保和互助保安，防止操作工具或传递物料伤人事故发生。

（7）所有现场施工人员及有关辅助、管理人员必须学习本措施，签字后才能上岗作业，对不详之处一定要弄清楚。

要点 3 ☞ 探放水安全技术措施

1. 探放水施工方法、钻孔个数及钻孔布置

（1）探放水孔布置在工作面迎头，当允许掘进距离到位后即开始进行探放水孔的施工，探水—掘进—探水循环进行。

（2）探放水孔布置成扇形，共为五个，一个中心眼，一个上仰眼，一个下俯眼，两个外斜眼，与中线成一定角度。

（3）钻孔方位为中心眼顺掘进巷道中线方位，其余两边斜眼方位分别与巷道夹角为 6°，呈扇形布置，孔口高距底板 1.0 m，孔间距 0.4 m，钻孔倾角：水平布置与巷道坡度一致。上仰眼与下俯眼分别与巷道坡度夹角为 5°。探放水探孔每个循环超前距离均不小于 30 m。

（4）探放水采用煤矿用钻机进行施工，钻具采用钻机专用钻杆、钻头。

（5）若该孔施工时未达到设计钻探距离时，可调整钻探参数重新开孔钻探。

（6）钻探时，每班必须做好钻探记录。

2. 孔口管的安装与固定

探放水钻孔应安装孔口安全装置。孔口安全装置由孔口管、泄水测压三通、孔口水门和钻杆逆止阀（必要时安装）等组成。

（1）选择岩层坚硬完整地段开孔，孔径应大于孔口管直径1～2级，钻至预定深度后，将孔内冲洗干净，注浆使孔口管（管周围应焊扶正肋骨片）与孔壁间充满水泥浆。待孔口管周围水泥凝固后扫孔，扫孔深度应超过孔口管长度0.5 m。

（2）扫孔后对孔口管必须进行耐压试验，试验压力应大于预计水压并稳定后，孔口管插入孔内长度可按经验值选定。

（3）节理裂隙发育，岩石松软或破碎，无条件另选放水地点时应注浆。

（4）在孔口管上安设水压表、门和汇水短管等，收集放水时的水量、水压等资料，对水压高于1 MPa且水量较大的积水进行探放水时，孔口应安装防喷逆止阀。在高压水喷出条件下继续钻进时，斜孔应使用孔口防喷逆止阀，倾角50°～90°的钻孔可使用“孔口防喷帽”或“盘根密封防喷器”，钻具可使用“防喷接头”，上下钻可使用“孔口反压装置”。探得水压高于2 MPa、水量大于60 m^3/h，需长期保留时，孔口应使用双水门（下门使用）。

3. 安装探水钻机的技术要求

（1）安设地点与积水区间距小于探水规定的超前距，有突水征兆时，应在采取加固措施或用水闸墙密闭后，另找安全检查地点探放水。

（2）加强钻孔附近的巷道支护，并在工作面迎头打好坚固的立柱和挡板；钻窝应避免坐在断层或松软岩层内。

（3）钻机安装必须平稳牢固，安好钻机接电时，要严格执行停送电制度。

（4）按预计流量修建排水沟，清理巷道并挂好风筒、电缆、管道等。

（5）在打钻地点或其附近安设专用电话。

（6）依据设计，确定主要探放水孔的位置，由测量人员进行标定。负责探放工作的人员亲临现场，共同确定钻孔的方位、倾角、深度和数量。

（7）在预计水压大于0.1 MPa的地点探水时，预先固结套管。套管口安装闸阀，套管深度根据实际情况而定。预先开掘安全躲避硐，制定包括撤退人员的避灾路线等安全措施，并使每个作业人员了解和掌握。

（8）孔内水压大于1.5 MPa时，采用反压和有防喷装置的方法钻进，并制定防止孔口管和煤（岩）壁突然鼓出的措施。

（9）按《煤矿安全规程》防治水部分的相关规定执行。

（10）安设好钻机准备开始探放水钻进时，除必要的操作人员、技术人员、跟班人员外；其余人员撤离至安全位置。

4. 探水施工中的技术要求

（1）钻机放到要求的位置后，要用量角器检查钻机所稳角度是否达到要求，如果钻机角度没达到要求，重新调整钻机。

（2）钻进中应做好岩性的识别和记录工作，必要时可保留岩芯。

（3）更换钻具时，测量一次钻杆并核实钻深。终孔前再复核一次，如有可能应进行斜孔测量。

（4）探水工必须注意力集中，随时观察孔内情况，开、关机时要互相关照，口令要统一，严禁在工作地点打瞌睡。

（5）连接与拆卸钻杆时，工作人员精力要集中，所用工具操作要规范，以免误伤自己或他人。

（6）在钻进过程中严禁机器转动部分有人或堆积物料。以免发生意外事故。钻进过程中若发现钻杆有摆动或其他异常现象时，立即停钻检查，待查明原因处理问题后方可重新开始。

（7）钻机钻孔过程中，钻机前方严禁站人，操作人员站在钻机的侧面，严禁操作人员正对钻杆操作。

（8）严禁无水干钻，要先送水后开钻，钻进过程中要注意钻机速度、钻机深度，在处理事故时严禁强拉硬扭。认真、准确地记录好每一次钻孔记录。

（9）钻孔施工时必须注意岩层软硬、孔内涌水情况及瓦斯情况。钻进时，发现煤岩松软、片帮、来压或孔中的水压、水量突然增大，以及有顶钻现象时，必须立即停钻，记录其孔深并同时将钻杆固定，要立即向矿调度汇报，及时采取措施，进行处理。

（10）钻进中发现有害气体喷出时，应立即停止钻进、切断电源，将人员撤到有新鲜风流的地点，立即向矿调度汇报，采取措施。

（11）如发现异常或与采空区探通，必须立即停钻，但不得拔出钻杆。迅速撤离现场所有工作人员至安全地点后向调度室、本单位值班室汇报。

（12）当出现钻孔倾角与煤层坡度不符，探到顶板底板时，必须及时调整钻孔倾角重新开孔保证探测深度。确保钻孔角度和钻孔距离，以防造成安全距离和帮距缩小而遭遇老空。

（13）遇到高压水顶钻时，可用轴卡瓦和逆止阀交替控制钻杆，使其慢慢顶出孔口，操作时禁止人员直对钻杆站立。

（14）应做到交接班时不停钻。

要点4 ☞ 巷道贯通安全技术措施

1. 巷道贯通前现场应具备的条件

（1）贯通预透处前后5 m范围内必须采取加强支护措施，预透点20 m范围内的电缆和管路必须采取保护措施，确保贯通安全。

（2）掘进工作面及其回风流中的CH_4浓度都必须在1.0%以下。

（3）贯通处要确保无积尘、无积水，不影响贯通安全。

2. 技术要求

（1）贯通前50 m，对预透点巷道顶板支护质量及通风情况进行全面检查，根据顶板情况，进行加强支护，排除有害气体；透点处增设瓦斯检查点。

（2）贯通前20 m，地测人员严格按贯通通知单校核施工中线，施工期间严格按地测科下达的贯通通知单要求施工。

（3）贯通前20 m，要有跟班干部、安监员在现场盯班，确保安全。每班跟班干部必须向矿调度汇报进尺以及剩余的预透距离，以便掌握预透情况。

（4）贯通前5 m开始，巷道应加强支护，视顶板情况，适当缩小锚杆、锚索间排距，必要时增加U形棚等其他形式的支护。

（5）贯通前5 m，开始缩小循环进尺，严格执行掘一排，支护一排，严禁空顶作业。

（6）贯通时，应先小断面贯通，待通风设施设置好、贯通点前后20 m范围内瓦斯浓度小于1%、二氧化碳浓度小于1.5%、测风员将风流调整好后，再进行全断面贯通。

3. 安全措施

（1）严格按地测科下达的贯通通知单要求以及实测中线施工，控制好贯通距离，确保准确贯通。

（2）贯通时，必须由专人现场统一指挥，经常检查掘进工作面及预透巷道顶板的完好状况，每班检查2次工作面及其回风流中的瓦斯浓度。

（3）贯通前5 m时遵守下列规定：

① 加强通风管理，风筒出口距迎头不超过10 m，严禁无风、微风或风量不足作业。

② 加强瓦斯管理，做好瓦斯监测工作。瓦斯传感器和瓦斯便携仪按规定进行吊挂使用，距顶不超过300 mm，距帮不少于200 mm。

③ 及时清理巷道内的矸石、杂物，确保后路安全畅通。

（4）巷道贯通前20 m，由通防工区负责做好通风系统的调整准备工作。贯通后停止采区内的一切工作，立即调整通风系统，检查风流方向和风速，待风流稳定，并符合《煤矿安全规程》有关规定后方可恢复工作。

（5）贯通前 20 m，每班由当班瓦检员检查预透点瓦斯浓度两次，并填写瓦斯检查牌板。如果瓦斯浓度超限立即停止掘进，制定专项措施排放瓦斯。

（6）贯通前 20 m，距预透点处巷道 50 m 设置警戒，并悬挂“正在施工，严禁入内”牌板，截割期间严禁人员进入。

（7）贯通施工过程中，人员应坚持经常性的“敲帮问顶”制度，迎头掘进前应清除危岩、排除隐患；掘进工作面严禁空顶作业。

（8）敲帮问顶工作必须遵守下列规定：

① 敲帮问顶工作应有 2 名有经验的人员担任，一人找顶、一人观察顶板和退路。敲帮问顶人应站在安全地点，观察人应站在找顶的侧后面，并保证退路畅通。

② 敲帮问顶应从有完好支护的地点开始，由外向里先顶部后两帮，依次进行，敲帮问顶范围内严禁其他人员进入。

③ 敲帮问顶工作人员应戴手套，用长把工具敲帮问顶时，应防止煤矸顺杆而下伤人。

④ 顶帮遇有大块断裂矸石或煤矸离层时，应首先设置临时支护，保证安全后再顺着裂隙、层理慢慢地找下，不得硬刨强挖。

（9）施工过程中应先检查迎头支护是否完好合格、顶板是否完整，若有安全隐患，施工人员应在组长带领下处理并确认安全后，方可正常开工。

（10）贯通后，整个贯通范围巷道煤（矸）、杂物必须清理干净，做好文明卫生。

要点 5 ☞ 清理煤仓安全技术措施

1. 技术要求

（1）将煤仓从上到下层层清挖（不得由底上分层同时清理）。清挖到帮、到底。严禁人员从下方进入，优先采用固定机械装置疏通，严防煤仓疏通时形成负压将人员卷入，鼓励使用空气炮、超声波、清堵器等新技术设备。

（2）先清虚煤，从上向下清理，将巷壁清理后再向下挖。

（3）如有必要再爆破，但必须经矿领导研究同意后另行补充专项安全技术措施。

（4）施工时人员须全程佩戴安全带，并有可靠固定点。

2. 施工前的准备工作

（1）施工前应对高空坠落、设备失稳、有毒有害气体等危害因素分别进行风险分析评估。

（2）施工前煤仓口周围全部电气设备必须停电，并派专员看管，并悬挂“有人施工，严禁送电”字样指示牌。

（3）清仓前，必须放空煤仓，专职瓦检员先对仓内 CO、CO_2、CH_4 等有毒有害气体进行检查，确认安全后方可允许施工人员进入工作。

（4）施工前，施工队首先准备好所有工具，具体为：梯子、保险绳、保险带、铁锹、手镐等。

（5）施工前，施工队先将煤仓口附近 10 m 以内的杂物清理干净，并检查煤仓硐室顶部是否完好，如有安全隐患，应先进行处理，然后再进行清挖。

（6）清仓前，风筒接至煤仓上口，风机正常运转情况下，再往仓内接风，保证仓内风量充足。

（7）风筒下口要固定好，避免风筒往返摆动。煤仓接入风筒通风前，严禁人员进入煤仓作业，通风 10 分钟后，由专职瓦斯员检验瓦斯浓度，符合要求后，方可进入作业。遇有风筒裂开和出现无计划停风时煤仓内作业人员要快速撤出。

（8）开启风机前必须按《煤矿安全规程》要求检验瓦斯，符合要求后方可人工开启风机，且要专员看管风机，在风机运行期间每班向调度汇报风机运转情况。

3. 施工安全技术措施

（1）每个工作人员下仓及升仓前，必须由运输队长或工段长详细检查保险绳及保险带是否有损伤，是否完好，绳套是否挽结实，若有问题，必须立即更换。

（2）施工过程中煤仓上口必须安排一名专职人员佩戴好保险带进行警戒和监视上下人员绳子运行情况（不得与煤仓入口四周摩擦），运输班长严格检查落实到位。

（3）向下吊放工具时必须捆绑牢靠，拉绳人员必须精力集中确保安全，必须做到进仓时先下工具后下人，出仓时先上人员后上工具。

（4）每次下仓人员以 2 人为宜，清挖工具为长钎子、镐和铁锹。下去后先将作业站立脚底及四周活矸虚煤清理干净，然后进行清理。

（5）清挖工作要确保质量，煤仓仓壁、仓底的所有锈煤及其他杂物必须清理干净，不留死角。如有短坑木等物品，必须用绳捆好拉到仓口上面，然后摆放到煤仓口 10 m 以外安全的地方。

（6）施工人员往上拉人员、工具或杂物时，仓底其他人员必须靠仓壁站立，避免砸伤。

（7）清挖过程中，必须由一人专职负责观察清挖顶部仓壁四周情况，发现异常立即通知仓内人员躲避或撤出。

(8) 施工时，必须随身携带便携式瓦检仪，如仓口下 1 m 处瓦斯浓度大于 0.5%、二氧化碳浓度在 1.5% 时严禁作业，撤出人员，并及时向调度室汇报。

(9) 清理过程中必须有专人看管溜煤嘴，溜煤嘴应处于半开状态（有人作业时允许开 200 mm 宽），确保煤仓下口不堵塞，以保证煤仓正常通风，发现煤仓下口堵塞，仓内人员必须立即撤出煤仓。

(10) 入仓人员必须佩戴安全帽、自救器，腰系安全带，上下仓必须系好安全绳（安全绳有专人控制）。

(11) 下人时先挂好保险带，再坐绳套，下到仓底后，先将保险带从提人绳上取下，然后将保险带挂到保险绳上，方可脱离提人绳套，人员上到仓口时，先下绳套，然后再摘开保险带，保险绳生根牢固有力，保险绳必须符合承重要求。

(12) 每班作业期间必须有专职干部现场统一指挥。全部清仓人员必须现场交接班，上一班班长要向下一班交代清楚仓内情况及遗留问题。

(13) 接班后，跟班干部负责检验多种固定情况，符合要求后，由班长先下，检验仓壁及仓内情况，确定无任何隐患后，由班长和仓口跟班干部联络下人。

(14) 每班由跟班干部指定仓口、仓内、给煤机处负责联络人员。

(15) 整个清仓过程中要保持电话通畅，音质清楚，若电话损坏或音质不清楚时，必须停止作业，通话正常后方可继续作业。

(16) 清仓时，保险绳放松至人员便于作业为止，不可放太长，保险绳环离煤面不低于 1.5 m，以防人员陷入煤中。放煤时，保险绳必须吃劲。

(17) 清仓过程中，仓口除需在此作业人员外，其他人员严禁在仓口停留，仓口人员要保管好身上物件，严禁任何人任何东西掉入煤仓。

(18) 施工过程中，仓口严禁下工具、下材料。

(19) 施工过程中，跟班干部、班组长每班检验保险带、保险棕绳、滑轮等设施固定情况不少于 3 次，如有损坏要立即更换。整个施工过程中，仓内人员严禁摘开保险带。

(20) 仓内电话要固定好，避免水淋湿，且仓内电话要用麻绳吊挂，以免摆脱电线接口，影响正常联络。

(21) 整个施工过程中，仓内、仓口、溜煤嘴处电话要确保联络通畅，放煤时一旦出现联络中止，溜煤嘴处看电话人员要立即命令司机停止放煤。

(22) 加强现场跟班，施工队责任人及跟班领导必须对清理工作进行现场检验，及时排除发现的隐患。

要点6 ☞ 强制放顶安全技术措施

1. 技术要求

（1）采用预裂爆破的方式进行强制放顶。

（2）炮眼布置、深度及装药量：

① 炮眼布置：工作面炮眼平行布置，炮眼位置在相邻支架前梁与顶梁间隙处，隔3架布置一个炮眼（可根据现场顶板情况适当加密），工作面中间部分适当加密炮眼，可逐架布置；工作面上下端头各布置2～3个炮眼，炮眼角度与顶板夹角不低于75°，每6 m布置一排，直至顶板冒落后结束强制放顶工作。

② 炮眼深度：炮眼深度根据顶板岩性确定，一般6～10 m，工作面中间部分炮眼深度一般为10 m，其余炮眼深度均为6 m，两端头眼深度为10 m。

③ 装药量：装药量根据顶板岩性和炮眼深度确定，岩性坚硬，装药量适当加大，但炮眼封泥必须符合《煤矿安全规程》规定。

④ 编制爆破说明书，符合《煤矿安全规程》第三百四十八条　爆破作业必须编制爆破作业说明书。

2. 打眼工具及方法

1）打眼工具

（1）矿用风动钻机（型号及台数根据现场确定）。

（2）钻头、钻杆若干。

2）打眼方法

（1）先检查顶钻机的完好情况，若有问题，请电工处理。

（2）安装1.0 m钻杆及钻头，升钻机至巷道顶板支架架间位置，启动顶钻机试运转，运转正常后，按照要求的角度、位置打眼。

（3）第一个钻杆钻完后，施工人员将钻机落下，续接第二根钻杆，以同样方式进行钻眼。

（4）三人配合将工具移至下一位置继续打眼。

3. 装药作业工艺

（1）炸药名称：三级矿用乳化炸药。

（2）装药量及封泥长度：符合《煤矿安全规程》第三百五十八条和第三百五十九条的规定。

（3）装药力法：①用尖木棒将药卷顶部扎出小孔，将雷管从药卷顶部装入；②药卷装入炮眼前，将炮眼内残留的煤粉或岩粉清除干净；③装入药卷时，将药卷用木质地棍轻轻推入，将引爆药卷窝心端与被动药卷顶端衔接，并按规定装入水炮泥。

4. 爆破作业

（1）爆破及连线方式：采用正向装药，毫秒爆破，一眼一爆破，不允许分组连线。

（2）爆破器：矿用隔爆本安型爆破器。

（3）爆破顺序：根据现场实际确定（可自上端头、工作面、下端头）。

5. 爆破程序

（1）严格执行“一炮三检”“三人连锁”爆破制度。

（2）严格落实爆破站岗，站岗警戒距离符合《煤矿安全规程》第三百六十七条的规定，爆破工必须最后离开爆破地点，并在安全地点起爆。撤人、警戒等措施及起爆地点到爆破地点的距离必须在作业规程中具体规定。

起爆地点到爆破地点的距离应当符合下列要求：

① 岩巷直线巷道大于 130 m，拐弯巷道大于 100 m。

② 煤（半煤岩）巷直线巷道大于 100 m，拐弯巷道大于 75 m。

③ 采煤工作面大于 75 m，且位于工作面进风巷内。

（3）炮响后，首先取下爆破器钥匙，然后将母线从爆破器上摘下并打结短路。

（4）通电后若没有爆炸，用瞬发电雷管时至少 5 秒、用毫秒延期电雷管时到至少 15 秒后，爆破员方可沿线路检查不爆的原因。

（5）在本班放完炮，吹散炮烟并经班组长同意后，爆破员须吹长哨并大声叫喊“放完炮啦”，方可由班长撤警戒和让其他人员进入工作面作业。

（6）爆破员清点剩余电雷管、炸药，填写消耗单并须经班组长签字。当班要办好爆破材料退还手续，不准私藏电雷管及炸药。

6. 安全技术措施

（1）所有施工人员必须熟悉本措施，现场施工时需指定专人负责（由本班验收员负责），其余施工人员必须听从现场负责人的统一指挥，在强制放顶工作结束后，要及时做好记录。

（2）在实施预裂震动强制放顶前，必须对工作面所有支护进行检查。发现初撑力不足 24 MPa 的，及时二次注液。两巷超前支护要加强，保证单体液压支柱初撑力达到 12 MPa，必要时穿鞋戴帽。上下端头支护要支撑有力，T 型梁要按措施支设到位，单体支柱要加强防倒措施。

（3）工作面周期来压期间，严禁进行预裂爆破作业，防止出现端面冒落或冒顶。

（4）爆破工必须由经过专门培训并取得资格证的专职爆破员持证上岗。

（5）人工打眼时，工作面前溜，采煤机必须停电闭，未经打眼人员同意，任何人不得送电开机。

（6）打眼前必须坚持“敲帮问顶”制度，并有专人监护观察顶板、煤帮，在确保安全的情况下方可进行操作。

（7）打眼前必须对施工地点前、后 6 m 范围内的支架重新注液升紧，在确保支架接顶严密时方可作业。

（8）装药前，瓦斯检查员必须对炮眼内瓦斯浓度进行检查，如果炮眼内瓦斯浓度超过规定，要采取措施利用高压水或注液枪对炮眼内进行冲洗，炮眼内瓦斯浓度符合规定后，及时装药、封泥。

（9）爆破前必须对工作面管线、立柱、油缸等使用废旧皮带或其他材料进行可靠保护，防止崩伤或损坏管线、立柱。

（10）爆破时必须坚持“一炮三检”及“三人连锁爆破”制度，瓦斯超限时严禁爆破。

（11）打眼作业时，作业人员不得戴手套扶钻杆。打眼过程中必须由验收员对炮眼角度、装药量、封泥长度等进行验收，符合措施要求后方可爆破。

（12）打眼前、爆破后必须及时在施工地点前后进行洒水降尘，并对工作面设备、管线进行检查，确认无问题时方可开机。

（13）加强对打眼机具的检查、维修，发现问题及时处理，确保打眼机具灵敏，支设牢固可靠。

（14）严格执行“一通三防”各项规定。爆破后必须洒水降尘。

（15）装药前必须切断工作面和回风巷内所有电气设备的电源，装药必须在安全管理人员现场监护下进行，同时必须由专人现场统一指挥。

（16）爆破前检查炮眼内瓦斯浓度，若瓦斯浓度超过 1.0% 时，严禁爆破。

（17）爆破前班长必须亲自安排人员设好警戒，只能在爆破完毕后撤除警戒，避免出现安全事故。

（18）爆破地点 20 m 范围内瓦斯浓度超过 1% 时，严禁爆破。

（19）领取雷管和炸药时要分别装在不同的保管箱内，分别运送。井下存放时，雷管和炸药至少要有 20 m 的间距。

（20）必须坚持湿式打眼。

（21）强制放顶期间安全质量验收员严密监控工作面矿压变化情况，发现异常及时撤人。

（22）煤壁破碎段打眼作业时，必须加强煤壁管理，使用圆木、板梁护帮，护帮板将圆木、板梁与煤壁贴紧，以支护煤壁，确保安全。

（23）强制放顶期间，工作面所有人员必须佩戴好安全帽并系好帽带。

（24）强制放顶完毕后，等工作面的炮烟被吹散，有害气体和粉尘浓度经检测符合《煤矿安全规程》要求，经作业现场安全检查合格，征得现场负责人的同意后，其他人员方可进入工作面正常作业。

（25）其他严格执行《煤矿安全规程》《特殊工种操作规程》和《工作面作业规程》的相关规定。

要点 7 ☞ 火区密闭和启封安全技术措施

1. 火区封闭的技术要求

1）封闭的原则

（1）在保证安全的情况下，尽量缩小封闭范围。

（2）火区临时封闭后，人员应立即撤出危险区。

（3）密闭的火区中发生爆炸密闭墙被破坏时，严禁派救护队恢复密闭墙或探险，应在较远的安全地点重新建造密闭。

（4）封闭要求以最快的速度，尽可能短的时间封闭完成。完成后将所有封闭人员迅速撤离出井。

2）密闭的质量要求

（1）密闭的施工必须符合质量标准化的要求。

（2）密闭的掏槽必须见硬底、硬帮、实顶，不得有裂缝贯穿密闭内外，否则必须掏槽掏掉。

（3）料石密闭施工必须灰浆饱满，不得出现重缝、干缝、裂缝，料石墙的空间要填好，用锤压实，灰缝用砖刀捣固，灰缝要求不超过 30 m。

（4）密闭墙要进行满抹，抹粉必须仔细，不得有裂缝出现，确保气密性。

（5）密闭要安设检查管和措施管，有水的巷道，密闭墙要施工反水池。

（6）密闭周边要施工裙边，裙边不小于 200 mm。

2. 火区封闭的安全技术措施

（1）为确保工作面火区封闭工作顺利进行，特成立地面指挥组和现场指挥组，明确指挥长和指挥部成员及各自的职责。同时现场必须由矿山救护队监护。

（2）现场指挥组必须到井下指挥基地指挥，每两小时向地面指挥组汇报一次井下作业情况，在每项工作开工和结束时都必须向地面指挥小组汇报，井下所有工作都要服从地面指挥长的统一指挥。

（3）封闭前，由救护队员将该区域进行全面检查搜索，搜索完毕后，立即向地面指挥组汇报，经指挥长同意后方可进行下一步封闭工作。

（4）每项工作必须经总指挥同意后方可进行，工作进行期间，必须每 2 小时向地面指挥组汇报工作进展情况，每项工作完成后现场指挥也必须向地面指挥组汇报完成情况，经指挥组同意后，方可进行下一步的施工。

（5）每班派 2 人严密巡查和检查气体、风流变化情况，一旦发现异常立即通知撤出井下所有人员。封闭区回风侧不得安排任何人作业和未经允许严禁任何人进入。

（6）瓦斯监控系统必须保持正常运行，连续 24 小时进行监控，一旦发现异常，立即向值班矿领导进行汇报，采取措施进行处理。

（7）通风队在施工密闭期间，救护队必须待机监护，并检查瓦斯、一氧化碳、二氧化碳、温度、风向，发现有异常，立即撤出人员。

（8）通风队密闭施工完毕后，必须立即撤出人员。

3. 火区启封的技术要求

（1）火区启封条件。《煤矿安全规程》规定：启封火区，只有经取样化验分析证实火已熄灭后，方可启封或注销。火区同时具备下列条件，方可认为火已灭。

① 火区内的空气温度下降到 30 ℃以下，或与火灾发生前该区的日常空气温度相同。

② 火区内空气中的氧气浓度降到 5% 以下。

③ 火区内空气中不含有乙烯、乙炔，一氧化碳浓度在封闭期间内逐渐下降，并稳定在 0. 001% 以下。

④ 火区的出水温度低于 25 ℃或与火灾发生前该区的日常出水温度相同。

⑤ 上述 4 项指标持续稳定的时间在 1 个月以上。

⑥ 火区内空气的温度，氧气浓度、一氧化碳浓度都应在大气压力稳定或下降期间于回风侧防火墙内钻孔中测取，并以最大值为准。

⑦ 火区的出水温度应以火区所有出水的防火墙或钻孔中出水的最大温度为准。

（2）在火区启封的过程中，要做好预防意外事故的措施，启封后应仔细巡查火情，只有在原火源地点回风侧的气温、水湿、一氧化碳浓度连续 3 天以上无上升趋势，方可认为火区火已经熄灭。

4. 火区启封前准备工作

（1）做好火区的回风流直接进入矿井回风巷的准备工作。

（2）火区回风流所通过的巷道内，不准有人员工作或停留，并切断电源。

（3）准备好足够的启封火区和重新封闭火区的一切材料、设备和灭火器材。

5. 火区启封安全技术措施

（1）一次打开火区。火区范围不大，并确认火区已经熄灭时，可以一次打开火区。首先打开火区回风侧的防火墙，由佩戴呼吸器的救护队员进入火区侦查，经侦查火区确已灭时，再打开进风侧防火墙。注意要逐渐恢复通风，排除有害气体。

（2）分段打开火区。如果火区范围较大，火区内可能积存大量有害气体，可以采用分段打开的方法。在火区的进风测密闭墙外 5 ~ 6 m 处，构筑带门的临时密闭墙，由佩戴救护器的救护队员进入火区侦查，在临时密闭墙以里 150 ~ 200 m 的适当位置再构筑一道临时密闭墙；然后，用局部通风机做压入式通风。

（3）启封火区工作必须由矿山救护队负责进行，由指挥员现场指挥。

（4）参加启封火区的矿山救护队人员除带全个人装备外，应执行《煤矿救护规程》规定。使用的工具必须是防爆工具（包括锹、镐、锤），启封密闭严禁使用非防爆工具操作。其他所有参加作业人员必须佩戴隔离式自救器，严禁穿化纤服装，严禁使用失爆矿灯。

（5）启封前，必须撤出回风侧人员，切断回风流中电源，通往回风的交叉口设栅栏、警标，禁止人员进入。所有与启封密闭无关人员必须全部撤出，否则，不允许启封密闭。

（6）启封密闭时，必须先检查密闭前的瓦斯等有害气体情况，只有在允许浓度范围内，才可开启密闭，否则必须采取措施排放瓦斯。

（7）启封工具用铜锤（木槌）、铜钎启封，采取小孔揭穿的方式打开密闭，启封时必须用水浇湿墙体，启封密闭时，先在密闭上方开一个小口，然后检查密闭内的瓦斯、一氧化碳、二氧化碳等情况，确定无异常时，才可逐渐扩大面积。启封密闭后，同时测定回风流中的瓦斯等有害气体情况。

（8）正式启封闭前，必须由矿山救护队员现场检查密闭前的瓦斯、支护等情况，只有瓦斯浓度在 1.0% 以下，无其他任何安全隐患的前提下，方可启封和处理密闭。

（9）启封密闭的过程中，必须轻拿轻放，严禁使用任何铁制工具进行敲打。

（10）当启封和处理工作结束以后，必须经过矿山救护队员在现场检查密闭区域和停电地点的瓦斯、一氧化碳、二氧化碳浓度不超过《煤矿安全规程》规定，确认无其他任何隐患后，现场负责人向矿调度汇报，经矿调度同意后，启封和处理密闭的有关人员才能离开现场，对其巷道的瓦斯进行排放。

（11）瓦斯排放。

① 排放瓦斯必须在风流稳定的情况下进行。

② 启封密闭前，通风工区派一名专职瓦检员在密闭前检查瓦斯，密闭打开后，瓦检员随时检查巷道内涌出的瓦斯，并及时向调度室和指挥部汇报瓦斯情况。

③ 启封密闭时排放瓦斯严禁一风吹，采用限制风量的方法缓慢排出密闭内积聚的瓦斯。

④ 启封密闭后，待巷道内的瓦斯小于0.8%以下，再等30 min后巷道内瓦斯无变化，氧气浓度符合要求，一氧化碳、二氧化碳及有毒有害气体浓度符合规定后，安全员、瓦检员才能进入巷道内检查。

⑤ 排放的瓦斯浓度必须有专人控制，瓦检员必须到位，及时联系确保回风流中瓦斯浓度不超过1.5%，从而逐渐减少至正常。并保持稳定20 min。

⑥ 密闭启封后，巷道内的瓦斯浓度符合规定后，方可组织巷修队对巷道进行维修作业。

⑦ 排放瓦斯后必须恢复正常通风。

⑧ 排放结束后，由现场负责人汇报总指挥，由总指挥下令结束排放，通知巷修队对巷道进行维修。

（12）启封火区工作结束后，应安排救护小队现场值班，三天内无复燃征兆时，方可撤出工作地点。

要点8 ☞ 动火作业安全技术措施

1. 技术要求

（1）动火作业严格执行“一项动火作业、一个安全技术措施、一张动火作业票”制度。

（2）施工单位在动火作业前填写动火作业票，分管矿领导组织施工单位和机电、通风、技术、安全管理等部门进行现场勘查，制定动火作业专项安全技术措施，并按程序审批，动火作业票经主要负责人签字批准，方可施工。

（3）应当明确动火作业时间、地点、作业方式、作业内容、作业流程、可能出现的风险及管控措施。动火作业前，施工单位负责人应组织动火作业、喷水等人员宣贯专项安全技术措施，并签字确认。

（4）施工单位要做好动火设备出库、入井、使用、整理、升井、入库全过程安全管理，并做好记录。动火作业使用的氧气瓶、乙炔瓶应当使用矿车运输，设置防震胶圈、防护帽，轻装轻放、绑扎牢固，严禁同车运输。

2. 安全技术措施

（1）施工单位负责人、安全生产管理人员对动火现场作业条件验收合格，在动火作业票上签字确认，且报告矿调度室后，方可实施动火作业。有下列情形之一的，不准动火作业：

① 在井筒和倾斜巷道内动火作业时未停止提升运输作业的，未检查和清除井窝内的油污和可燃物的。

② 以动火点为中心周围 20 m 范围内有高压容器、油箱等易燃易爆物品的。

③ 煤层中的主要硐室和主要进风大巷未采用砌碹或者喷浆封闭的。

④ 动火点未实现全负压通风的。

⑤ 动火点前后两端各 10 m 的井巷范围内，未采用不燃性材料支护、未设置供水管路、无专人负责喷水的。

⑥ 未清理或者隔离焊渣飞溅区域内可燃物的。

⑦ 在井下配电室、高压电缆等附近动火作业未采取防火隔火措施的。

⑧ 动火点未设置满足需要的灭火器、灭火沙等灭火器材的。

⑨ 氧气瓶、乙炔瓶距离动火点不足 10 m 的，或者其间距不足 5 m 的。

（2）动火作业用的气瓶专车下放入井，氧气瓶和乙炔瓶分车装运；气瓶在现场要放置稳当，在斜坡上时要用木楔垫稳，防止意外滚动。

（3）动火作业操作人员持焊接与热切割特种作业操作证上岗，作业前对现场作业环境进行安全确认，不具备动火条件的，应当拒绝作业。

（4）动火前由电焊工认真检查设备工具，必须完好。焊机所搭接电源电压与设备相应，焊机搭拆电工作由电工执行。各气瓶、气带、仪表完好无漏气、指示正确，符合要求。

（5）在井口和井筒内动火作业时，必须撤出井下所有作业人员。在主要进风井巷动火作业时，必须撤出回风侧所有人员。

（6）井下动火作业前，确认动火点风流中的甲烷浓度不超过 0.5%、附近 20 m 范围内巷道顶部和支护背板无瓦斯积存时，方可进行作业；突出矿井井下进行动火作业时，必须停止突出煤层的掘进、回采、钻孔、支护以及其他所有扰动突出煤层的作业。

（7）井下动火前，安检员必须在现场监督检查动火安全技术措施的执行情况，发现违规违章操作，安监员有权停止一切与明火有关的工作。

（8）瓦斯员、安监员必须，执行现场盯岗制，严禁在未检查瓦斯区域使用明火。

（9）明火作业前必须进行审批手续，只有当瓦斯员、安监员、工程负责人、作业人员四人共同在动火联签单上共同签字后，方可动火。

（10）动火地点必须设置灭火器，数量不少于 3 个，设置好消防锹、消防桶、消防沙（数量不少于 0.5 m^3）和消防软管（不少于 50 m，已经接在三通阀门上）。

（11）动火作业过程中，环境或条件发生不利变化时，应当立即停止作业，及时采取处置措施，并上报矿调度室。

（12）动火点具备视频监控条件的，调度室值班人员要对动火作业进行全程视频监督，发现不具备作业条件的，立即下达停止作业指令。

（13）在井口房、井筒和倾斜巷道内动火时，必须在工作地点的下方用不燃性材料设施接受掉落的火星或其他高温物质。

（14）动火时主要通风机正常运行，如意外停运，及时停止动火作业，处理动火作业遗留的残余灼热物，撤出人员出井。

（15）动火作业现场 20 m 范围内严禁有与动火作业无关的其他作业同时进行。动火作业现场 20 m 范围内严禁有除动火作业以外的其他任何火源、热源存在。

（16）动火作业造成的灼热物及时用水降温冷却。残留焊头、材料统一存放，不得乱扔。

（17）动火作业过程中若发生意外着火险情时，立即停止动火作业，采取措施，利用现场一切灭火设施设备进行灭火。

（18）动火作业结束后，要对作业现场再次用水喷洒，并安排专人在作业地点检查 1 h，发现异常，立即处理。施工单位负责人和安全生产管理人员负责动火作业现场的验收，并将验收情况填写在动火作业票上，签字确认。

（19）动火结束以后，瓦斯员和安检员要监督施工单位，认真清理动火地点，消除隐患，对动火地点全面检查，确认无隐患后，瓦斯员和安检员方可撤离动火现场。

（20）动火作业监控视频、动火作业票由矿调度室统一连续编号保存，保存时间不得少于 1 年。

（21）本措施未尽事宜，严格按照《煤矿安全规程》的有关规定执行。

第三十五条　煤矿企业应当建立安全风险分级管控制度，开展安全风险辨识评估，按照安全风险分级采取相应的管控措施。

煤矿企业应当建立健全事故隐患排查治理制度，采取技术、管理措施，及时发现并消除事故隐患。事故隐患排查治理情况应当如实记录，并定期向从业人员通报。重大事故隐患排查治理情况的书面报告经煤矿企业负责人签字后，每季度报县级以上地方人民政府负有煤矿安全生产监督管理职责的部门和所在地矿山安全监察机构。

煤矿企业应当加强对所属煤矿的安全管理，定期对所属煤矿进行安全检查。

学习要点 本条是关于煤矿安全风险分级管控和事故隐患排查治理的规定。

要点1 ☞ 煤矿构建双重预防性工作机制的规定

(1) 2016年1月6日，习近平总书记在中共中央政治局常委会会议上就安全生产工作提出的第四点要求：必须坚决遏制重特大事故频发势头，对易发重特大事故的行业领域采取风险分级管控、隐患排查治理双重预防性工作机制，推动安全生产关口前移，重在基层，加强应急救援工作，最大限度减少人员伤亡和财产损失。

(2)《中共中央　国务院关于推进安全生产领域改革发展的意见》构建风险分级管控和隐患排查治理双重预防工作机制，严防风险演变、隐患升级导致生产安全事故发生。构建国家、省、市、县四级重大危险源信息管理体系，对重点行业、重点区域、重点企业实行风险预警控制，有效防范重特大生产安全事故。

(3)《"十四五"国家安全生产规划》：引导企业完善安全生产管理体系，健全安全风险分级管控和隐患排查治理双重预防工作机制，构建自我约束、持续改进的安全生产内生机制。

(4)《中华人民共和国安全生产法》规定，生产经营单位必须构建安全风险分级管控和隐患排查治理双重预防机制，健全风险防范化解机制，提高安全生产水平，确保安全生产。

(5)《中共中央办公厅　国务院办公厅关于进一步加强矿山安全生产工作的意见》要求，矿山企业要健全矿山安全管理体系。矿山企业应当健全以安全风险分级管控和隐患排查治理双重预防机制为核心的安全生产标准化管理体系。严格开展风险辨识评估并实施分级管控，定期开展全员全覆盖隐患排查治理，建立风险隐患台账清单，实行闭环管理。各级矿山安全监管监察部门应当推动企业切实提高风险隐患排查和整改质量，建立重大隐患治理督办制度，在重大隐患消除前跟踪监管，并监督整改销号。对排查整改不到位导致重大隐患依然存在或发生事故的，依法追究企业及相关责任人责任。

(6)《关于防范遏制矿山领域重特大生产安全事故的硬措施》要求，矿山企业必须建立健全安全风险分级管控制度和重大事故隐患自查自改常态化机制，常态化开展"三违"行为自查自纠，严格动火作业、爆破施工、煤仓清理、运输提升、密闭启封等关键环节风险管控，加强地面吊篮等设备、"三堂一舍"等设施消防安全隐患排查。对同类重大事故隐患反复出现、屡改屡犯、弄虚作假的，依法从重处罚，并从严追究企业主要负责人责任，有上级公司的，严肃倒查上级公司主要负责人责任。

（7）《关于预判防控煤矿重大安全风险的指导意见（试行）》安全风险研判防控要求：各级煤矿安全监管监察部门要强化安全风险意识，坚持问题导向，提前开展风险分析研判，发布风险预警信息。建立完善“一矿一册”重大安全风险台账，精准制定“一矿一策”监管监察执法方案，督促煤矿企业落实主体责任，防范化解安全风险。

① 推动企业落实风险防控主体责任。各级煤矿安全监管监察部门要督促煤矿企业按照《煤矿安全生产标准化管理体系基本要求及评分办法（试行）》，建立健全煤矿安全风险分级管控和隐患排查治理双重预防机制，按照要求开展安全风险辨识评估，制定并落实风险防控措施，并定期向属地煤矿安全监管部门和驻地监察分局报告安全风险分级防控工作情况。

② 组织开展安全风险分析研判。各级煤矿安全监管监察部门要结合辖区煤矿实际情况，立足化解重大安全风险、防范重大事故，聚焦重点地区、重点企业、重大灾害防治，盯住煤矿生产建设的关键环节、关键时段，用好信息化手段，结合以往现场检查执法和煤矿企业上报的安全风险分级管控情况，综合进行超前分析研判，确定辖区内煤矿重大安全风险，形成清单。风险分析研判工作可纳入各级监管监察部门执法计划，可聘请行业专家参加分析研判。

要点 2 ☞ 煤矿安全风险分级管控与事故隐患排查治理

煤矿安全风险分级管控是源头，是预防事故的第一道防线，煤矿事故隐患排查治理是预防事故的末端治理，是第二道防线。关于煤矿风险分级管控与隐患排查治理双重预防机制建设，可参阅《煤矿安全双重预防机制规范》（NB/T 1123—2023）。

1. 安全风险分级管控

安全风险分级管控是指对生产过程中发生不同等级事故、伤害的可能性进行辨识评估，预先采取规避、消除或控制安全风险的措施，避免风险失控形成隐患，导致事故。

2. 事故隐患排查治理

事故隐患排查治理是指对煤矿生产过程中安全风险管理措施和人的不安全行为、物的不安全状态、环境的不安全条件和管理的缺陷进行检查、登记、治理、验收、销号，避免隐患导致事故。

要点 3 ☞ 煤矿安全风险分级管控

煤矿矿长组织各分管负责人和相关业务科室、区队进行全面、系统的年度安全风险辨识评估；科室或区队组织班组和岗位人员进行岗位安全风险评估。辨识工作开展前，应明确辨识流程、搜集相关资料，确保所有辨识参与人员接受辨识评估技术培训。年度辨识的过程和结果应在煤矿内部进行充分的沟通、参与和反馈协商。矿长和各分管负责人按要求组织人员开展专项风险辨识评估。

1. 年度辨识评估

（1）每年矿长组织各分管负责人、副总工程师和相关科室、区（队）进行年度安全风险辨识评估，重点对井工煤矿瓦斯、水、火、煤尘、顶板、冲击地压及提升运输系统，露天煤矿边坡、爆破、机电运输等容易导致群死群伤事故的危险因素开展安全风险辨识评估。

（2）风险辨识评估范围应覆盖煤矿井（坑）下所有系统、场所、区域。

（3）高瓦斯及突出、水文地质类型复杂和极复杂、煤层自燃及容易自燃、有冲击地压等4类重大灾害矿井，应将相应影响区域的安全风险评估为重大风险。

（4）年底前完成年度安全风险辨识评估报告的编制，制定《煤矿重大安全风险管控方案》；方案应包含重大安全风险清单，相应的管理、技术、工程等管控措施，以及每条措施落实的人员、技术、时限、资金等内容。

（5）将辨识评估结果应用于确定下一年度安全生产工作重点，《煤矿重大安全风险管控方案》对下一年度生产计划、灾害预防和处理计划、应急救援预案、安全培训计划、安全费用提取和使用计划等提出意见。

2. 专项辨识评估

（1）新水平、新采（盘）区、新工作面设计前，开展1次专项辨识评估。

① 专项辨识评估由总工程师组织有关业务科室进行。

② 重点辨识评估地质条件和重大灾害因素等方面存在的安全风险。

③ 编制专项辨识评估报告，有新增重大风险或需调整措施的补充完善《煤矿重大安全风险管控方案》。

④ 辨识评估结果应用于完善设计方案，指导生产工艺选择、生产系统布置、设备选型、劳动组织确定。

（2）生产系统、生产工艺、主要设施设备、重大灾害因素（露天煤矿爆破参数、边坡参数）等发生重大变化时，开展1次专项辨识评估。

① 专项辨识评估由分管负责人组织有关业务科室进行。

② 重点辨识评估作业环境、生产过程、重大灾害因素和设施设备运行等方面存在的安全风险。

③ 编制专项辨识评估报告，有新增重大风险或需调整措施的补充完善《煤

矿重大安全风险管控方案》。

④ 辨识评估结果应用于指导编制或修订完善作业规程、操作规程。

（3）启封密闭、排放瓦斯、反风演习、工作面通过空巷（采空区）、更换大型设备、采煤工作面初采和收尾、综采（放）工作面安装回撤、掘进工作面贯通前，突出矿井过构造带及石门揭煤等高危作业实施前，露天煤矿抛掷爆破前，新技术、新工艺、新设备、新材料试验或推广应用前，连续停工停产 1 个月以上的煤矿复工复产前，开展 1 次专项辨识评估。

① 专项辨识评估由分管负责人（复工复产前专项辨识评估由矿长）组织有关科室、生产组织单位（区队）进行。

② 重点辨识评估作业环境、工程技术、设备设施、现场操作等方面存在的安全风险。

③ 编制专项辨识评估报告，有新增重大风险或需调整措施的补充完善《煤矿重大安全风险管控方案》。

④ 辨识评估结果应用于对安全技术措施编制提出指导意见。

（4）本矿发生死亡事故或涉险事故、出现重大事故隐患，全国煤矿发生重特大事故，或者所在省份、所属集团煤矿发生较大事故后，开展 1 次针对性的专项辨识评估。

① 专项辨识评估由矿长组织分管负责人和业务科室进行。

② 识别安全风险辨识评估结果及管控措施是否存在漏洞、盲区。

③ 编制专项辨识评估报告，有新增重大风险或需调整措施的补充完善《煤矿重大安全风险管控方案》。

④ 辨识评估结果应用于指导修订完善设计方案、作业规程、操作规程、安全技术措施。

3. 岗位安全风险辨识

开展年度安全风险辨识评估时，现场安全生产各个岗位操作前、工作中，各科室（部门）、区队（车间）组织班组长等相关人员对各岗位作业活动存在的安全风险进行辨识评估。

4. 安全风险管控

1）安全风险管控措施

煤矿应根据安全生产法律、法规、标准及规程、安全生产标准化各要素、各专业要求等，并结合实际情况，制定安全风险管控措施。制定管控措施时，须遵循安全、可行、可靠的原则，可从工程技术、安全管理、人员培训、个体防护等方面制定安全风险管控措施。

《煤矿重大安全风险管控方案》应当包括：可能引发重特大事故的重大安全风险清单、管控措施、责任单位和责任人、时限、技术、资金、应急处置，以及重大安全风险管控措施落实及管控效果标准等内容。

2）分级管控层级

按照煤矿管理层级，逐一分解落实安全风险管控责任。上一级负责管控的安全风险，下一级必须同时负责管控：

① 重大风险由矿长管控。

② 较大风险由分管负责人、副总工程师、科室（部门）负责人管控。

③ 一般风险由区队（车间）负责人管控。

④ 低风险由班组长和岗位人员管控。

3）管控单元

煤矿应将安全风险按照分系统、分专业、分区域划分管控单元，实行统分结合。

（1）分系统管控。各系统存在的安全风险由该系统分管负责人和分管科室（部门）管控。

（2）分专业管控。各专业的较大及以上安全风险由该专业分管负责人和分管科室（部门）管控。

（3）分区域管控。各生产（服务）区域（场所）的安全风险由该风险点的责任单位管控。

4）管控落实

煤矿各级人员应根据安全生产实际落实相关管控措施。

（1）矿长应掌握本矿重大安全风险及主要管控措施，并组织实施《煤矿重大安全风险管控方案》，人员、技术、资金应满足要求，重大安全风险管控措施应落实到位。

（2）分管负责人、副总工程师、科室负责人、专业技术人员应掌握相关范围的较大及以上安全风险及管控措施。

（3）区队、班组是管控安全风险的基层单元，区（队）长、班组长和关键岗位人员应掌握作业区域和本岗位的安全风险及相应的管控措施；区（队）长、班组长组织作业时应重点对作业区域内重大、较大安全风险的管控措施落实情况进行现场确认。

（4）煤矿应在满足《煤矿井下单班作业人数限员规定（试行）》文件要求的基础上，在有重大安全风险的区域设定作业人数上限，在其入口显著位置悬挂限员牌板及管控措施。

要点 4 ☞ 煤矿事故隐患排查治理

1. 隐患排查

隐患排查方式一般包括月度综合排查、专业排查、专项排查、日常检查、矿领导带班检查、上级部门检查等。

煤矿应组织人员定期对安全风险管控措施落实情况、管控效果进行跟踪，对事故隐患进行排查。排查方式、周期及范围如下：

（1）月度综合排查。矿长每月至少组织分管负责人及安全、生产、技术等业务科室（部门）、生产组织单位（区队）开展 1 次覆盖生产各系统和各岗位的安全风险管控措施落实情况、管控效果和事故隐患排查，排查前制定工作方案，明确排查时间、方式、范围、内容和参加人员。

（2）专业排查。煤矿分管采掘、机电运输、通风、地测防治水、冲击地压防治等工作的负责人每半月组织相关人员对分管领域的安全风险管控措施落实情况、管控效果和事故隐患至少开展 1 次全面的排查。

（3）专项排查。在全国发生安全事故、特定季节、节假日、特殊时期等情况下，由煤矿相关负责人组织人员对煤矿特定区域、系统、专业进行专门的事故隐患排查。

（4）日常检查。生产期间，矿领导、科室（部门）、区队、班组每天安排管理、技术和安检人员进行巡查，跟踪各自安全风险管控责任范围内风险管控措施落实情况和管控效果，对各作业区域开展事故隐患排查。

（5）矿领导带班检查。煤矿每班带班领导，跟踪带班区域的重大安全风险管控措施落实情况，排查事故隐患。

（6）上级部门检查。煤矿在上级公司、地方煤矿安全监管监察部门的组织下，对煤矿进行的综合或专项事故隐患排查。

2. 隐患治理

煤矿应根据隐患的等级实行分级治理。重大隐患由矿长组织治理，一般隐患根据治理难度和涉及范围，确定责任单位及人员。

1）一般隐患治理

煤矿对一般隐患治理包括：

（1）能够立即治理完成的事故隐患，当班采取措施，及时治理消除，并做好记录。

（2）不能立即治理完成的事故隐患，明确治理责任单位（责任人）、治理措施、资金、时限，并组织实施。

2）重大隐患治理

煤矿对重大隐患治理包括：

（1）排查发现重大隐患后，及时向煤矿上级公司、当地煤矿安全监管监察部门报告，并向企业职工代表大会或其常务机构、工会书面报告。

（2）重大隐患由矿长按照责任、措施、资金、时限、预案“五落实”的原则，组织制定专项治理方案，并组织实施。重大隐患专项治理方案应当包括治理的目标和任务、采取的治理方法和措施、经费和物资、机构和人员的责任、治理的时限、治理过程中的安全风险管控措施（含应急处置）。

（3）重大事故隐患排查治理情况的书面报告经煤矿企业负责人签字后，每季度报县级以上地方人民政府负有煤矿安全生产监督管理职责的部门和所在地矿山安全监察机构。

（4）煤矿应建立重大事故隐患信息档案。

要点 5 ☞ 煤矿企业应当加强对所属煤矿的安全管理，定期对所属煤矿进行安全检查

煤矿企业应当加强对所属煤矿的安全管理，确保生产经营活动安全可靠，保障员工的生命财产安全。

（1）要建立煤矿安全生产管理机构，包括安全生产管理部门或者委员会，明确安全生产管理的职责和权限；并根据煤矿规模和特点，配备专业的安全生产管理人员，确保安全管理人员具备专业知识和经验。

（2）要明确安全生产管理人员的职责，包括制定安全生产管理制度、安全生产培训、事故调查与分析、隐患排查等，确保安全管理工作全面有效开展。

（3）煤矿企业应建立完善的安全管理制度，明确安全管理的责任部门和责任人，确保各项安全管理工作得到有效执行。煤矿企业应定期组织安全检查和评估，安排专业人员定期对煤矿生产系统进行全面的隐患排查，及时发现并整改重大隐患，确保煤矿生产系统的安全稳定运行。

（4）煤矿企业应加强对所属煤矿的安全监管和督导，建立健全的安全监督机制，督导发现的风险隐患和安全问题的解决情况，确保煤矿设施设备的安全可靠性，确保煤矿生产安全稳定。

总之，煤矿企业应高度重视安全管理工作，将安全放在生产经营的首要位置，不断加强安全管理水平，确保煤矿生产经营活动的安全稳定。

第三十六条 煤矿企业有下列情形之一的，属于重大事故隐患，应当立即停止受影响区域生产、建设，并及时消除事故隐患：

（一）超能力、超强度或者超定员组织生产的；

（二）瓦斯超限作业的；

（三）煤（岩）与瓦斯（二氧化碳）突出矿井未按照规定实施防突措施的；

（四）煤（岩）与瓦斯（二氧化碳）突出矿井、高瓦斯矿井未按照规定建立瓦斯抽采系统，或者系统不能正常运行的；

（五）通风系统不完善、不可靠的；

（六）超层、越界开采的；

（七）有严重水患，未采取有效措施的；

（八）有冲击地压危险，未采取有效措施的；

（九）自然发火严重，未采取有效措施的；

（十）使用应当淘汰的危及生产安全的设备、工艺的；

（十一）未按照规定建立监控与通讯系统，或者系统不能正常运行的；

（十二）露天煤矿边坡角大于设计最大值或者边坡发生严重变形，未采取有效措施的；

（十三）未按照规定采用双回路供电系统的；

（十四）新建煤矿边建设边生产，煤矿改扩建期间，在改扩建的区域生产，或者在其他区域的生产超出设计规定的范围和规模的；

（十五）实行整体承包生产经营后，未重新取得或者及时变更安全生产许可证而从事生产，或者承包方再次转包，以及将井下采掘工作面和井巷维修作业外包的；

（十六）改制、合并、分立期间，未明确安全生产责任人和安全生产管理机构，或者在完成改制、合并、分立后，未重新取得或者及时变更安全生产许可证等的；

（十七）有其他重大事故隐患的。

学习要点 本条是关于判定煤矿重大事故隐患的规定。

一旦发现煤矿重大事故隐患，应当立即停止受影响区域生产、建设，并及时消除事故隐患。

要点 1 ☞“超能力、超强度或者超定员组织生产”重大事故隐患

（1）煤矿全年原煤产量超过核定（设计）生产能力幅度在 10% 以上，或者月原煤产量大于核定（设计）生产能力的10%的。

（2）煤矿或其上级公司超过煤矿核定（设计）生产能力下达生产计划或者经营指标的。

（3）煤矿开拓、准备、回采煤量可采期小于国家规定的最短时间，未主动采取限产或者停产措施，仍然组织生产的（衰老煤矿和地方人民政府计划停产关闭煤矿除外）。

（4）煤矿井下同时生产的水平超过2个，或者一个采（盘）区内同时作业的采煤、煤（半煤岩）巷掘进工作面个数超过《煤矿安全规程》规定的。

（5）瓦斯抽采不达标组织生产的。

（6）煤矿未制定或者未严格执行井下劳动定员制度，或者采掘作业地点单班作业人数超过国家有关限员规定20%以上的。

要点2 ☞“瓦斯超限作业”重大事故隐患

（1）瓦斯检查存在漏检、假检情况且进行作业的。

（2）井下瓦斯超限后继续作业或者未按照国家规定处置继续进行作业的。

（3）井下排放积聚瓦斯未按照国家规定制定并实施安全技术措施进行作业的。

要点3 ☞“煤与瓦斯突出矿井，未依照规定实施防突出措施”重大事故隐患

（1）未设立防突机构并配备相应专业人员的。

（2）未建立地面永久瓦斯抽采系统或者系统不能正常运行的。

（3）未按照国家规定进行区域或者工作面突出危险性预测的（直接认定为突出危险区域或者突出危险工作面的除外）。

（4）未按照国家规定采取防治突出措施的。

（5）未按照国家规定进行防突措施效果检验和验证，或者防突措施效果检验和验证不达标仍然组织生产建设，或者防突措施效果检验和验证数据造假的。

（6）未按照国家规定采取安全防护措施的。

（7）使用架线式电机车的。

要点4 ☞“突出矿井、高瓦斯矿井未建立瓦斯抽采系统和监控系统，或者系统不能正常运行”重大事故隐患

（1）按照《煤矿安全规程》规定应当建立而未建立瓦斯抽采系统或者系统不能正常使用的。

（2）未按照国家规定安设、调校甲烷传感器，人为造成甲烷传感器失效，或者瓦斯超限后不能报警、断电或者断电范围不符合国家规定的。

要点5 ☞ "通风系统不完善、不可靠"重大事故隐患

（1）矿井总风量不足或者采掘工作面等主要用风地点风量不足的。

（2）没有备用主要通风机，或者两台主要通风机不具有同等能力的。

（3）违反《煤矿安全规程》规定采用串联通风的。

（4）未按照设计形成通风系统，或者生产水平和采（盘）区未实现分区通风的。

（5）高瓦斯、煤与瓦斯突出矿井的任一采（盘）区，开采容易自燃煤层、低瓦斯矿井开采煤层群和分层开采采用联合布置的采（盘）区，未设置专用回风巷，或者突出煤层工作面没有独立的回风系统的。

（6）进、回风井之间和主要进、回风巷之间联络巷中的风墙、风门不符合《煤矿安全规程》规定，造成风流短路的。

（7）采区进、回风巷未贯穿整个采区，或者虽贯穿整个采区但一段进风、一段回风，或者采用倾斜长壁布置，大巷未超前至少2个区段构成通风系统即开掘其他巷道的。

（8）煤巷、半煤岩巷和有瓦斯涌出的岩巷掘进未按照国家规定装备甲烷电、风电闭锁装置或者有关装置不能正常使用的。

（9）高瓦斯、煤（岩）与瓦斯（二氧化碳）突出矿井的煤巷、半煤岩巷和有瓦斯涌出的岩巷掘进工作面采用局部通风时，不能实现双风机、双电源且自动切换的。

（10）高瓦斯、煤（岩）与瓦斯（二氧化碳）突出建设矿井进入二期工程前，其他建设矿井进入三期工程前，没有形成地面主要通风机供风的全风压通风系统的。

要点6 ☞ "超层越界开采"重大事故隐患

（1）超出采矿许可证载明的开采煤层层位或者标高进行开采的。

（2）超出采矿许可证载明的坐标控制范围进行开采的。

（3）擅自开采（破坏）安全煤柱的。

要点7 ☞ "有严重水患，未采取有效措施"重大事故隐患

（1）未查明矿井水文地质条件和井田范围内采空区、废弃老窑积水等情况而组织生产建设的。

（2）水文地质类型复杂、极复杂的矿井未设置专门的防治水机构、未配备专门的探放水作业队伍，或者未配齐专用探放水设备的。

（3）在需要探放水的区域进行采掘作业未按照国家规定进行探放水的。

（4）未按照国家规定留设或者擅自开采（破坏）各种防隔水煤（岩）柱的。

（5）有突（透、溃）水征兆未撤出井下所有受水患威胁地点人员的。

（6）受地表水倒灌威胁的矿井在强降雨天气或其来水上游发生洪水期间未实施停产撤人的。

（7）建设矿井进入三期工程前，未按照设计建成永久排水系统，或者生产矿井延深到设计水平时，未建成防、排水系统而违规开拓掘进的。

（8）矿井主要排水系统水泵排水能力、管路和水仓容量不符合《煤矿安全规程》规定的。

（9）开采地表水体、老空水淹区域或者强含水层下急倾斜煤层，未按照国家规定消除水患威胁的。

要点 8 ☞“有冲击地压危险，未采取有效措施”重大事故隐患

（1）未按照国家规定进行煤层（岩层）冲击倾向性鉴定，或者开采有冲击倾向性煤层未进行冲击危险性评价，或者开采冲击地压煤层，未进行采区、采掘工作面冲击危险性评价的。

（2）有冲击地压危险的矿井未设置专门的防冲机构、未配备专业人员或者未编制专门设计的。

（3）未进行冲击地压危险性预测，或者未进行防冲措施效果检验以及防冲措施效果检验不达标仍组织生产建设的。

（4）开采冲击地压煤层时，违规开采孤岛煤柱，采掘工作面位置、间距不符合国家规定，或者开采顺序不合理、采掘速度不符合国家规定、违反国家规定布置巷道或者留设煤（岩）柱造成应力集中的。

（5）未制定或者未严格执行冲击地压危险区域人员准入制度的。

要点 9 ☞“自然发火严重，未采取有效措施”重大事故隐患

（1）开采容易自燃和自燃煤层的矿井，未编制防灭火专项设计或者未采取综合防灭火措施的。

（2）高瓦斯矿井采用放顶煤采煤法不能有效防治煤层自然发火的。

（3）有自然发火征兆没有采取相应的安全防范措施继续生产建设的。

（4）违反《煤矿安全规程》规定启封火区的。

要点 10 ☞“使用明令禁止使用或者淘汰的设备、工艺”重大事故隐患

（1）使用被列入国家禁止井工煤矿使用的设备及工艺目录的产品或者工艺的。

（2）井下电气设备、电缆未取得煤矿矿用产品安全标志的。

（3）井下电气设备选型与矿井瓦斯等级不符，或者采（盘）区内防爆型电气设备存在失爆，或者井下使用非防爆无轨胶轮车的。

（4）未按照矿井瓦斯等级选用相应的煤矿许用炸药和雷管、未使用专用发爆器，或者裸露爆破的。

（5）采煤工作面不能保证 2 个畅通的安全出口的。

（6）高瓦斯矿井、煤与瓦斯突出矿井、开采容易自燃和自燃煤层（薄煤层除外）矿井，采煤工作面采用前进式采煤方法的。

要点 11 ☞“未按照规定建立监控与通讯系统，或者系统不能正常运行”重大事故隐患

（1）矿井未安装安全监控系统、人员位置监测系统。

（2）安全监控系统、人员位置监测系统不能正常运行。

（3）对系统数据进行修改、删除及屏蔽。

（4）未按照国家规定安设、调校甲烷传感器、人为造成甲烷传感器失效，或者瓦斯超限后不能报警、断电或者断电范围不符合国家规定的。

要点 12 ☞“露天煤矿边坡角大于设计最大值或者边坡发生严重变形，未采取有效措施”重大事故隐患

（1）边坡变形量出现异常变化，未采取措施进行治理，或者出现滑坡征兆，未及时停止作业并撤离人员的。

（2）边坡角大于设计最大值，或者台阶高度严重超高、平盘宽度严重不足的。

（3）边坡监测系统不能正常运行，监测内容不全面，监测范围未做到全覆盖的，或者关闭、破坏边坡监测系统，隐瞒、篡改、销毁边坡监测数据、信息的。

（4）在高温区和自然发火区爆破时未采取措施的。

（5）井工转露天开采的煤矿，未探明老空区情况，或者已探明未制定安全措施的。

（6）将采煤工程作为独立工程发包给其他单位或者个人的，或者将剥离工程发包给 2 家以上单位或者个人的。

（7）将剥离工程转包或者违法分包的，或者未对剥离工程承包单位的安全生产工作统一协调、管理的，或者未定期进行安全检查的。

要点 13 ☞“煤矿没有双回路供电系统”重大事故隐患

（1）单回路供电的。

（2）有两回路电源线路但取自一个区域变电所同一母线段的。

（3）进入二期工程的高瓦斯、煤与瓦斯突出、水文地质类型为复杂和极复杂的建设矿井，以及进入三期工程的其他建设矿井，未形成两回路供电的。

要点 14 ☞ "新建煤矿边建设边生产，煤矿改扩建期间，在改扩建的区域生产，或者在其他区域的生产超出安全设施设计规定的范围和规模"重大事故隐患

（1）建设项目安全设施设计未经审查批准，或者审查批准后作出重大变更未经再次审查批准擅自组织施工的。

（2）新建煤矿在建设期间组织采煤的（经批准的联合试运转除外）。

（3）改扩建矿井在改扩建区域生产的。

（4）改扩建矿井在非改扩建区域超出设计规定范围和规模生产的。

要点 15 ☞ "煤矿实行整体承包生产经营后，未重新取得或者及时变更安全生产许可证而从事生产，或者承包方再次转包，以及将井下采掘工作面和井巷维修作业进行劳务承包"重大事故隐患

（1）煤矿未采取整体承包形式进行发包，或者将煤矿整体发包给不具有法人资格或者未取得合法有效营业执照的单位或者个人的。

（2）实行整体承包的煤矿，未签订安全生产管理协议，或者未按照国家规定约定双方安全生产管理职责而进行生产的。

（3）实行整体承包的煤矿，未重新取得或者变更安全生产许可证进行生产的。

（4）实行整体承包的煤矿，承包方再次将煤矿转包给其他单位或者个人的。

（5）井工煤矿将井下采掘作业或者井巷维修作业（井筒及井下新水平延深的井底车场、主运输、主通风、主排水、主要机电硐室开拓工程除外）作为独立工程发包给其他企业或者个人的，以及转包井下新水平延深开拓工程的。

要点 16 ☞ "煤矿改制期间，未明确安全生产责任人和安全管理机构，或者在完成改制后，未重新取得或者变更采矿许可证、安全生产许可证和营业执照"重大事故隐患

（1）改制期间，未明确安全生产责任人进行生产建设的。

（2）改制期间，未健全安全生产管理机构和配备安全管理人员进行生产建设的。

（3）完成改制后，未重新取得或者变更采矿许可证、安全生产许可证、营业执照而进行生产建设的。

要点 17 ☞ "其他重大事故隐患"

（1）未分别配备专职的矿长、总工程师和分管安全、生产、机电的副矿长，以及负责采煤、掘进、机电运输、通风、地测、防治水工作的专业技术人员的。

（2）未按照国家规定足额提取或者未按照国家规定范围使用安全生产费用的。

（3）未按照国家规定进行瓦斯等级鉴定，或者瓦斯等级鉴定弄虚作假的。

（4）出现瓦斯动力现象，或者相邻矿井开采的同一煤层发生了突出事故，或者被鉴定、认定为突出煤层，以及煤层瓦斯压力达到或者超过 0.74 MPa 的非突出矿井，未立即按照突出煤层管理并在国家规定期限内进行突出危险性鉴定的（直接认定为突出矿井的除外）。

（5）图纸作假、隐瞒采掘工作面，提供虚假信息、隐瞒下井人数，或者矿长、总工程师（技术负责人）履行安全生产岗位责任制及管理制度时伪造记录，弄虚作假的。

（6）提升（运送）人员的提升机未按照《煤矿安全规程》规定安装保护装置，或者保护装置失效，或者超员运行的。

（7）带式输送机的输送带入井前未经过第三方阻燃和抗静电性能试验，或者试验不合格入井，或者输送带防打滑、跑偏、堆煤等保护装置或者温度、烟雾监测装置失效的。

（8）掘进工作面后部巷道或者独头巷道维修（着火点、高温点处理）时，维修（处理）点以里继续掘进或者有人员进入，或者采掘工作面未按照国家规定安设压风、供水、通信线路及装置的。

要点18 ☞ 国家矿山安全监察机构认定的其他重大事故隐患

煤矿重大事故隐患判定标准补充情形（征求意见稿）：

（1）在井口房及其连体建筑内违规动火作业的。

（2）井口房与连体建筑之间未安设防火门或防火门不能关闭的。

（3）受河流、湖泊、塌陷坑积水等地表水体威胁的矿井，未查清井田及周边地面裂缝、废弃井筒、封闭不良钻孔等隐蔽致灾因素或者未采取有效治理措施，在井下受威胁区域组织生产建设的。

（4）遇极端天气未及时撤出井（坑）下作业人员的。

第三十七条 煤矿企业及其有关人员对县级以上人民政府负有煤矿安全生产监督管理职责的部门、国家矿山安全监察机构及其设在地方的矿山安全监察机构依法履行职责，应当予以配合，按照要求如实提供有关情况，不得隐瞒或者拒绝、阻挠。

对县级以上人民政府负有煤矿安全生产监督管理职责的部门、国家矿山安全监察机构及其设在地方的矿山安全监察机构查处的事故隐患，煤矿企业应当立即进行整改，并按照要求报告整改结果。

学习要点 本条是关于煤矿配合安全监管监察的规定。

要点1 ☞ 煤矿应当配合监督检查

本条第一款依据《安全生产法》第六十六条制定，《安全生产法》第六十六条规定，生产经营单位对负有安全生产监督管理职责的部门的监督检查人员（以下统称安全生产监督检查人员）依法履行监督检查职责，应当予以配合，不得拒绝、阻挠。

煤矿企业及其有关人员应当配合县级以上人民政府负有煤矿安全生产监督管理职责的部门、国家矿山安全监察机构及其设在地方的矿山安全监察机构依法履行对煤矿的监督检查职责，并按照要求如实提供有关情况，不得隐瞒或者拒绝、阻挠。

根据本条的规定，煤矿有接受监管部门依法进行的监督检查的义务，对煤矿安全生产监督检查人员依法履行监督检查职责，应予以配合，不得拒绝、阻挠，包括允许监督检查人员进入煤矿相关场所实施现场检查，为监督检查人员依法履行职务提供便利条件，满足监督检查人员依法提出的调阅有关资料，检查有关设施、设备，找煤矿负责人或有关人员谈话了解有关情况等属于检查职权范围内的合法要求。

如果煤矿企业及其有关人员隐瞒或拒绝、阻挠安全监管监察，可能会面临相应的处罚。煤矿企业及其有关人员不履行这项法定义务时，应承担相应的法律责任。《安全生产法》第一百零八条规定，违反本法规定，生产经营单位拒绝、阻碍负有安全生产监督管理职责的部门依法实施监督检查的，责令改正；拒不改正的，处二万元以上二十万元以下的罚款；对其直接负责的主管人员和其他直接责任人员处一万元以上二万元以下的罚款；构成犯罪的，依照刑法有关规定追究刑事责任。《刑法》第二百七十七条第一款规定，以暴力、威胁方法阻碍国家机关工作人员依法执行职务的，处三年以下有期徒刑、拘役、管制或者罚金。同时，对于阻碍国家机关工作人员依法执行职务的行为，可以按照《治安管理处罚法》第五十条的有关规定给予治安管理处罚，即处警告或者二百元以下罚款；情节严重的，处五日以上十日以下拘留，可以并处五百元以下罚款。

要点2 ☞ 煤矿立即整改事故隐患

煤矿安全监管监察部门查处的事故隐患，煤矿企业应当立即进行整改，这也是《安全生产法》的要求，同时，煤矿企业还要将整改结果，按规定报告。

《安全生产法》第七十条规定，负有安全生产监督管理职责的部门依法对存在重大事故隐患的生产经营单位作出停产停业、停止施工、停止使用相关设施或者设备的决定，生产经营单位应当依法执行，及时消除事故隐患。煤矿企业对县级以上人民政府负有煤矿安全生产监督管理职责的部门、国家矿山安全监察机构及其设在地方的矿山安全监察机构查处的事故隐患，应当立即进行整改，并按照要求报告整改结果。

如果煤矿企业拒绝整改安全隐患，相关部门可以采取以下措施：

（1）责令停止作业。对拒不整改的煤矿，责令停止作业，从严实施行政处罚。

（2）调查追责。对经提醒仍不整改的企业，将进一步研究采取调查追责等措施。

（3）按日连续计罚。根据安全生产法，拒不整改的，责令停产停业整改整顿，并且可以按日连续计罚。

（4）联合惩戒。采取联合惩戒方式，最严重的要进行行业或者职业禁入等联合惩戒措施。

第三十八条 煤矿企业应当及时足额安排安全生产费用等资金，确保符合安全生产要求。煤矿企业的决策机构、主要负责人对由于安全生产所必需的资金投入不足导致的后果承担责任。

学习要点 本条是关于煤矿安全投入的规定。

《中共中央　国务院关于推进安全生产领域改革发展的意见》提出："落实企业安全生产费用提取管理使用制度，建立企业增加安全投入的激励约束机制"，并明确要求建立企业全过程安全生产和职业健康管理制度，做到安全责任、管理、投入、培训和应急救援"五到位"。落实企业安全生产费用提取管理使用制度，建立企业增加安全投入的激励约束机制。

《中华人民共和国安全生产法》第二十三条规定，生产经营单位应当具备的安全生产条件所必需的资金投入，由生产经营单位的决策机构、主要负责人或者个人经营的投资人予以保证，并对由于安全生产所必需的资金投入不足导致的后果承担责任。有关生产经营单位应当按照规定提取和使用安全生产费用，专门用于改善安全生产条件。此条款与法律相衔接，明确了企业安全生产投入责任、安全生产费用管理方式、费用性质、列支渠道等。

要点1 ☞ 具备煤矿安全生产条件所必需的资金投入

煤矿安全生产资金投入，是煤矿生产安全进行、防止和减少生产安全事故的重要前提和物质保障。从事煤矿生产活动必须具备《安全生产法》和有关法律、行政法规和国家标准或者行业标准规定的安全生产条件。煤矿要达到以上要求，必须要有一定的资金保证，用于安全设施的建设、安全设备的购置、为从业人员配备劳动防护用品、对安全设备进行检测、维护、保养等。因此，本条规定煤矿企业应当及时足额安排安全生产费用等资金，确保符合安全生产要求。

要点2 ☞ 资金投入不足的责任承担

煤矿的决策机构、主要负责人或者实际投资人应当对由于煤矿安全生产所必需的资金投入不足导致的后果承担责任。该规定明确了安全生产资金投入的保证主体与法律责任之间的关系。因煤矿安全生产所必需的资金投入不足导致煤矿生产安全事故发生，造成人员伤亡和财产损失的，煤矿的决策机构、主要负责人或者实际投资人应当对后果负责，即承担相应的法律责任，包括民事赔偿责任、行政责任以及刑事责任。本条所称的煤矿的决策机构，是指对煤矿的生产经营方案和投资计划等重大事项进行决策的机构，主要包括对安全生产资金投入进行决策的机构，如有限责任公司、股份有限公司的股东会或者董事会。

要点3 ☞ 煤矿安全生产费用的提取、使用和管理

煤矿安全生产费用的提取、使用和管理严格执行《企业安全生产费用提取和使用管理办法》（财资〔2022〕136号）。

1. 煤矿企业安全生产费用管理原则

（1）筹措有章。统筹发展和安全，依法落实企业安全生产投入主体责任，足额提取。

（2）支出有据。企业根据生产经营实际需要，据实开支符合规定的安全生产费用。

（3）管理有序。企业专项核算和归集安全生产费用，真实反映安全生产条件改善投入，不得挤占、挪用。

（4）监督有效。建立健全企业安全生产费用提取和使用的内外部监督机制，按规定开展信息披露和社会责任报告。

2. 煤炭生产企业安全生产费用提取和使用管理

煤炭生产是指煤炭资源开采作业有关活动。批准进行联合试运转的基本建设煤矿，按规定提取使用企业安全生产费用。

煤炭生产企业依据当月开采的原煤产量，于月末提取企业安全生产费用。提取标准如下：

（1）煤（岩）与瓦斯（二氧化碳）突出矿井、冲击地压矿井吨煤50元。

（2）高瓦斯矿井，水文地质类型复杂、极复杂矿井，容易自燃煤层矿井吨煤30元。

（3）其他井工矿吨煤15元。

（4）露天矿吨煤5元。

多种灾害并存矿井，从高提取企业安全生产费用。

3. 煤炭生产企业安全生产费用支出

（1）煤与瓦斯突出及高瓦斯矿井落实综合防突措施支出，包括瓦斯区域预抽、保护层开采区域防突措施、开展突出区域和局部预测、实施局部补充防突措施等两个“四位一体”综合防突措施，以及更新改造防突设备和设施、建立突出防治实验室等支出。

（2）冲击地压矿井落实防冲措施支出，包括开展冲击地压危险性预测、监测预警、防范治理、效果检验、安全防护等防治措施，更新改造防冲设备和设施，建立防冲实验室等支出。

（3）煤矿安全生产改造和重大事故隐患治理支出，包括通风、防瓦斯、防煤尘、防灭火、防治水、顶板、供电、运输等系统设备改造和灾害治理工程，实施煤矿机械化改造、智能化建设，实施矿压、热害、露天煤矿边坡治理等支出。

（4）完善煤矿井下监测监控、人员位置监测、紧急避险、压风自救、供水施救和通信联络等安全避险设施设备支出，应急救援技术装备、设施配置和维护保养支出，事故逃生和紧急避难设施设备的配置和应急救援队伍建设、应急预案制修订与应急支出。

（5）开展重大危险源检测、评估、监控支出，安全风险分级管控和事故隐患排查整改支出，安全生产信息化建设、运维和网络安全支出。

（6）安全生产检查、评估评价（不含新建、改建、扩建项目安全评价）、咨询、标准化建设支出。

（7）配备和更新现场作业人员安全防护用品支出。

（8）安全生产宣传、教育、培训和从业人员发现并报告事故隐患的奖励支出。

（9）安全生产适用新技术、新标准、新工艺、煤矿智能装备及煤矿机器人等新装备的推广应用支出。

（10）安全设施及特种设备检测检验、检定校准支出。

（11）安全生产责任保险支出。

（12）与安全生产直接相关的其他支出。

4. 煤炭生产企业安全生产费用支出负面清单

类　别	名　称
安全生产改造和重大隐患治理支出	1. 掘进、回采过程中的生产设备的购置和非“四化”建设改造支出
	2. 液压支架的购置费用、维修费用
	3. 地面煤流生产线系统以外的环保用防控粉尘设施支出
应急能力建设支出	1. 应急救援人员工资及劳务费
	2. 外援救护服务支出，如应急救援协议年费、外协医疗急救服务年费
	3. 生产安全事故发生后的应急处置、现场清理、人员接待、伤害赔偿与补助、抚恤金、罚款等费用
安全检查、评价、咨询支出	1. 煤矿新建、改建、扩建项目安全评价费用
	2. 与安全生产无直接相关的体系审核、报告审核、专家工时费用等服务支出
现场作业人员安全防护用品支出	1. 职工防寒、防暑物品以及普通工作服、洗护用品等劳保用品支出（按照《个体防护装备配备规范》（GB 39800）要求为现场作业人员配备使用的防护用品支出除外）
	2. 防疫物资购置支出
安全生产宣教培训支出	企业负责人、安全生产管理人员、特种设备作业人员参加非安全生产相关的岗前培训费、考试费、办证费等费用
安全“四新”推广应用支出	“四新”（新技术、新标准、新工艺、新装备）的研究、开发等前期费用
安全设施、特种设备检测检验、检定校准支出	普通机械设备（如采煤机、掘进机、挖掘机、带式输送机、刮板输送机、液压支架等）检测检验、检定校准费用
安全生产责任保险支出	法定安全生产责任保险以外的其他保险费用
其他直接相关支出	1. 从业人员发现并报告事故隐患奖励之外的安全生产考核奖励支出
	2. 爆炸品库建设以及购买生产用爆破器材、爆炸品费用支出
	3. 保障和完善生产设施设备正常运行的技改维修、技术服务、物料器材、更新拆除等支出
	4. 专职或兼职安全管理人员的薪酬、社保、岗位风险津贴，保安岗位人员工资
	5. 职业病危害因素检测、职业健康体检以及职业病诊断、鉴定、治疗、康复费用
	6. 列入煤矿维简费使用范围的项目支出、企业生产经营所产生的日常运营费用等

第三节　煤矿安全生产监督管理

第三十九条　煤矿安全生产实行地方党政领导干部安全生产责任制，强化煤矿安全生产属地管理。

学习要点　本条是关于明确煤矿企业当地地方政府领导干部对煤矿企业安全生产负有监管责任的规定。

要点1 ☞ 煤矿安全生产实行地方监管主体

《条例》规定省级人民政府应当按照分级分类监管原则明确每个煤矿企业的安全监管主体，为了防止各部门间推诿扯皮，要求县级以上人民政府要加强对煤矿安全生产工作的领导，建立部门工作协调机制。

习近平总书记强调，各级党委和政府要增强责任意识。落实安全生产责任制，要落实行业主管部门直接监管、安全监管部门综合监管、地方政府属地监管，坚持管行业必须管安全，管业务必须管安全，管生产必须管安全，而且要党政同责、一岗双责、齐抓共管。

要点2 ☞ 强化煤矿安全生产属地管理，充分发挥基层监管作用

本条明确了属地监管职责，进一步强调属地监管责任，一旦发生事故对负有责任的直接责任人、领导人员要严肃追究责任，涉嫌违法犯罪的要移送司法机关追究刑事责任。

《安全生产法》第三条第三款规定："安全生产工作实行管行业必须管安全、管业务必须管安全、管生产经营必须管安全，强化和落实生产经营单位主体责任与政府监管责任，建立生产经营单位负责、职工参与、政府监管、行业自律和社会监督的机制。"

国务院安委会制定的安全生产十五条措施中明确规定要严格落实地方党委以及地方政府安全生产责任，严格落实《地方党政领导干部安全生产责任制规定》，严格落实"党政同责、一岗双责、齐抓共管、失职追责"，综合运用巡查督查、考核考察、激励惩戒等措施加强对安全生产工作的组织领导。对不认真履行职责，发生较大及以上生产安全事故的，不仅要追究直接责任，而且要追究地方党委和政府领导责任、有关部门的监管责任，特别是重特大事故要追究主要领导、分管领导的责任。对非法煤矿、违法盗采等严重违法违规行为没有采取有效制止措施甚至放任不管的，要依规依纪依法追究县、乡党委和政府主要负责人的责任，构成犯罪的移交司法机关追究刑事责任。

第四十条 省、自治区、直辖市人民政府应当按照分级分类监管的原则，明确煤矿企业的安全生产监管主体。

县级以上人民政府相关主管部门对未依法取得安全生产许可证等擅自进行煤矿生产的，应当依法查处。

乡镇人民政府在所辖区域内发现未依法取得安全生产许可证等擅自进行煤矿生产的，应当采取有效措施制止，并向县级人民政府相关主管部门报告。

学习要点 本条是关于明确各级人民政府对煤矿企业应当承担相应监管责任的规定。

2023 年 9 月 6 日中共中央办公厅、国务院办公厅下发的《关于进一步加强矿山安全生产工作的意见》中要求要落实地方党政领导责任以及矿山安全监管责任，各地区应当坚持明责知责、履责尽责，按照分级分类原则，明确省市县三级矿山安全监管执法管辖权限，着力构建以“国家监察、地方监管、企业负责”为基本框架的煤矿安全生产依法治理体系。

要点 1 ☞ 分级分类监管，明确煤矿企业的监管主体

要求省、自治区、直辖市人民政府根据行业类别、风险大小、安全生产状况和管理绩效，全面推行安全生产分类分级监督管理工作，并按照分级分类监管的原则，明确每一个煤矿企业的安全生产监管主体，进一步完善安全生产治理体系，提升治理能力，确保煤矿企业安全生产运行。合理确定机构职能，进一步细化政府及负有煤矿安全监管职责有关部门的安全生产监管责任，制定完善的责任落实制度，使监管职责法律化、规范化，做到执法监管不越位、不缺位、不错位。

要点 2 ☞ 明确了县级以上人民政府相关主管部门依法查处违法煤矿

县级以上地方人民政府负有煤矿安全生产监督管理职责的部门，依法对煤矿企业特别是一线生产作业场所进行监督检查，依法查处未依法取得安全生产许可证等擅自进行生产的煤矿。

按照“先取证后生产”原则实施准入管理，明确煤矿企业进行生产前，应当依照《安全生产许可证条例》规定的条件取得安全生产许可证。县级以上地方政府及有关部门不得要求不具备安全生产条件的煤矿进行生产。未依法取得安全生产许可证等擅自进行生产的，以及3个月内2次或者2次以上发现有重大事故隐患仍然进行生产等情形，由地方政府依法予以关闭；一旦发生事故，对负有事故的直接责任人、领导人员要严肃追究责任，涉嫌违法犯罪的要移送司法机关追究刑事责任；避免了部分监管监察人员责任心不强，监管执法“宽、松、软、虚”的外因。

要点3 ☞ 明确乡镇人民政府的职能

要求乡镇人民政府（街道办事处）主动参与到煤矿企业的安全生产监督中，应当设立或者明确安全生产监督管理机构，对本辖区内的安全生产工作进行综合监督管理，并指导村民委员会、居民委员会做好安全生产工作；建立权责清单制度，并通过编制清单，形成边界清晰、分工合理、权责一致、协同合作、运转高效的安全生产管理体系。

由于部分地区存在煤矿安全保供的任务、压力比较大，而且压力大部分集中在县、乡人民政府身上，但是保供是在安全条件下的保供，安全必须放在第一位，不能只讲保供，不能明知存在重大安全风险保供，该停的不停、该关的不关，一旦出了生产安全事故，保供不是逃避事故责任的理由。

明确乡镇人民政府对在所辖区域内发现未依法取得安全生产许可证等擅自进行生产的煤矿，采取有效措施进行制止，而且还要向县级人民政府相关主管部门进行报告的要求。

第四十一条 省、自治区、直辖市人民政府负有煤矿安全生产监督管理职责的部门审查煤矿建设项目安全设施设计，应当自受理之日起30日内审查完毕，签署同意或者不同意的意见，并书面答复。

省、自治区、直辖市人民政府负有煤矿安全生产监督管理职责的部门应当加强对建设单位安全设施验收活动和验收结果的监督核查。

学习要点 本条是关于对煤矿安全设施设计、验收监督核查管理的规定。

要点1 ☞ 煤矿建设项目安全设施设计审查

《中华人民共和国行政许可法》第四条规定：“设定和实施行政许可，应当依照法定的权限、范围、条件和程序”。安全生产法定条件和程序，是指安全生产法和其他有关安全生产法律、法规和国家标准或者行业标准规定的条件和程序。实践中，安全生产行政许可实施中主要有两种倾向：一种是为了本地区、本部门的利益，有关主管部门不严格按照法律、法规和国家标准或者行业标准规定的安全生产条件和程序进行审查，实行所谓的“先上车、后买票”，擅自放宽安全生产条件或者不按照程序审查。另一种是有关主管部门擅自增加或者改变许可的条件和程序，如法定程序中没有规定下级部门初审的，上级文件中增加初审的规定，要求申请人必须经初审合格后，方可向发证部门提出许可申请。为此本条规定，负有安全生产监督管理职责的部门必须严格依照有关法律、法规和国家标准或者行业标准规定的安全生产条件和程序审查煤矿建设项目安全设施设计；否则，须承担相应的法律责任。

明确了煤矿建设项目安全设施设计自受理之日起30日内审查完毕，签署同意或者不同意的意见，并书面答复。

要点2 ☞ 煤矿安全设施验收活动和验收结果

《中华人民共和国安全生产法》第六十三条规定：负有安全生产监督管理职责的部门依照有关法律、法规的规定，对涉及安全生产的事项需要审查批准（包括批准、核准、许可、注册、认证、颁发证照等，下同）或者验收的，必须严格依照有关法律、法规和国家标准或者行业标准规定的安全生产条件和程序进行审查；不符合有关法律、法规和国家标准或者行业标准规定的安全生产条件的，不得批准或者验收通过。对未依法取得批准或者验收合格的单位擅自从事有关活动的，负责行政审批的部门发现或者接到举报后应当立即予以取缔，并依法予以处理。对已经依法取得批准的单位，负责行政审批的部门发现其不再具备安全生产条件的，应当撤销原批准。因此本条规定，煤矿安全生产监督管理职责的部门应当加强对建设单位安全设施验收活动和验收结果的监督核查。

《中华人民共和国安全生产法》第六十四条规定，负有安全生产监督管理职责的部门对涉及安全生产的事项进行审查、验收，不得收取费用；不得要求接受审查、验收的单位购买其指定品牌或者指定生产、销售单位的安全设备、器材或者其他产品。

第四十二条　省、自治区、直辖市人民政府负有煤矿安全生产监督管理职责的部门负责煤矿企业安全生产许可证的颁发和管理，并接受国家矿山安全监察机构及其设在地方的矿山安全监察机构的监督。

学习要点 本条是关于煤矿企业安全生产许可证的颁发和管理规定。

要点1 ☞ 煤矿企业安全生产许可证的颁发和管理部门

本条款根据《生产安全许可证条例》《煤矿企业安全生产许可证实施办法》等规定进行了修改，主要是煤矿企业安全生产许可证颁发和管理部门由煤矿安全监察机构改为省、自治区、直辖市人民政府负有煤矿安全生产监督管理职责的部门。

要点2 ☞ 煤矿企业安全生产许可证管理内容

安全生产许可证颁发和管理，接受国家矿山安全监察机构及其设在地方的矿山安全监察机构的监督。原《煤矿安全监察条例》第三十七条、第四十三条和《煤矿安全监察行政处罚办法》第二十一条就是关于煤矿企业安全生产许可证管理的内容。

原《煤矿安全监察条例》第三十七条规定，煤矿矿井通风、防火、防水、防瓦斯、防毒、防尘等安全设施和条件不符合国家安全标准、行业安全标准、煤矿安全规程和行业技术规范的要求，经煤矿安全监察机构责令限期达到要求，逾期仍达不到要求的，由煤矿安全监察机构责令停产整顿；经停产整顿仍不具备安全生产条件的，由煤矿安全监察机构决定吊销煤炭生产许可证，并移送地质矿产主管部门依法吊销采矿许可证。

原《煤矿安全监察条例》第四十三条规定，擅自开采保安煤柱，或者采用危及相邻煤矿生产安全的决水、爆破、贯通巷道等危险方法进行采矿作业，经煤矿安全监察人员责令立即停止作业，拒不停止作业的，由煤矿安全监察机构决定吊销煤炭生产许可证，并移送地质矿产主管部门依法吊销采矿许可证；构成犯罪的，依法追究刑事责任；造成损失的，依法承担赔偿责任。

《煤矿安全监察行政处罚办法》第二十一条规定，擅自开采保安煤柱，或者采用危及相邻煤矿生产安全的决水、爆破、贯通巷道等危险方法进行采矿作业，责令立即停止作业拒不停止作业的，由煤矿安全监察机构决定吊销安全生产许可证，并移送地质矿产主管部门依法吊销采矿许可证。

第四十三条 县级以上地方人民政府负有煤矿安全生产监督管理职责的部门应当编制煤矿安全生产年度监督检查计划，并按照计划进行监督检查。

煤矿安全生产年度监督检查计划应当抄送所在地矿山安全监察机构。

学习要点 本条是关于年度煤矿安全生产年度监督检查计划的规定。

本条依据《中华人民共和国安全生产法》第六十二条规定：县级以上地方各级人民政府应当根据本行政区域内的安全生产状况，组织有关部门按照职责分工，对本行政区域内容易发生重大生产安全事故的生产经营单位进行严格检查。应急管理部门应当按照分类分级监督管理的要求，制定安全生产年度监督检查计划，并按照年度监督检查计划进行监督检查，发现事故隐患，应当及时处理。

要点1 ☞ 县级以上地方人民政府负有煤矿安全生产监督管理职责的部门应当编制煤矿安全生产年度监督检查计划

监督管理部门应当根据本部门执法人员的数量、装备配备、执法区域的范围和生产经营单位的数量、分布、生产规模以及安全生产状况等因素科学、合理制订年度监督检查计划。监督检查计划应当包括检查的煤矿数量和频次，检查的方式、重点等内容。计划的内容应当明确、具体，具有可操作性，并落实到本部门内设责任机构及人员。计划由本部门主要负责人组织制订。计划一旦确定，不得随意更改。确需调整相关内容的，也应当按照规定报经主要负责人批准。

要点2 ☞ 县级以上地方人民政府负有煤矿安全生产监督管理职责的部门按照计划进行监督检查

（1）全面了解掌握本行政区域煤矿安全生产状况。这是组织好本部门开展煤矿安全生产监督检查的前提，决定着组织检查的频次、规模、范围以及参加检查的部门和人员数量、专业等。县级以上地方人民政府负有煤矿安全生产监督管理职责的部门应当根据本行政区域煤矿的特点、分布区域、人员结构等情况，分析可能发生煤矿生产安全事故的途径、危害程度以及影响范围。

（2）按照监督检查部门职责分工组织安全检查。县级以上地方人民政府负有煤矿安全生产监督管理职责的部门应当根据本部门职责分工，组织煤矿安全检查。应当根据计划的组织安排，依照法律、法规的规定进行安全检查。

（3）确定煤矿安全检查重点。县级以上地方人民政府负有煤矿安全生产监督管理职责的部门应当在调查研究的基础上，确定本行政区域内容易发生重大生产安全事故的煤矿，也包括一旦发生事故将造成重大人身伤亡的煤矿，还包括在保障安全生产上存在重大问题的煤矿。

（4）检查必须严格，禁止搞形式，走过场。监督检查部门应当严格按照有关法律、法规、规章和国家标准、行业标准的规定进行检查，做到“全覆盖、零容忍、严执法、重实效”。应当采用“四不两直”（即不发通知、不打招呼、不听汇报、不用接待和陪同，直奔基层、直插现场）、暗查暗访的方式严格检查，不能降低检查的标准和要求，真正做到有法必依、执法必严、违法必究。

要点3 ☞ 煤矿安全生产年度监督检查计划应当抄送所在地矿山安全监察机构

监督检查部门年度监督检查计划应当报请本级人民政府审查批准，并报上一级部门备案，抄送所在地矿山安全监察机构。监督检查部门应当按照计划实施监督检查，发现事故隐患，应当及时处理。

第四十四条 县级以上地方人民政府负有煤矿安全生产监督管理职责的部门依法对煤矿企业进行监督检查，并将煤矿现场安全生产状况作为监督检查重点内容。监督检查可以采取以下措施：

（一）进入煤矿企业进行检查，重点检查一线生产作业场所，调阅有关资料，向有关单位和人员了解情况。

（二）对检查中发现的安全生产违法行为，当场予以纠正或者要求限期改正。

（三）对检查中发现的事故隐患，应当责令立即排除；重大事故隐患排除前或者排除过程中无法保证安全的，应当责令从危险区域内撤出作业人员，责令暂时停产或者停止使用相关设施、设备。

（四）对有根据认为不符合保障安全生产的国家标准或者行业标准的设施、设备、器材予以查封或者扣押。

监督检查不得影响煤矿企业的正常生产经营活动。

学习要点 本条是关于煤矿现场安全生产状况监督检查权限的规定。

《中华人民共和国安全生产法》第十条、第六十五条、第六十六条、第六十七条、第六十八条、第六十九条均对检查双方的责任、义务等权利进行明确。本条严格依据了第六十五条。

要点1 ☞ 煤矿监督检查的部门

严格落实监管监察责任。明确安全生产监督管理部门和监管职责，要求县级以上地方人民政府负有煤矿安全生产监督管理的部门，依法对煤矿企业进行检查。

要点2 ☞ 煤矿监督检查重点内容

煤矿现场安全生产状况作为监督检查重点内容，进入生产一线，调阅有关资料，向有关单位和人员了解情况进行监督检查，强化源头治理，严查风险隐患。煤矿安全监管部门应当以预防为主，及时发现和消除事故隐患，有效纠正影响煤矿安全的违法行为。重大事故隐患排除前或者排除过程中无法保证安全的，应当责令从危险区域内撤出作业人员，责令暂时停产或者停止使用相关设施、设备；对有根据认为不符合保障安全生产的国家标准或者行业标准的设施、设备、器材予以查封或者扣押。作出现场处理和行政处罚，执法机关应当出具相应的执法文书。

要点3 ☞ 煤矿监督检查措施

（1）进入煤矿企业进行检查，重点检查一线生产作业场所，调阅有关资料，向有关单位和人员了解情况。

（2）对检查中发现的安全生产违法行为，当场予以纠正或者要求限期改正。

（3）对检查中发现的事故隐患，应当责令立即排除；重大事故隐患排除前或者排除过程中无法保证安全的，应当责令从危险区域内撤出作业人员，责令暂时停产或者停止使用相关设施、设备。

（4）对有根据认为不符合保障安全生产的国家标准或者行业标准的设施、设备、器材予以查封或者扣押。

要点4 ☞ 上述4项采取的措施，也就是三项监督检查人员的权力

（1）现场调查取证权。包括：①县级以上地方人民政府负有煤矿安全生产监督管理职责的部门有权进入煤矿进行现场检查，被检查单位不得拒绝。②有权向被检查煤矿调阅与监督检查有关的资料，如煤矿生产工艺的资料，安全设施、设备的档案资料，从业人员安全生产教育、培训、考核的资料等。被检查单位应当如实提供。③向有关人员，包括被检查煤矿的负责人，有关的管理人员、技术人员和作业人员等了解相关的情况。有关人员应当予以配合，如实提供有关情况。

（2）现场处理权。包括：①县级以上地方人民政府负有煤矿安全生产监督管理职责的部门，对监督检查中发现的安全生产违法行为，有权当场予以纠正或者要求限期改正。②责令排除事故隐患。对现场监督检查中发现的事故隐患，县级以上地方人民政府负有煤矿安全生产监督管理职责的部门有权责令被检查单位采取有效措施，立即予以排除。③责令采取紧急避险措施权。如果检查中发现的事故隐患属于重大隐患，在隐患排除前或者排除过程中不能保证人员安全的，县级以上地方人民政府负有煤矿安全生产监督管理职责的部门有权要求从危险区域撤出作业人员，同时要求暂时停止存在重大事故隐患的作业，或者暂停存在重大事故隐患的相关设施、设备的使用。只有在重大事故隐患被排除后，经过县级以上地方人民政府负有煤矿安全生产监督管理职责的部门审查同意，煤矿才能恢复有关的生产经营活动或者恢复有关设施、设备的使用。④对检查中发现的违法行为，依照有关法律、法规的规定应当由县级以上地方人民政府负有煤矿安全生产监督管理职责的部门予以处罚的，依法作出行政处罚的决定。

（3）采取查封或扣押行政强制措施权。县级以上地方人民政府负有煤矿安全生产监督管理职责的部门对有根据认为不符合保障安全生产的国家标准或者行业标准的设施、设备、器材以及违法生产、储存、使用、经营、运输的危险物品，有予以查封或者扣押的权力，对违法生产、储存、使用、经营危险物品的作业场所，有权予以查封。这里所规定的“查封”，是指县级以上地方人民政府负有煤矿安全生产监督管理职责的部门对于不符合保障煤矿安全生产的国家标准或者行业标准的设施、设备、器材以张贴封条或者其他必要措施封存起来，未经查封部门许可，任何单位或者个人不得启封、动用。这里所规定的“扣押”，是指县级以上地方人民政府负有煤矿安全生产监督管理职责的部门将不符合保障煤矿安全生产的国家标准或者行业标准的设施、设备、器材运到另外的场所予以扣留。

要点5 ☞ 监督检查不得影响煤矿企业的正常生产经营活动

本条第一款规定的4项监督检查权，是根据保障煤矿安全生产的特点，赋予了监督检查部门必要的权力，也规定了行使这些职权的具体条件、应遵循的规则。这种监督检查是针对违法行为、事故隐患的，总的目的是安全生产。为此，本条第二款又确立了一条重要的规则，即监督检查不得影响被检查煤矿的正常生产经营活动。这里所规定的“正常生产经营活动”，是指没有违反安全生产要求、履行了安全生产义务的生产经营活动。而对于在检查中发现的违法行为，事故隐患，不符合保障煤矿安全生产的国家标准或者行业标准的设施、设备、器材，违法生产、储存、使用、经营、运输的危险物品，违法生产、储存、使用、经营危险物品的作业场所，分别采取当场纠正或者要求限期改正，责令立即排除，责令暂时停产停业或者停止使用相关设施、设备，查封或者扣押等措施，不属于影响正常生产经营活动。煤矿不得以此为借口，拒绝、阻挠职能部门的监督检查。

第四十五条　县级以上地方人民政府负有煤矿安全生产监督管理职责的部门应当将重大事故隐患纳入相关信息系统，建立健全重大事故隐患治理督办制度，督促煤矿企业消除重大事故隐患。

学习要点 本条是关于消除煤矿重大事故隐患的规定。

要点1 ☞ 煤矿重大事故隐患的有关法律法规规定

（1）为了准确认定、及时消除煤矿重大事故隐患，根据《中华人民共和国安全生产法》等法律、行政法规，制定了《煤矿重大事故隐患判定标准》（中华人民共和国应急管理部令第4号）从15个方面对重大事故隐患类别进行了规定。

（2）《中华人民共和国矿山安全法》（2021年修正）第四十七条明确矿山企业主管人员对矿山事故隐患不采取措施，因而发生重大伤亡事故的，依照刑法有关规定追究刑事责任。

（3）《中华人民共和国安全生产法》第七十条对查出重大隐患处置进行明确规定，负有安全生产监督管理职责的部门依法对存在重大事故隐患的生产经营单位作出停产停业、停止施工、停止使用相关设施或者设备的决定，生产经营单位应当依法执行，及时消除事故隐患。生产经营单位拒不执行，有发生生产安全事故的现实危险的，在保证安全的前提下，经本部门主要负责人批准，负有安全生产监督管理职责的部门可以采取通知有关单位停止供电、停止供应民用爆炸物品等措施，强制生产经营单位履行决定。通知应当采用书面形式，有关单位应当予以配合。

负有安全生产监督管理职责的部门依照前款规定采取停止供电措施，除有危及生产安全的紧急情形外，应当提前二十四小时通知生产经营单位。生产经营单位依法履行行政决定、采取相应措施消除事故隐患的，负有安全生产监督管理职责的部门应当及时解除前款规定的措施。

（4）为了加强重大隐患的管理，提高工作效率，负有煤矿安全生产监督管理职责的部门应当将重大隐患纳入信息管理系统，建立健全重大事故隐患治理督办制度，督促煤矿企业消除重大事故隐患。对于重大隐患调查处理参阅《矿山重大隐患调查处理办法（试行）》的通知（矿安〔2021〕49号）文。

要点2 ☞ 重大隐患信息管理系统

重大隐患信息管理系统是一种基于互联网技术的安全预警和管理系统。主要功能是帮助煤矿企业和政府机关对重大隐患进行管理和监测，从而确保煤矿安全生产。该系统可以实现对各种煤矿事故隐患的监测和分析，并及时发布预警信息。该系统还拥有可视化的数据分析和报表功能，可以为政府和煤矿企业提供有效的决策依据。总之，重大隐患信息管理系统可以通过信息化手段实现对煤矿安全管理的全方位覆盖和精细化管理，提高应急处置的效率和准确性，保障煤矿安全生产。

要点3 ☞ 重大事故隐患治理督办制度

县级以上地方人民政府负有煤矿安全生产监督管理职责的部门应当建立健全重大事故隐患治理督办制度。督办制度应当包括以下内容：

（1）督办重大事故隐患治理的内部责任体系。

（2）督办通知、督促治理、移交提级、验收销号、公示公告和执法处罚等工作机制。

（3）督办信息管理体系。

（4）报告监督、举报奖励等工作制度。

要点4 ☞ 督办的重大事故隐患

县级以上地方人民政府负有煤矿安全生产监督管理职责的部门实施督办的重大事故隐患包括：

（1）监督检查中发现的重大事故隐患。

（2）煤矿企业报告的重大事故隐患。

（3）举报并经查实的重大事故隐患。

（4）其他移交并经核实的重大事故隐患。

第四十六条 县级以上地方人民政府负有煤矿安全生产监督管理职责的部门应当加强对煤矿安全生产技术服务机构的监管。

承担安全评价、认证、检测、检验等职责的煤矿安全生产技术服务机构应当依照有关法律法规和国家标准或者行业标准的规定开展安全生产技术服务活动，并对出具的报告负责，不得租借资质、挂靠、出具虚假报告。

学习要点 本条是关于对煤矿安全生产技术服务机构的管理规定。

要点1 ☞ 煤矿安全生产技术服务机构的监管要求

应当加强对煤矿安全生产技术服务机构的监管由县级以上地方人民政府负有煤矿安全生产监督管理职责的部门负责。

《中华人民共和国安全生产法》对安全生产技术服务机构资质进行明确，承担安全评价、认证、检测、检验职责的机构应当具备国家规定的资质条件，并对其作出的安全评价、认证、检测、检验结果的合法性、真实性负责。资质条件由国务院应急管理部门会同国务院有关部门制定。

承担安全评价、认证、检测、检验职责的机构应当建立并实施服务公开和报告公开制度，不得租借资质、挂靠、出具虚假报告。

要点 2 ☞ 煤矿安全生产技术服务机构的责任追究

承担安全评价、认证、检测、检验等职责的煤矿安全生产技术服务机构应当依照有关法律法规和国家标准或者行业标准的规定开展安全生产技术服务活动，并对出具的报告负责，不得租借资质、挂靠、出具虚假报告。

《中华人民共和国安全生产法》对煤矿安全生产技术服务机构租借资质、挂靠、出具虚假报告的行为处罚进行明确，承担安全评价、认证、检测、检验职责的机构出具失实报告的，责令停业整顿，并处三万元以上十万元以下的罚款；给他人造成损害的，依法承担赔偿责任。

承担安全评价、认证、检测、检验职责的机构租借资质、挂靠、出具虚假报告的，没收违法所得；违法所得在十万元以上的，并处违法所得二倍以上五倍以下的罚款，没有违法所得或者违法所得不足十万元的，单处或者并处十万元以上二十万元以下的罚款；对其直接负责的主管人员和其他直接责任人员处五万元以上十万元以下的罚款；给他人造成损害的，与生产经营单位承担连带赔偿责任；构成犯罪的，依照刑法有关规定追究刑事责任。

对有前款违法行为的机构及其直接责任人员，吊销其相应资质和资格，五年内不得从事安全评价、认证、检测、检验等工作；情节严重的，实行终身行业和职业禁入。

第四十七条 县级以上人民政府及其有关部门对存在安全生产失信行为的煤矿企业、煤矿安全生产技术服务机构及有关从业人员，依法依规实施失信惩戒。

学习要点 本条是关于安全生产失信惩戒的规定。

要点 1 ☞ 失信惩戒的依据

联合惩戒的依据是《安全生产法》《安全生产严重失信主体名单管理办法》。

（1）《安全生产法》第七十八条规定，有关部门和机构应当对存在失信行为的生产经营单位及其有关从业人员采取加大执法检查频次、暂停项目审批、上调有关保险费率、行业或者职业禁入等联合惩戒措施，并向社会公示。

（2）2023 年 7 月 17 日应急管理部第 16 次部务会议审议通过《安全生产严重失信主体名单管理办法》（中华人民共和国应急管理部令第 11 号），自 2023

年 10 月 1 日起施行。这是安全生产领域认真贯彻落实党中央、国务院关于加强社会信用体系建设一系列决策部署的重要举措。高度重视安全生产诚信体系建设，将其作为提升安全生产领域治理体系和治理能力现代化水平的有效途径，作为创新安全监管机制，有效落实企业安全生产主体责任的重要举措来认识和推动。

要点 2 ☞ 失信惩戒的主体

县级以上人民政府及其有关部门。

要点 3 ☞ 失信惩戒的对象

失信惩戒的对象是煤矿企业、煤矿安全生产技术服务机构及有关从业人员。

严重失信主体名单管理期限为 3 年。管理期满后由作出列入严重失信主体名单决定的应急管理部门负责移出，并停止公示和解除管理措施。

鼓励被列入对象进行信用修复，纠正失信行为、消除不良影响。符合信用修复条件的，应急管理部门应当按照有关规定将其移出严重失信主体名单并解除管理措施。

要点 4 ☞ 失信惩戒的行为

1. 安全生产失信行为

（1）下列发生生产安全事故的生产经营单位及其有关人员应当列入严重失信主体名单：

① 发生特别重大、重大生产安全事故的生产经营单位及其主要负责人，以及经调查认定对该事故发生负有责任，应当列入名单的其他单位和人员。

② 12 个月内累计发生 2 起以上较大生产安全事故的生产经营单位及其主要负责人。

③ 发生生产安全事故，情节特别严重、影响特别恶劣，依照《安全生产法》第一百一十四条的规定被处以罚款数额 2 倍以上 5 倍以下罚款的生产经营单位及其主要负责人。

④ 瞒报、谎报生产安全事故的生产经营单位及其有关责任人员。

⑤ 发生生产安全事故后，不立即组织抢救或者在事故调查处理期间擅离职守或者逃匿的生产经营单位主要负责人。

（2）下列未发生生产安全事故，但因安全生产违法行为，受到行政处罚的生产经营单位或者机构及其有关人员，应当列入严重失信主体名单：

① 未依法取得安全生产相关许可或者许可被暂扣、吊销期间从事相关生产经营活动的生产经营单位及其主要负责人。

② 承担安全评价、认证、检测、检验职责的机构及其直接责任人员租借资

质、挂靠、出具虚假报告或者证书的。

③ 在应急管理部门作出行政处罚后，有执行能力拒不执行或者逃避执行的生产经营单位及其主要负责人。

④ 其他违反安全生产法律法规受到行政处罚，且性质恶劣、情节严重的。

2. 失信惩戒的措施

应急管理部门对被列入严重失信主体名单的对象可以采取下列管理措施：

（1）在国家有关信用信息共享平台、国家企业信用信息公示系统和部门政府网站等公示相关信息。

（2）加大执法检查频次、暂停项目审批、实施行业或者职业禁入。

（3）不适用告知承诺制等基于诚信的管理措施。

（4）取消参加应急管理部门组织的评先评优资格。

（5）在政府资金项目申请、财政支持等方面予以限制。

（6）法律、行政法规和党中央、国务院政策文件规定的其他管理措施。

第四十八条 对被责令停产整顿的煤矿企业，在停产整顿期间，有关地方人民政府应当采取有效措施进行监督检查。

煤矿企业有安全生产违法行为或者重大事故隐患依法被责令停产整顿的，应当制定整改方案并进行整改。整改结束后要求恢复生产的，县级以上地方人民政府负有煤矿安全生产监督管理职责的部门应当组织验收，并在收到恢复生产申请之日起 20 日内组织验收完毕。验收合格的，经本部门主要负责人签字，并经所在地矿山安全监察机构审核同意，报本级人民政府主要负责人批准后，方可恢复生产。

学习要点 本条是关于停产整顿企业监督检查、整改整顿、复产验收、审核批准的规定。

要点 1 ☞ 煤矿复工复产验收的依据

主要法律依据：《煤矿复工复产验收管理办法》（煤安监行管〔2019〕4 号）。

（1）对停产整顿企业的监督检查。煤矿安全监管部门和煤矿安全监察机构在责令煤矿停工停产后，要及时告知公安、电力等部门（单位）依法停止或限制供应、收缴民用爆炸物品，限制电力供应。

（2）因发生生产安全事故、存在重大生产安全事故隐患或违法违规行为等，被相关部门责令停工停产的煤矿复工复产验收由煤矿安全监管部门负责。

（3）按照分级属地监管原则，对复工复产煤矿实施分级验收。省级煤矿安全监管部门负责监管的煤矿，由省级煤矿安全监管部门组织验收；市（地）级煤矿安全监管部门负责监管的煤矿，由市（地）级安全监管部门组织验收；其他煤矿由县级煤矿安全监管部门组织验收。安全监管部门在收到恢复生产申请之日起20日内组织验收完毕。

要点2 ☞ 复工复产的条件

申请复工复产的煤矿，应当至少具备下列条件：

（1）煤矿安全生产许可证合法有效，安全生产条件符合《煤矿业安全生产许可证实施办法》规定，建设煤矿建设手续齐全，施工和监理单位资质符合相关规定。

（2）达到三级安全生产标准化等级要求。

（3）隐蔽致灾因素普查清楚，矿井和周边老空积水情况清楚。

（4）安全监控、人员位置监测系统运行正常。

（5）煤矿管理人员、专业技术人员和特种作业人员配备符合要求。

（6）职工安全培训达到《煤矿安全培训规定》要求。

（7）灾害治理机构、人员、设备等符合相关规定要求。

（8）煤矿有符合规定的矿山救护队为其服务。

要点3 ☞ 煤矿复工复产验收程序

（1）煤矿主要负责人组织制定复工复产方案和安全技术措施。

（2）煤矿主要负责人组织排查治理事故隐患。

（3）煤矿企业（煤矿）验收。

（4）由煤矿企业（煤矿）提出复工复产验收申请。

（5）煤矿安全监管部门组织验收。

（6）履行签字手续（安全监管部门主要负责人签字、所在地矿山安全监察机构审核同意、本级人民政府主要负责人批准）。

（7）下发同意复工复产的通知。

第四十九条 县级以上地方人民政府负有煤矿安全生产监督管理职责的部门对被责令停产整顿或者关闭的煤矿企业，应当在5个工作日内向社会公告；对被责令停产整顿的煤矿企业经验收合格恢复生产的，应当自恢复生产之日起5个工作日内向社会公告。

学习要点 本条是关于煤矿停产整顿或者关闭的规定。

要点1 ☞ 法律依据

《安全生产法》第七十八条规定，负有安全生产监督管理职责的部门应当建立安全生产违法行为信息库，如实记录生产经营单位及其有关从业人员的安全生产违法行为信息；对违法行为情节严重的生产经营单位及其有关从业人员，应当及时向社会公告，并通报行业主管部门、投资主管部门、自然资源主管部门、生态环境主管部门、证券监督管理机构以及有关金融机构。

（1）公告部门：县级以上地方人民政府负有煤矿安全生产监督管理职责的部门。

（2）公告内容：责令停产整顿或者关闭的煤矿企业，经验收合格恢复生产的停产整顿的煤矿企业。

要点2 ☞ 社会公告的意义

向社会公告违法行为情节严重的生产经营单位，属于信息公开的特定方式，也是从企业社会名誉的角度来加强安全生产管理和提高社会安全诚信水平的有效手段，一方面体现了监管部门对有关企业的批评和警示，另一方面为社会监督、舆论监督、联合惩戒提供基础信息，提高监督的针对性和实效性。

要点3 ☞ 社会公告期限

（1）对被责令停产整顿或者关闭的煤矿企业，应当在5个工作日内向社会公告。

（2）对被责令停产整顿的煤矿企业经验收合格恢复生产的，应当自恢复生产之日起5个工作日内向社会公告。

第四节 煤矿安全监察

第五十条 国家矿山安全监察机构及其设在地方的矿山安全监察机构应当依法履行煤矿安全监察职责，对县级以上地方人民政府煤矿安全生产监督管理工作加强监督检查，并及时向有关地方人民政府通报监督检查的情况，提出改善和加强煤矿安全生产工作的监察意见和建议，督促开展重大事故隐患整改和复查。

县级以上地方人民政府应当配合和接受国家矿山安全监察机构及其设在地方的矿山安全监察机构的监督检查，及时落实监察意见和建议。

学习要点 本条是关于国家矿山安全监察机构煤矿安全监察职责内容的规定。

《中共中央办公厅　国务院办公厅关于调整应急管理部职责机构编制的通知》《国家矿山安全监察局职能配置、内设机构和人员编制规定》的通知明确了国家矿山安全监察机构及其设在地方的矿山安全监察机构属于煤矿安全监察行政执法机构，代表国家进行煤矿安全监察执法。对县级以上地方人民政府的煤矿安全生产监督管理工作进行监督检查。

要点 1 ☞ 矿山安全监察机构的监察职责

（1）应当依法履行煤矿安全监察职责。

（2）对县级以上地方人民政府煤矿安全生产监督管理工作加强监督检查。

（3）及时向有关地方人民政府通报监督检查的情况。

（4）提出改善和加强煤矿安全生产工作的监察意见和建议。

（5）督促开展重大事故隐患整改和复查。

要点 2 ☞ 地方人民政府应当配合和接受矿山安全监察机构的监督检查

对县级以上地方人民政府应当配合和接受国家矿山安全监察机构及其设在地方的矿山安全监察机构的监督检查，及时落实监察意见和建议给予了具体化，提出了明确的要求；地方政府在煤矿监管方面，必须接受矿山安全监察机构的监督检查。过去监督检查工作是以文件形式提出要求，如今以法规形式明确。

第五十一条　设在地方的矿山安全监察机构应当对所辖区域内煤矿安全生产实施监察；对事故多发地区，应当实施重点监察。国家矿山安全监察机构根据实际情况，组织对全国煤矿安全生产的全面监察或者重点监察。

学习要点 本条是对设在地方的矿山安全监察机构对煤矿监察职责的规定。

要点 1 ☞ 地方矿山安全监察机构监察

地方的矿山安全监察机构应当对所辖区域内的煤矿开展监察。

根据煤矿管理情况，对辖区内的事故多发的煤矿实施重点监察，遏制事故。依据国家矿山局制定的煤矿分类标准，对煤矿进行安全评估分类，划分为 A、B、

C、D类矿井。实施重点监察是指根据分类矿井重点检查，一般A类矿井1年至少监察一次，B类矿井半年至少监察一次，特别是C类矿井监察的频率都大于A、B类矿井，每季度至少监察一次，D类矿井原则上取消现场监察，但每季度开展一次巡查。同时对于一级安全生产标准化矿井给以适当降低监察频率；专项监察就是指通风、防治水、冲击地压、机电运输、隐蔽致灾因素等的专项监察活动；定期监察一般是一季度（半年）对煤矿进行一次全面安全监察；另外对煤矿上级公司每年至少开展一次监察，定为重点对象的每半年开展一次监察。

要点2 ☞ 国家矿山安全监察机构监察

国家矿山安全监察机构根据实际情况，组织对全国煤矿安全生产的全面监察或者重点监察，这通常有三种形式，一是由国家局组织全国各省级局对重点煤矿进行全面或重点监察；二是由国家局组织各省级局之间进行异地交叉执法。三是从不同省级局抽调执法人员组成执法组对某煤矿区域开展全面或重点监察。另外还有一种国务院安委会组织的矿山安全生产帮扶指导，也属于重点监察形式。

各执法组根据专业力量，常常聘请专家参与监察执法活动。

第五十二条 国家矿山安全监察机构及其设在地方的矿山安全监察机构对县级以上地方人民政府煤矿安全生产监督管理工作进行监督检查，可以采取以下方式：

（一）听取有关地方人民政府及其负有煤矿安全生产监督管理职责的部门工作汇报。

（二）调阅、复制与煤矿安全生产有关的文件、档案、工作记录等资料。

（三）要求有关地方人民政府及其负有煤矿安全生产监督管理职责的部门和有关人员就煤矿安全生产工作有关问题作出说明。

（四）有必要采取的其他方式。

学习要点 本条是关于国家矿山安全监察机构及其设在地方的矿山安全监察机构对地方人民政府煤矿安全监管工作进行监督检查的规定。

要点1 ☞ 监督检查对象

国家矿山安全监察机构及其设在地方的矿山安全监察机构对县级以上地方人

民政府煤矿安全生产监督管理工作进行监督检查。

要点2 ☞ 监督检查方式

一是听取地方政府和负有煤矿安全监管职责的部门工作汇报。也就是说国家矿山安全监察局及其省级局开展监督检查时可以采取听取地方人民政府及其负有煤矿安全生产监督管理职责的部门工作汇报方式，地方人民政府及其负有煤矿安全生产监督管理职责的部门应当向国家矿山安全监察机构汇报工作。

这里要特别注意的是矿山安全监察机构对地方煤矿监管工作的监督检查而不是单纯的对煤矿的执法检查，同时对地方人民政府的安全生产监督管理工作进行监督检查，而政府的安全生产监督管理工作又是通过设立的有关部门来开展进行的，煤矿安全监管部门有的地方设在能源局、有的地方在应急局、有的设在发改委，也有专门的煤炭局，而地方公安、自然资源局、电力等部门同样也是负有相应的煤矿安全生产监督管理职责的部门。

二是国家矿山安全监察局及其省级局开展监督检查时可以调阅、复制与煤矿安全生产有关的文件、档案、工作记录等相关资料。这里要注意的是，调阅、复印相关文件、记录要妥善保管，不得泄露工作秘密。

三是矿山安全监察机构监督检查时还可以就有关煤矿安全工作问题要求地方政府、部门和有关人员提供说明（一般以书面形式进行）。

四是赋予了矿山安全监察机构监督检查时更灵活的工作方式。矿山安全监察机构认为有必要的其他的工作方式都可以采用。目前有的矿山安全监察机构采取了答卷、问询、现场操作等方式开展工作。

第五十三条 国家矿山安全监察机构及其设在地方的矿山安全监察机构履行煤矿安全监察职责，有权进入煤矿作业场所进行检查，参加煤矿企业安全生产会议，向有关煤矿企业及人员了解情况。

国家矿山安全监察机构及其设在地方的矿山安全监察机构发现煤矿现场存在事故隐患的，有权要求立即排除或者限期排除；发现有违章指挥、强令冒险作业、违章作业以及其他安全生产违法行为的，有权立即纠正或者要求立即停止作业；发现威胁安全的紧急情况时，有权要求立即停止危险区域内的作业并撤出作业人员。

矿山安全监察人员履行煤矿安全监察职责，应当出示执法证件。

学习要点 本条是关于矿山安全监察机构现场监察权限及发现的安全隐患、违法行为处置的规定。

要点1 ☞ 矿山安全监察机构现场监察权限

（1）有权进入煤矿作业场所进行检查，参加煤矿企业安全生产会议，向有关煤矿企业及人员了解情况。

（2）有权要求煤矿企业立即排除或者限期排除发现煤矿现场存在事故隐患。

（3）有权立即纠正或者要求立即停止违章指挥、强令冒险作业、违章作业以及其他安全生产违法行为。

（4）有权要求立即停止危险区域内的作业并撤出作业人员。

要点2 ☞ 矿山安全监察机构现场监察要求

（1）矿山安全监察人员履行煤矿安全监察职责，必须亮明身份，出示安全监察执法证件，确保执法人员身份符合法律要求。

（2）矿山安全监察人员有权进入煤矿作业场所、参加煤矿安全生产会议、向有关煤矿企业及人员了解情况。煤矿企业和任何个人应当全面配合，不得拒绝。

（3）矿山安全监察人员在煤矿现场发现存在安全隐患的，有权要求企业立即排除或者限期排除，注意：当场立即排除就是指现场就要采取措施立即消除；限期排除就是规定的时间内要求排除。有的隐患消除需要设备、材料或派专业人员等，需要一定时间准备，一时消除不掉，故而规定一定的时间要求。

（4）发现煤矿企业的从业人员，包括矿长、工程技术人员、现场作业人员等有违章指挥、强令冒险作业、违章作业等违法行为，有权要求立即停止作业。

（5）发现威胁安全的紧急情况时，有权要求立即停止危险区域内的作业并撤出作业人员。特别是发现煤与瓦斯突出、透水、冒顶等事故预兆或紧急情况，可以先撤人，再下达相关文书。

第五十四条 国家矿山安全监察机构及其设在地方的矿山安全监察机构发现煤矿企业存在重大事故隐患责令停产整顿的，应当及时移送县级以上地方人民政府负有煤矿安全生产监督管理职责的部门处理并进行督办。

学习要点 本条是关于发现的煤矿重大隐患处置的规定。

要点 1 ☞ 煤矿重大事故隐患判断依据

煤矿重大事故隐患的判定，依据《煤矿重大事故隐患判定标准》（应急管理部令第 4 号），矿山安全监察机构发现煤矿存在重大事故隐患，必须责令停产整顿。

要点 2 ☞ 对存在煤矿重大事故隐患的煤矿处罚

对矿山安全监察机构在监察中发现煤矿存在重大生产安全事故隐患，不仅要作出责令煤矿停产整顿的行政处罚，还要移送给县级以上地方人民政府挂牌督办。注意：移交给县级以上地方人民政府，要根据煤矿的分级管理要求，移交给相应的属地管理的人民政府，如省属煤矿移交给省级人民政府煤矿监管部门，市属煤矿移交给市级人民政府煤矿监管部门，地方煤矿移交给县级人民政府煤矿监管部门。另外矿山重大隐患调查处理可参照《国家矿山安全监察局关于印发〈矿山重大隐患调查处理办法（试行）〉的通知》（矿安〔2021〕49 号）文要求。

第五十五条　国家矿山安全监察机构及其设在地方的矿山安全监察机构发现煤矿企业存在应当由其他部门处理的违法行为的，应当及时移送有关部门处理。

学习要点　本条是关于矿山安全监察机构应当移交其他违法行为情形的规定。

要点☞ 煤矿其他违法行为的移送

一是矿山安全监察机构在煤矿安全监察执法中发现煤矿存在应当由其他部门处理的涉嫌违法行为，如涉嫌超层越界、爆炸物品在地面运输过程中的违法行为、职业卫生等方面的违法行为，因执法主体不是矿山安全监察机构，就应当依法移送相关执法部门。

二是对于移送的违法行为，要按要求制作相应的执法文书。

第五十六条　国家矿山安全监察机构及其设在地方的矿山安全监察机构和县级以上人民政府有关部门应当建立信息共享、案件移送机制，加强协作配合。

学习要点 本条是关于矿山安全监察机构和各级人民政府设立的煤矿监管部门工作协作的规定。

要点1 ☞ 协作配合

协作配合是指在安全管理目标实施过程中，部门与部门之间、个人与个人之间的协调与配合。地方各级人民政府有设立的煤矿安全监管部门，也有煤炭行业管理部门，同时在政府职能部门管理序列中还有其他的负有煤矿安全生产监督管理职责的部门，这些部门都负有对煤矿某一方面的安全生产监督管理责任，都有不同的职责界定，这些部门都是代表地方人民政府对煤矿的安全监管。矿山安全监察机构是法定的代表国家对煤矿进行安全监察，和地方政府设置的安全监管部门不一样，所代表的管理层级不一样，但是工作的目标是一致的，都是为了煤矿的安全生产，保护国家财产安全和人民群众的生命健康安全。

上一级人民政府成立事故应急救援现场指挥部的，下一级人民政府事故应急救援现场指挥部应当立即移交指挥权，并继续配合做好应急救援工作。

要点2 ☞ 建立信息共享机制

政府、煤矿安全监管部门和负有煤矿安全监管职责的部门的所有信息，通过信息交流机制实现信息共享。信息交流机制明确信息交流有关责任部门、信息交流内容、时限、交流方式等，确保工作沟通无障碍，提高工作效率，实现信息资源共享。

要点3 ☞ 案件移送

本条例突出强调了国家监察和地方人民政府监管的不同层面职责，明确了应管辖的范围，在工作统一协调的基础上，国家矿山安全监察机构和地方人民政府的各级安全监管部门，根据管辖范围，互相移交案件，节约资源，减少行政成本，提高行政执法工作效能。

第五十七条 国家矿山安全监察机构及其设在地方的矿山安全监察机构应当加强煤矿安全生产信息化建设，运用信息化手段提升执法水平。

煤矿企业应当按照国家矿山安全监察机构制定的安全生产电子数据规范联网并实时上传电子数据，对上传电子数据的真实性、准确性和完整性负责。

学习要点 本条是对信息化建设执法具体要求的规定。

随着计算机技术、网络技术和通信技术的发展和应用，企业信息化已成为煤矿实现可持续化发展和提高安全管理水平的重要手段。信息化建设成果应用是促进当前煤矿安全管理的重要保障，也是煤矿安全管理进一步提升的必由之路。

要点1 ☞ 煤矿安全生产信息化建设

矿山安全监察机构要结合实际加强信息化建设，如现在广泛使用的双重预防机制管理体系、人员定位远程监控、安全监测监控远程管控、工业视频的全覆盖监管、执法记录仪的依法取证、矿井水量的监测、雨量计、企业用电的数据收集等方面，既能便于现场的监管，更能依法实现远程的有效管控，且留下历史的安全生产痕迹，不断提升安全监管的执法水平。

要点2 ☞ 煤矿安全生产电子数据

本条款对煤矿企业的电子数据管理做了明确的法律界定。对矿山安全监察机构要求接入上传的电子数据，煤矿企业必须采取措施，保证真实性、准确性、完整性。煤矿企业要落实具体的分管部门、人员，建立完善的管理制度，从人、财、物上给予保证，避免出现实时上传不及时、数据失真甚至于造假的现象出现。

第五十八条 国家矿山安全监察机构及其设在地方的矿山安全监察机构依法对煤矿企业贯彻执行安全生产法律法规、煤矿安全规程以及保障安全生产的国家标准或者行业标准的情况进行监督检查，行使本条例第四十四条规定的职权。

学习要点 本条是对矿山安全监察机构对煤矿企业的监督检查内容、职权的规定。

要点1 ☞ 监督检查的内容

监督检查的主要内容给予法律层面的明确。主要内容是三个方面：

一是对煤矿企业贯彻执行安全生产法律法规的情况进行监督检查，国家涉及煤矿安全生产的法律法规，在煤矿生产经营全过程中必须全部进行全面的贯彻落实，这是煤矿企业生产经营的基本要求，也是国家管控的必然要求。

二是煤矿安全规程贯彻落实情况，煤矿安全规程是保障煤矿安全生产的重要部门规章，煤矿生产必须以此为依据。

三是保障安全生产的国家标准或者行业标准的贯彻落实情况，当前为进一步加强煤矿安全生产各环节、各专业的管理，国家有关部门出台了相关标准，如国家标准（GB）、矿山标准（KA）、安全标准（AQ）、煤矿标准（MT）、能源标准（NB）等标准都是保障煤矿企业安全生产的有效措施，在煤矿企业的生产经营过程中必须全面贯彻落实。

要点 2 ☞ 监督检查的权限

依据本条例第四十四条的规定，矿山安全监察机构依法享有开展工作的权利，对煤矿企业开展各种形式的安全监察，煤矿企业必须依法给予配合支持。

> **第五十九条**　发生煤矿生产安全事故后，煤矿企业及其负责人应当迅速采取有效措施组织抢救，并依照《生产安全事故报告和调查处理条例》的规定立即如实向当地应急管理部门、负有煤矿安全生产监督管理职责的部门和所在地矿山安全监察机构报告。
>
> 国家矿山安全监察机构及其设在地方的矿山安全监察机构应当根据事故等级和工作需要，派出工作组赶赴事故现场，指导配合事故发生地地方人民政府开展应急救援工作。

学习要点　本条是关于煤矿事故报告及矿山安全监察机构应急救援的规定。

要点 1 ☞ 煤矿事故报告

1. 报告程序

矿山发生事故（包括涉险事故）后，事故现场有关人员应当立即报告矿山负责人；矿山负责人接到报告后，应当于 1 小时内报告事故发生地县级及以上人民政府矿山安全监管部门，同时报告国家矿山安全监察局省级局。发生较大及以上等级事故的，可直接向省级人民政府矿山安全监管部门和国家矿山安全监察局省级局报告。

2. 报告内容

发生煤矿生产安全事故的企业及其负责人必须要认真落实《生产安全事故报告和调查处理条例》规定的生产安全事故的情形、报告的责任人、报告的时限、报告的部门、报告的内容等有关的生产安全事故的报告事项，做到迅速、真实、按照规定上报。

3. 迟报、漏报、谎报和瞒报

事故报告应当及时、准确、完整，任何单位和个人不得瞒报、谎报或者迟报。《生产安全事故报告和调查处理条例》所称的迟报、漏报、谎报和瞒报，依照下列情形认定：

（1）报告事故的时间超过规定时限的，属于迟报。

（2）因过失对应当上报的事故或者事故发生的时间、地点、类别、伤亡人数、直接经济损失等内容遗漏未报的，属于漏报。

（3）故意不如实报告事故发生的时间、地点、初步原因、性质、伤亡人数和涉险人数、直接经济损失等有关内容的，属于谎报。

（4）隐瞒已经发生的事故，超过规定时限未向应急管理部门、矿山安全监察机构和有关部门报告，经查证属实的，属于瞒报。

4. 补报或续报

事故报告后，出现新情况的，负责事故报告的单位应当及时补报或续报。

事故伤亡人数发生变化的，负责事故报告的单位应当在发生变化的当日内补报或者续报。

要点2 ☞ 煤矿事故救援

煤矿事故发生地人民政府及其有关部门应当按照有关应急预案规定，成立事故应急救援现场指挥部，代表本级人民政府履行事故应急救援职责。事故应急救援现场指挥部是事故现场应急救援的决策指挥机构，实行总指挥负责制。煤矿发生重大以上等级事故的，省级人民政府主要负责人或分管负责人应当及时赶赴事故现场，加强事故应急救援指挥。

（1）地方人民政府和相关部门接到事故报告后，应当立即启动应急预案，组织开展现场应急处置工作。

矿山及抢险救援队伍等有关单位和人员应当妥善保护事故现场及相关证据。任何单位和个人不得破坏事故现场、毁灭证据。因事故抢险救援必须改变事故现场状况的，现场抢险救援指挥部应当绘制现场简图并作出书面记录，妥善保存现场重要痕迹、物证。抢险救援结束后，现场抢险救援指挥部应当向事故调查组提交抢险救援报告及有关图纸、记录等资料。

矿山应当配合有关部门及时收集固定包括视听、监测监控等资料在内的相关证据。有关部门收集固定的相关证据应当提交事故调查组。

（2）矿山安全监管监察部门接到事故报告后，要及时反应，正确应对。应当根据事故等级和相关规定派员立即赶赴事故现场，协助有关地方人民政府做好应急处置工作。工作组的主要任务是了解事故基本情况和初步原因；督促地方人民政府和相关部门及煤矿核查核实并上报事故遇险、遇难、受伤人员情况；根据前期救援情况对救援方案提出建议，协调调动外部应急资源。特别是涉及多省区的应急救援工作，国家矿山安全监察机构通过进一步的协调，确保各省区救援力量及时迅速地救援和物资的协调保障。

第六十条　煤矿生产安全事故按照事故等级实行分级调查处理。

特别重大事故由国务院或者国务院授权有关部门依照《生产安全事故报告和调查处理条例》的规定组织调查处理。重大事故、较大事故、一般事故由国家矿山安全监察机构及其设在地方的矿山安全监察机构依照《生产安全事故报告和调查处理条例》的规定组织调查处理。

学习要点　本条是煤矿生产安全事故调查处理权限的规定。

要点1 ☞ 煤矿事故等级

根据《生产安全事故报告和调查处理条例》，煤矿事故分为四个等级。煤矿事故的等级的划分见下表。

煤矿事故的等级划分表

事故类别	死亡人数 x（人）	重伤人数 y（人）	直接经济损失 z（万元）
一般事故	$x<3$	$y<10$	$z<1000$
较大事故	$3\leqslant x<10$	$10\leqslant y<50$	$1000\leqslant z<5000$
重大事故	$10\leqslant x<30$	$50\leqslant y<100$	$5000\leqslant z<10000$
特别重大事故	$x\geqslant 30$	$y\geqslant 100$	$z\geqslant 10000$

（1）事故造成的急性工业中毒的人数，也属于重伤的范围。可以看出，事故造成的伤亡人数越多、直接经济损失越大，事故的等级也就越高。

（2）按照死亡人数、重伤、直接经济损失三者中最高级别确定事故等级。以重伤人数确定事故等级的，计算重伤人数时应当包含死亡人数。

（3）自事故发生之日起30日内，事故造成的伤亡人数发生变化的，应当按照变化后的伤亡人数重新确定事故等级。

（4）这主要指在事故发生并报告后，事故还在持续并出现新的情况，如瓦斯爆炸后又出现透水现象，爆炸事故中出现火灾，火灾事故持续并不断扩大或者火灾中并发爆炸等情况；或者事故暂时中断后又在同一地点或区域发生新的事故，例如某巷道火灾发生后暂时熄灭，不久又发生冒顶造成人员伤亡的情况；又如在有限空间中发生作业人员死亡事故，而其他人员进去抢救时也死亡的情况；还有就是事故后被救治的受伤人员在救治的过程中不治身亡，使事故的死亡人数增加，这种情况主要出现在爆炸事故或者火灾事故中，出现类似情况都应及时补报。

（5）对于有人员伤亡人数变化的，应在自事故发生之日起30日内及时补报，补报事故有利于上级有关部门及时掌握事故伤亡情况、及时组织救援和事故统计。

要点2 ☞ 煤矿事故调查处理的依据

国家矿山安全监察机构及其设在地方的矿山安全监察机构依照《生产安全事故报告和调查处理条例》的规定组织调查处理。事故调查应当坚持科学严谨、依法依规、实事求是、注重实效的原则，以及“事故原因未查清不放过、责任人员未处理不放过、责任人和群众未受教育不放过、整改措施未落实不放过”的要求进行。

要点3 ☞ 分级调查处理事故

煤矿事故按照等级实行分级调查。

（1）特别重大事故由国务院或者国务院授权有关部门依照《生产安全事故报告和调查处理条例》的规定组织调查处理。

（2）重大事故、较大事故、一般事故由国家矿山安全监察机构及其设在地方的矿山安全监察机构依照《生产安全事故报告和调查处理条例》的规定组织调查处理。

（3）未造成人员死亡的一般事故，县级人民政府或者国家矿山安全监察局省级局可以委托事故发生单位或者有关部门组织事故调查组进行调查。

要点4 ☞ 事故调查报告批复

进一步明确了《生产安全事故报告和调查处理条例》中关于生产安全事故调查处理的法律地位，具体可参照《矿山生产安全事故报告和调查处理办法》（矿安〔2023〕7号）进行。

（1）煤矿重大事故调查报告经征求省级人民政府意见后，报国家矿山安全监察局审核同意后，按程序结案。较大及以下等级煤矿事故调查报告由国家矿山安全监察局省级局按程序结案。重大及以下等级非煤矿山事故调查报告，由负责事故调查的地方人民政府按程序结案。

（2）对国务院安委会挂牌督办的重大事故、国务院安委会办公室或者国家矿山安全监察局挂牌督办的典型事故，事故调查报告初稿形成后，事故调查组组长单位应当向国家矿山安全监察局汇报，并根据国家矿山安全监察局的意见和建议，组织事故调查组对事故调查报告进行修改完善，并正式报国务院安委会办公室或者国家矿山安全监察局，经审核同意后，按程序结案。

（3）事故提级调查的，由组织提级调查的单位按程序结案。

第五节　法　律　责　任

第六十一条　未依法取得安全生产许可证等擅自进行煤矿生产的，应当责令立即停止生产，没收违法所得和开采出的煤炭以及采掘设备；违法所得在 10 万元以上的，并处违法所得 2 倍以上 5 倍以下的罚款；没有违法所得或者违法所得不足 10 万元的，并处 10 万元以上 20 万元以下的罚款。

关闭的煤矿企业擅自恢复生产的，依照前款规定予以处罚。

学习要点　本条是关于煤矿擅自生产处罚的规定。

要点 1 ☞ 对未依法取得安全生产许可证等擅自进行生产煤矿的处罚

一是国家先后下发了《安全生产许可证条例》《煤矿企业安全生产许可证实施办法》等有关的法律法规，煤矿生产必须实施安全生产准入制度，未依法取得安全生产许可证，不能生产。

二是擅自生产，责令立即停止生产，没收违法所得和开采出的煤炭以及采掘设备。根据《中华人民共和国行政处罚法》的规定，责令立即停止生产、没收违法所得和开采出的煤炭以及采掘设备都是行政处罚。首先是停止违法行为、再是行政机关或司法机关依法对违法行为人所获得的利益进行的强制性剥夺。处罚目的都是为了阻止违法行为，并对违法行为人进行惩戒。

三是明确界定了违法所得的数额达到后的处罚数额，违法所得在 10 万元以上的，并处违法所得 2 倍以上 5 倍以下的罚款；没有违法所得或者违法所得不足 10 万元的，并处 10 万元以上 20 万元以下的罚款。

四是规定的罚款数额在以上和以下都是包含本数在内的数额。

要点 2 ☞ 对已经关闭的煤矿企业擅自恢复生产的煤矿，同样参照本条给予处罚

第六十二条 煤矿企业有下列行为之一的，依照《中华人民共和国安全生产法》有关规定予以处罚：

（一）未按照规定设置安全生产管理机构并配备安全生产管理人员的；

（二）主要负责人和安全生产管理人员未按照规定经考核合格并持续保持相应水平和能力的；

（三）未按照规定进行安全生产教育和培训，未按照规定如实告知有关的安全生产事项，或者未如实记录安全生产教育和培训情况的；

（四）特种作业人员未按照规定经专门的安全作业培训并取得相应资格，上岗作业的；

（五）进行危险作业，未采取专门安全技术措施并安排专门人员进行现场安全管理的；

（六）未按照规定建立并落实安全风险分级管控制度和事故隐患排查治理制度的，或者重大事故隐患排查治理情况未按照规定报告的；

（七）未按照规定制定生产安全事故应急救援预案或者未定期组织演练的。

学习要点 本条是关于煤矿企业行为处理处罚条款的规定。

要点 1 ☞《安全生产法》规定的处罚

对于第（一）（二）（三）（四）（七）行为，依照《安全生产法》第九十七条规定，生产经营单位有其中行为之一的，责令限期改正，处十万元以下的罚款；逾期未改正的，责令停产停业整顿，并处十万元以上二十万元以下的罚款，对其直接负责的主管人员和其他直接责任人员处二万元以上五万元以下的罚款。

对于第（五）（六）行为，依照《安全生产法》第一百零一条规定，生产经营单位有其中行为之一的，责令限期改正，处十万元以下的罚款；逾期未改正的，责令停产停业整顿，并处十万元以上二十万元以下的罚款，对其直接负责的主管人员和其他直接责任人员处二万元以上五万元以下的罚款；构成犯罪的，依照刑法有关规定追究刑事责任。

要点 2 ☞《生产安全事故罚款处罚规定》（中华人民共和国应急管理部令第 14 号）规定：

（1）主要负责人是指有限责任公司、股份有限公司的董事长、总经理或者个人经营的投资人，其他生产经营单位的厂长、经理、矿长（含实际控制人）等人员。

（2）事故发生单位主要负责人、其他负责人、安全生产管理人员以及直接负责的主管人员、其他直接责任人员的上一年年收入，属于国有煤矿的，是指该单位上级主管部门所确定的上一年年收入总额；属于非国有煤矿的，是指经财务、税务部门核定的上一年年收入总额。

煤矿提供虚假资料或者由于财务、税务部门无法核定等原因致使有关人员的上一年年收入难以确定的，按照下列办法确定：

① 主要负责人的上一年年收入，按照本省、自治区、直辖市上一年度城镇单位就业人员平均工资的 5 倍以上 10 倍以下计算。

② 其他负责人、安全生产管理人员以及直接负责的主管人员、其他直接责任人员的上一年年收入，按照本省、自治区、直辖市上一年度城镇单位就业人员平均工资的 1 倍以上 5 倍以下计算。

（3）对煤矿事故发生单位及其有关责任人员处以罚款的行政处罚，依照下列规定执行：

① 对发生特别重大事故的煤矿及其有关责任人员罚款的行政处罚，由国家矿山安全监察局决定。

② 对发生重大事故、较大事故和一般事故的煤矿及其有关责任人员罚款的行政处罚，由国家矿山安全监察局省级局决定。

上级矿山安全监察机构可以指定下一级矿山安全监察机构对事故发生单位及其有关责任人员实施行政处罚。

（4）特别重大事故以下等级事故，事故发生地与事故发生单位所在地不在同一个县级以上行政区域的，由事故发生地的矿山安全监察机构依照《生产安全事故罚款处罚规定》第六条或者第七条规定的权限实施行政处罚。

（5）矿山安全监察机构对事故发生单位及其有关责任人员实施罚款的行政处罚，依照《行政处罚法》《安全生产违法行为行政处罚办法》等规定的程序执行。

（6）矿山安全监察机构在作出行政处罚前，应当告知当事人依法享有的陈述、申辩、要求听证等权利；当事人对行政处罚不服的，有权依法申请行政复议或者提起行政诉讼。

第六十三条 煤矿企业有下列行为之一的，责令限期改正，处10万元以上20万元以下的罚款；逾期未改正的，责令停产整顿，并处20万元以上50万元以下的罚款，对其直接负责的主管人员和其他直接责任人员处3万元以上5万元以下的罚款：

（一）未按照规定制定并落实全员安全生产责任制和领导带班等安全生产规章制度的；

（二）未按照规定为煤矿配备矿长等人员和机构，或者未按照规定设立救护队的；

（三）煤矿的主要生产系统、安全设施不符合煤矿安全规程和国家标准或者行业标准规定的；

（四）未按照规定编制专项设计的；

（五）井工煤矿未按照规定进行瓦斯等级、冲击地压、煤层自燃倾向性和煤尘爆炸性鉴定的；

（六）露天煤矿的采场及排土场边坡与重要建筑物、构筑物之间安全距离不符合规定的，或者未按照规定保持露天煤矿边坡稳定的；

（七）违章指挥或者强令冒险作业、违反规程的。

学习要点 本条是关于煤矿企业行为处理处罚条款的规定。

要点1 ☞ 针对煤矿企业的7种行为新增较重罚则

要点2 ☞ 对煤矿企业7种行为的处罚

1. 责令限期改正

责令限期改正，处10万元以上20万元以下的罚款。责令限期改正是指有的违法行为需要一定整改时间，行政执法机关为达到纠正违法行为的目的，视情况给予违法企业一定整改时限的一种现场处理措施。其整改期限以执法机关下达的执法文书载明的为准。所列的七种违法行为，不仅均要按要求进行改正，行政机关还要给予行政罚款处罚。

2. 责令停产整顿

逾期未改正的，责令停产整顿。责令停产整顿，是指矿井全面停止生产，进行整改隐患或违法行为的一种行政处罚；恢复生产需要严格的程序。

3. 并处罚款

责令限期改正，处 10 万元以上 20 万元以下的罚款；责令停产整顿，并处 20 万元以上 50 万元以下的罚款，对其直接负责的主管人员和其他直接责任人员处 3 万元以上 5 万元以下的罚款。并处罚款常常对煤矿或者责任人同一违法行为有两种以上的处罚（注意不是两次），是较重的行政处罚。如矿井已全面停产整顿，同时对矿井和有关责任罚款处罚。本条有 7 种行为逾期未改正的，不仅对矿井实施停产整顿处罚，还要矿井及其相关责任人进行罚款处罚。

要点 3 ☞ 行政处罚幅度依据

对煤矿企业和相关责任人的行政处罚幅度主要依据国家矿山安全监察局印发的《煤矿安全监管监察行政处罚自由裁量基准》（矿安〔2023〕61 号）进行。

> **第六十四条** 对存在重大事故隐患仍然进行生产的煤矿企业，责令停产整顿，明确整顿的内容、时间等具体要求，并处 50 万元以上 200 万元以下的罚款；对煤矿企业主要负责人处 3 万元以上 15 万元以下的罚款。

学习要点 本条是关于存在重大事故隐患仍然进行生产的煤矿企业处罚的规定。

要点 1 ☞ 煤矿重大事故隐患判定依据

一是应急管理部制定印发了《煤矿重大事故隐患判定标准》（应急管理部令第 4 号），15 个方面 81 种情形应当判定为重大事故隐患，国家矿山安全监察局关于认定露天煤矿重大事故隐患情形的通知（矿安〔2023〕125 号）确定的 7 种情形，煤矿重大事故隐患判定标准补充情形（征求意见）确定的 4 种情形。

要点 2 ☞ 煤矿存在重大事故隐患的处罚

煤矿企业在生产过程中，必须严格遵守《煤矿安全规程》，杜绝重大事故隐患的产生。煤矿企业发现重大隐患，必须停止生产，消除隐患；仍继续生产，经监管监察机构查出，将面临停产整顿的处罚。

（1）责令停产整顿，必须明确整顿的内容、时间等具体要求，整顿结束会后，按停产整顿验收程序，申请有关部门组织验收，经验收合格下达相关文书，方可恢复生产。

（2）对煤矿企业的罚款处罚分为企业和主要负责人，其处罚额度沿用《国务院关于预防煤矿生产安全事故的特别规定》（446 号令）对企业罚款给予 50 万元以上 200 万元以下的罚款；对煤矿企业主要负责人处 3 万元以上 15 万元以下的罚款。

第六十五条 煤矿企业超越依法确定的开采范围采矿的，依照有关法律法规的规定予以处理。

擅自开采保安煤柱或者采用可能危及相邻煤矿生产安全的决水、爆破、贯通巷道等危险方法进行采矿作业的，责令立即停止作业，没收违法所得；违法所得在 10 万元以上的，并处违法所得 2 倍以上 5 倍以下的罚款；没有违法所得或者违法所得不足 10 万元的，并处 10 万元以上 20 万元以下的罚款；造成损失的，依法承担赔偿责任。

学习要点 本条是关于煤矿采取危险方法进行采矿作业处罚的规定。

要点 1 ☞ 煤矿企业超越依法确定的开采范围采矿的两种主要情形

（1）超出采矿许可证载明的开采煤层层位或者标高而进行开采的，指开采采矿许可证未载明的煤层、开采采矿许可证载明标高之外的煤层的。

（2）超出采矿许可证载明的坐标控制范围而开采的，指开采采矿许可证载明矿区范围拐点坐标之外的煤层的。

开采范围是根据煤层赋存情况和国土资源局颁发的《采矿许可证》确定的，没有采矿许可证，一切其他证照都不能办理，都属于非法采矿。开采范围，是根据矿区拐点完善坐标系圈定的开采范围，包括垂直的空间范围；按照《矿产资源开采登记管理办法》（中华人民共和国国务院令第 241 号）、《中华人民共和国矿产资源法》（中华人民共和国主席令第七十四号）进行管理。

要点 2 ☞ 采取危险方法进行采矿作业的两种情形

一是擅自开采保安煤柱，保安煤柱是指矿井对应当留设保护煤柱的建筑物、水体、铁路、工业广场及主要井筒等，在未采取搬迁、重建、维修、改道和疏干等其他措施前必须留设保护煤柱，严禁开采各类已留设的保安煤柱，《煤矿安全规程》第九十五条明确规定了保安煤柱的留设和管理规定。

“擅自开采（破坏）安全煤柱的”，是指未经正规设计、安全论证和审批，探巷及采掘工程直接进入安全煤柱，或以其他形式对安全煤柱造成损坏的。“擅自开采（破坏）各种防隔水煤（岩）柱”，是指违反《煤矿防治水细则》第九十四条有关规定，随意变动或者在防隔水煤（岩）柱中进行采掘活动的（当地质、水文条件发生变化，经探查分析，可缩小防隔水煤（岩）柱尺寸、提高开采上限的，进行了可行性研究和工程验证，组织有关专家论证评价，并经煤矿上级企业主要负责人审批的除外），或者以“探巷”等名义进入或在采掘活动中损坏防隔水煤（岩）柱的。

二是采用可能危及相邻煤矿生产安全的决水、爆破、贯通巷道等危险方法进行采矿作业的情形，相邻煤矿都留有足够保证安全的保安煤柱，如果采用决水、爆破、贯通巷道等方法进行采矿作业的，都会危及相邻煤矿的安全。

要点3 ☞ 处罚

（1）煤矿企业超越依法确定的开采范围采矿的和擅自开采保安煤柱，依据《煤矿重大事故隐患判定标准》应当判断为煤矿重大事故隐患，对存在重大事故隐患仍然进行生产的煤矿企业，根据本条例第六十四条进行处罚。

（2）煤矿采取危险方法进行采矿作业的两种情形处罚：责令停止生产，给予没收违法所得；违法所得在10万元以上的，并处违法所得2倍以上5倍以下的罚款；没有违法所得或者违法所得不足10万元的，并处10万元以上20万元以下的罚款处罚。

（3）煤矿采取危险方法进行采矿作业造成损失的，依法承担赔偿责任；是指对相邻矿井造成人员伤害、设备设施损毁或者是煤炭资源损失以及造成通风系统紊乱等相应的损失的，必须按照法律的规定，给予相应的赔偿。

第六十六条 煤矿企业有下列行为之一的，责令改正；拒不改正的，处10万元以上20万元以下的罚款；对其直接负责的主管人员和其他直接责任人员处1万元以上2万元以下的罚款：

（一）违反本条例第三十七条第一款规定，隐瞒存在的事故隐患以及其他安全问题的；

（二）违反本条例第四十四条第一款规定，擅自启封或者使用被查封、扣押的设施、设备、器材的；

（三）有其他拒绝、阻碍监督检查行为的。

学习要点 本条是关于煤矿企业行为处罚条款的规定。

要点1 ☞ 责令改正

对煤矿企业具有这三种情形的，首先是责令改正，如果能够及时改正的不对其实施行政处罚。

要点2 ☞ 拒不改正的情形

拒不改正的情形，给予相应的处罚，先责令改正，对拒不改正的才实施处罚，体现的是教育与处罚相结合、教育优先的原则，对于经教育仍不改正的，应予以处罚；否则，依法予以处罚。

要点3 ☞ 煤矿企业的三种行为

（1）隐瞒存在的事故隐患以及其他安全问题的。

（2）擅自启封或者使用被查封、扣押的设施、设备、器材的。

（3）有其他拒绝、阻碍监督检查行为的。

要点4 ☞ 处罚额度

关于处罚额度：对拒不改正的煤矿企业，处10万元以上20万元以下的罚款；对其直接负责的主管人员和其他直接责任人员处1万元以上2万元以下的罚款。

第六十七条 发生煤矿生产安全事故，对负有责任的煤矿企业除要求其依法承担相应的赔偿等责任外，依照下列规定处以罚款：

（一）发生一般事故的，处50万元以上100万元以下的罚款；

（二）发生较大事故的，处150万元以上200万元以下的罚款；

（三）发生重大事故的，处500万元以上1000万元以下的罚款；

（四）发生特别重大事故的，处1000万元以上2000万元以下的罚款。

发生煤矿生产安全事故，情节特别严重、影响特别恶劣的，可以按照前款罚款数额的2倍以上5倍以下对负有责任的煤矿企业处以罚款。

学习要点 本条是关于煤矿发生生产安全事故罚款的规定。

要点1 ☞ 依法赔偿责任

（1）对发生生产安全事故的煤矿，依照《劳动法》及国务院颁发的《工伤保险条例》中的规定进行依法赔偿，这是对事故中受到伤害的个人进行赔偿。

（2）对发生生产安全事故的煤矿，依据《安全生产责任保险实施办法》，保险机构对投保的煤矿发生的生产安全事故造成的人员伤亡和有关经济损失等予以赔偿。

要点 2 ☞ 罚款额度

除去对个人的赔偿外，要依照事故分级的标准，对负有责任的煤矿企业进行罚款。

（1）发生一般事故的，处 50 万元以上 100 万元以下的罚款；

（2）发生较大事故的，处 150 万元以上 200 万元以下的罚款；

（3）发生重大事故的，处 500 万元以上 1000 万元以下的罚款；

（4）发生特别重大事故的，处 1000 万元以上 2000 万元以下的罚款。

这里需要注意的是，对一般事故、较大事故、重大事故的罚款下限分别提高至 50 万元、150 万元和 500 万元。

要点 3 ☞ 情节特别严重、影响特别恶劣的处罚

发生煤矿生产安全事故，情节特别严重、影响特别恶劣的情形：导致多人死亡、致人重伤的人数特别多或者直接经济损失特别巨大。已因违反规章制度受到批评教育或行政处罚而不改正，再次违反规章制度，造成重大事故，或者屡次违反规章制度的等等，可以判定为情节特别严重、影响特别恶劣。可以按照本条罚款数额的 2 倍以上 5 倍以下对负有责任的煤矿企业处以罚款。

第六十八条　煤矿企业的决策机构、主要负责人、其他负责人和安全生产管理人员未依法履行安全生产管理职责的，依照《中华人民共和国安全生产法》有关规定处罚并承担相应责任。

煤矿企业主要负责人未依法履行安全生产管理职责，导致发生煤矿生产安全事故的，依照下列规定处以罚款：

（一）发生一般事故的，处上一年年收入 40% 的罚款；

（二）发生较大事故的，处上一年年收入 60% 的罚款；

（三）发生重大事故的，处上一年年收入 80% 的罚款；

（四）发生特别重大事故的，处上一年年收入 100% 的罚款。

学习要点 本条是关于煤矿发生生产安全事故对责任人处罚的规定。

要点 1 ☞ 对煤矿企业的决策机构、主要负责人、其他负责人和安全生产管理人员的处罚

本条款明确了煤矿企业的决策机构、主要负责人、其他负责人和安全生产管理人员必须依法履行安全生产管理职责，《安全生产法》第九十三条、九十四条、九十五条、九十六条都明确规定了生产经营单位的主要负责人未履行本法规定的安全生产管理职责的，责令限期改正，处二万元以上五万元以下的罚款；逾期未改正的，处五万元以上十万元以下的罚款，责令生产经营单位停产停业整顿。生产经营单位的其他负责人和安全生产管理人员未履行安全生产法规定的安全生产管理职责的，责令限期改正，处一万元以上三万元以下的罚款。

要点 2 ☞ 对煤矿企业主要负责人的处罚

本条款明确了发生生产安全事故，对煤矿企业主要负责人的处罚，未依法履行安全生产管理职责，导致发生煤矿生产安全事故的，依照事故分级，进行对责任人的处罚。注意：处罚的基本数额依据是上一年收入。在确定年收入的范围时应考虑收入与任职，履职及事故责任之间有没有联系，即当事人因未履行安全生产管理职责，导致发生生产安全事故，而对其实施的行政处罚，应当以当事人从生产经营单位所获得的收入为限。

要点 3 ☞ 罚款额度

本条款对明确了煤矿企业主要负责人罚款额度：

（1）发生一般事故的，处上一年年收入 40% 的罚款；

（2）发生较大事故的，处上一年年收入 60% 的罚款；

（3）发生重大事故的，处上一年年收入 80% 的罚款；

（4）发生特别重大事故的，处上一年年收入 100% 的罚款。

第六十九条 煤矿企业及其有关人员有瞒报、谎报事故等行为的，依照《中华人民共和国安全生产法》《生产安全事故报告和调查处理条例》有关规定予以处罚。

有关地方人民政府及其应急管理部门、负有煤矿安全生产监督管理职责的部门和设在地方的矿山安全监察机构有瞒报、谎报事故等行为的，对负有责任的领导人员和直接责任人员依法给予处分。

学习要点 本条是关于煤矿企业及有关部门瞒报、谎报事故处罚或处分的规定。

要点 1 ☞ 对瞒报、谎报事故等行为处罚依据

一是《安全生产法》第八十三条明确规定了主要负责人的责任，应当及时报告；《生产安全事故报告和调查处理条例》都明确了生产安全事故的报告时限、程序、责任人。

二是有关地方人民政府及其应急管理部门、负有煤矿安全生产监督管理职责的部门和设在地方的矿山安全监察机构和煤矿企业及相关人员对生产安全事故隐瞒不报、谎报或者拖延不报，违反了其负有的及时、如实报告事故、救援的法定义务，因此也应当承担相应的法律责任。

要点 2 ☞ 对瞒报、谎报事故等行为处罚对象

（1）煤矿企业及其有关人员。本条进一步强化了对煤矿企业、主要负责人、直接负责人的主管人员、其他直接责任人员和国家工作人员的责任，本条增加了对上述人员瞒报、谎报事故等行为的行政处罚。

（2）有关地方人民政府及其应急管理部门、负有煤矿安全生产监督管理职责的部门和设在地方的矿山安全监察机构负有瞒报、谎报事故等行为责任的领导人员和直接责任人员。

要点 3 ☞ 对瞒报、谎报事故等行为处罚

事故发生单位及其有关人员有谎报或者瞒报事故的，对事故发生单位处 100 万元以上 500 万元以下的罚款；对主要负责人、直接负责的主管人员和其他直接责任人员处上一年年收入 60% 至 100% 的罚款；属于国家工作人员的，并依法给予处分；构成违反治安管理行为的，由公安机关依法给予治安管理处罚；构成犯罪的，依法追究刑事责任。

第七十条　煤矿企业存在下列情形之一的，应当提请县级以上地方人民政府予以关闭：

（一）未依法取得安全生产许可证等擅自进行生产的；

（二）3 个月内 2 次或者 2 次以上发现有重大事故隐患仍然进行生产的；

（三）经地方人民政府组织的专家论证在现有技术条件下难以有效防治重大灾害的；

（四）有《中华人民共和国安全生产法》规定的应当提请关闭的其他情形。

有关地方人民政府作出予以关闭的决定，应当立即组织实施。关闭煤矿应当达到下列要求：

（一）依照法律法规有关规定吊销、注销相关证照；

（二）停止供应并妥善处理民用爆炸物品；

（三）停止供电，拆除矿井生产设备、供电、通信线路；

（四）封闭、填实矿井井筒，平整井口场地，恢复地貌；

（五）妥善处理劳动关系，依法依规支付经济补偿、工伤保险待遇，组织离岗时职业健康检查，偿还拖欠工资，补缴欠缴的社会保险费；

（六）设立标识牌；

（七）报送、移交相关报告、图纸和资料等；

（八）有关法律法规规定的其他要求。

学习要点 本条是关于关闭煤矿的规定。

本条加大煤矿关闭力度。对未取得安全生产许可证擅自生产、3 个月内 2 次或者 2 次以上发现有重大事故隐患仍然进行生产、现有技术条件难以有效防治重大灾害等不具备安全生产条件的煤矿，《条例》将其列入依法关闭的情形。

要点 1 ☞ 矿井关闭的实施主体

本条款明确了矿井关闭的实施主体是县级以上地方人民政府，其他部门没有权利决定矿井的关闭。

要点 2 ☞ 矿井关闭的条件

《安全生产法》第一百一十三条规定了关闭生产经营单位的四种情形，从法律层面进一步明确了关闭矿井的要求。

（1）未依法取得安全生产许可证等擅自进行生产的。是指违反了煤矿生产许可制度规定，按照《安全生产许可证管理办法》要求，没有取得安全生产许可证生产，必须给予关闭。

（2）3 个月内 2 次或者 2 次以上发现有重大事故隐患仍然进行生产的。应急管理部制定印发了《煤矿重大事故隐患判定标准》（应急管理部令第 4 号），从 15 个方面列举了应当判定为重大事故隐患的情形。这是对煤矿安全生产高度负责的举措，如果在 3 个月内 2 次或者 2 次以上发现有重大事故隐患仍然进行生产的，足以说明矿井的安全生产管理人员对重大隐患排查不力，现场管理不力，仍然组织生产，时刻对矿井造成致命的威胁，这样的矿井如果存在，是对人民群众的生命安全极其不负责任的，必须予以关闭。

（3）经地方人民政府组织的专家论证在现有技术条件下难以有效防治重大灾害的。重大灾害是威胁煤矿安全生产的头号杀手，不能有效防治直接威胁煤矿安全生产，本条规定了地方人民政府组织对重大灾害进行专家论证，在现有的技术条件下不能有效防治的，只能是采取关闭的措施，绝对不能造成事故后再采取措施。

要点 3 ☞《中华人民共和国安全生产法》规定的应当提请关闭的其他情形

《中华人民共和国安全生产法》第一百一十三条规定了关闭的四种情形，一并认真落实。

（1）存在重大事故隐患，一百八十日内三次或者一年内四次受到本法规定的行政处罚的；

（2）经停产停业整顿，仍不具备法律、行政法规和国家标准或者行业标准规定的安全生产条件的；

（3）不具备法律、行政法规和国家标准或者行业标准规定的安全生产条件，导致发生重大、特别重大生产安全事故的；

（4）拒不执行负有安全生产监督管理职责的部门作出的停产停业整顿决定的。

要点 4 ☞ 对有关地方人民政府作出予以关闭的决定，应当立即组织实施。对作出关闭决定的煤矿，应当立即组织专班，落实具体的责任部门、责任人员，落实关闭决定

要点 5 ☞ 明确了关闭矿井应当达到的 8 个方面的要求

这 8 个方面的要求，是确定矿井关闭的基本技术要求，也是确保社会稳定，矿井安全，避免其他次生灾害的基本措施。

> **第七十一条** 有下列情形之一的，依照《中华人民共和国安全生产法》有关规定予以处罚：
>
> （一）煤矿建设项目没有安全设施设计或者安全设施设计未按照规定报经有关部门审查同意的；
>
> （二）煤矿建设项目的施工单位未按照批准的安全设施设计施工的；
>
> （三）煤矿建设项目竣工投入生产或者使用前，安全设施未经验收合格的；
>
> （四）煤矿企业违反本条例第二十四条第一款、第二十五条第一款和第二款、第二十六条第二款规定的。

学习要点 本条是关于煤矿建设项目的处罚规定。

要点1 ☞《安全生产法》的规定

《安全生产法》第九十八条规定：生产经营单位有下列行为之一的，责令停止建设或者停产停业整顿，限期改正，并处十万元以上五十万元以下的罚款，对其直接负责的主管人员和其他直接责任人员处二万元以上五万元以下的罚款；逾期未改正的，处五十万元以上一百万元以下的罚款，对其直接负责的主管人员和其他直接责任人员处五万元以上十万元以下的罚款；构成犯罪的，依照刑法有关规定追究刑事责任：

（1）未按照规定对矿山、金属冶炼建设项目或者用于生产、储存、装卸危险物品的建设项目进行安全评价的；

（2）矿山、金属冶炼建设项目或者用于生产、储存、装卸危险物品的建设项目没有安全设施设计或者安全设施设计未按照规定报经有关部门审查同意的；

（3）矿山、金属冶炼建设项目或者用于生产、储存、装卸危险物品的建设项目的施工单位未按照批准的安全设施设计施工的；

（4）矿山、金属冶炼建设项目或者用于生产、储存、装卸危险物品的建设项目竣工投入生产或者使用前，安全设施未经验收合格的。

要点2 ☞ 煤矿违法行为

（1）煤矿建设项目没有安全设施设计或者安全设施设计未按照规定报经有关部门审查同意的；

（2）煤矿建设项目的施工单位未按照批准的安全设施设计施工的；

（3）煤矿建设项目竣工投入生产或者使用前，安全设施未经验收合格的。

要点3 ☞ 对煤矿的处罚

煤矿企业违反本条例上述三种行为，依照《安全生产法》第九十八条规定进行处罚。

要点4 ☞ 煤矿企业违反本条例第二十四条第一款、第二十五条第一款和第二款、第二十六条第二款规定的，依据《安全生产法》进行处罚

（1）第二十四条第一款是煤矿企业应当为从业人员提供符合国家标准或者行业标准的劳动防护用品，并监督、教育从业人员按照使用规则佩戴、使用。

（2）第二十五条第一款煤矿企业使用的安全设备的设计、制造、安装、使用、检测、维修、改造和报废，应当符合国家标准或者行业标准。

（3）第二十五条第二款是煤矿企业应当建立安全设备台账和追溯、管理制度，对安全设备进行经常性维护、保养并定期检测，保证正常运转，对安全设备购置、入库、使用、维护、保养、检测、维修、改造、报废等进行全流程记录并存档。

（4）第二十六条第二款是煤矿企业及其有关人员不得关闭、破坏直接关系生产安全的监控、报警、防护、救生设备、设施，或者篡改、隐瞒、销毁其相关数据、信息，不得以任何方式影响其正常使用。

第七十二条 承担安全评价、认证、检测、检验等职责的煤矿安全生产技术服务机构有出具失实报告、租借资质、挂靠、出具虚假报告等情形的，对该机构及直接负责的主管人员和其他直接责任人员，应当依照《中华人民共和国安全生产法》有关规定予以处罚并追究相应责任。其主要负责人对重大、特别重大煤矿生产安全事故负有责任的，终身不得从事煤矿安全生产相关技术服务工作。

学习要点 本条是关于中介机构违法责任的规定。

承担煤矿安全评价、认证、检测、检验、鉴定等煤矿安全生产技术服务机构及其直接负责的主管人员和其他直接责任人员法律责任的规定。

要点1 ☞ 承担法律责任的主体

出具虚假证明的法律责任的承担主体是承担安全评价、认证、检测、检验、鉴定工作的机构及其直接负责的主管人员和其他直接责任人员。

要点2 ☞ 应当承担法律责任的违法行为

从事安全评价、认证、检测、检验、鉴定工作的机构及其直接负责的主管人员和其他直接责任人员，承担本条规定的法律责任的违法行为是出具失实报告、租借资质、挂靠、出具虚假证明。

要点3 ☞ 处罚

按《安全生产法》第九十二条规定处罚：

（1）承担安全评价、认证、检测、检验职责的机构出具失实报告的，责令停业整顿，并处三万元以上十万元以下的罚款；给他人造成损害的，依法承担赔偿责任。

（2）承担安全评价、认证、检测、检验职责的机构租借资质、挂靠、出具虚假报告的，没收违法所得；违法所得在十万元以上的，并处违法所得二倍以上五倍以下的罚款，没有违法所得或者违法所得不足十万元的，单处或者并处十万元以上二十万元以下的罚款；对其直接负责的主管人员和其他直接责任人员处五万元以上十万元以下的罚款；给他人造成损害的，与生产经营单位承担连带赔偿责任；构成犯罪的，依照刑法有关规定追究刑事责任。

（3）对有前款违法行为的机构及其直接责任人员，吊销其相应资质和资格，五年内不得从事安全评价、认证、检测、检验等工作；情节严重的，实行终身行业和职业禁入。

要点 4 ☞ 本条规定的法律责任形式有三种：

（1）行政处罚。具体是：没收违法所得，违法所得在十万元以上的，并处违法所得两倍以上五倍以下的罚款，没有违法所得或者违法所得不足十万元的，单处或者并处十万元以上二十万元以下的罚款，对其直接负责的主管人员和其他直接责任人员处五万元以上十万元以下的罚款。

（2）民事责任，即给他人造成损害的，与生产经营单位承担连带赔偿责任。

（3）构成提供虚假证明文件罪或者其他罪的，依照刑法有关规定追究刑事责任。

对于有以上违法行为的机构，还应当吊销其相应的资质，不得再继续从事有关的安全评价、认证、检测、检验、鉴定等活动。其主要负责人对重大、特别重大煤矿生产安全事故负有责任的，终身不得从事煤矿安全生产相关技术服务工作。

第七十三条 本条例规定的行政处罚，由县级以上人民政府负有煤矿安全生产监督管理职责的部门和其他有关部门、国家矿山安全监察机构及其设在地方的矿山安全监察机构按照职责分工决定，对同一违法行为不得给予两次以上罚款的行政处罚。对被责令停产整顿的煤矿企业，应当暂扣安全生产许可证等。对违反本条例规定的严重违法行为，应当依法从重处罚。

学习要点 本条是关于行政处罚部门以及责令停产整顿煤矿企业的规定。

要点 1 ☞ 明确了行政处罚执行部门

县级以上人民政府负有煤矿安全生产监督管理职责的部门和其他有关部门、国家矿山安全监察机构及其设在地方的矿山安全监察机构按照职责分工决定进行行政处罚。中共中央办公厅、国务院办公厅下发的关于印发《国家矿山安全监察局职能配置、内设机构和人员编制规定》的通知中明确了国家矿山安全监察局负责国家矿山安全监察工作。

要点 2 ☞ 明确规定了对同一违法行为不得给予两次以上罚款的行政处罚

也就是说，同一违法行为，只能给予一次行政处罚，不同部门发现的同一违法行为，也只能给予一次行政处罚。

要点 3 ☞ 对被责令停产整顿的煤矿企业，应当暂扣安全生产许可证等

责令停产整顿的矿井，已经不具备生产条件，应当暂扣安全生产许可证，不得进行生产，必须按停产整顿程序完成后，方可恢复组织生产。

要点 4 ☞ 对违反本条例规定的严重违法行为，应当依法从重处罚

严重违法行为是指给国家、集体造成重大损失或者构成犯罪的；从重处罚是指在法定处罚种类和幅度内对行为人适用较重种类或者较高幅度的处罚。

第七十四条 地方各级人民政府、县级以上人民政府负有煤矿安全生产监督管理职责的部门和其他有关部门、国家矿山安全监察机构及其设在地方的矿山安全监察机构有下列情形之一的，对负有责任的领导人员和直接责任人员依法给予处分：

（一）县级以上人民政府负有煤矿安全生产监督管理职责的部门、国家矿山安全监察机构及其设在地方的矿山安全监察机构不依法履行职责，不及时查处所辖区域内重大事故隐患和安全生产违法行为的；县级以上人民政府其他有关部门未依法履行煤矿安全生产相关职责的；

（二）乡镇人民政府在所辖区域内发现未依法取得安全生产许可证等擅自进行煤矿生产，没有采取有效措施制止或者没有向县级人民政府相关主管部门报告的；

（三）对被责令停产整顿的煤矿企业，在停产整顿期间，因有关地方人民政府监督检查不力，煤矿企业在停产整顿期间继续生产的；

（四）关闭煤矿未达到本条例第七十条第二款规定要求的；

（五）县级以上人民政府负有煤矿安全生产监督管理职责的部门、国家矿山安全监察机构及其设在地方的矿山安全监察机构接到举报后，不及时处理的；

（六）县级以上地方人民政府及其有关部门要求不具备安全生产条件的煤矿企业进行生产的；

（七）有其他滥用职权、玩忽职守、徇私舞弊情形的。

学习要点 本条是关于政府、监管监察部门有关人员不履职处分情形的规定。

要点 1 ☞ 行政处分的对象

法律层面限定了受到处分的人员是地方各级人民政府、县级以上人民政府负有煤矿安全生产监督管理职责的部门和其他有关部门、国家矿山安全监察机构及其设在地方的矿山安全监察机构的领导人员和直接责任者。明确了负有责任的领导人员和直接责任者，并不是所有的领导人员。

要点 2 ☞ 行政处分的种类

行政处分的种类分为警告、记过、记大过、降级、撤职、开除六种。

要点 3 ☞ 行政处分的七款情形

本条所列举的七款情形都是在部门职责范围之内，有关人员应当尽职尽责，也是对各级公务人员的督促，尽职免责、失职追责。

（1）有关部门不依法履行职责，不及时查处重大事故隐患和安全生产违法行为。煤矿生产受作业环境、技术设备、员工素质等因素影响，易发生生产安全事故，煤矿安全监管监察部门以及其他有关部门应当按照职责分工，加强监督检查，及时查处重大事故隐患和安全生产违法行为。否则就属于不依法履行职责的行为，应依照本条规定追究法律责任。

（2）乡镇人民政府未采取措施制止非法生产的煤矿企业的违法行为。按照本条例规定，乡镇人民政府负有对所辖区域内未依法取得采矿许可证、安全生产许可证、营业执照擅自进行生产的煤矿企业，应当采取措施制止以及向相关部门报告的义务。否则就属于不依法履行职责的行为，应依照本条规定追究法律责任。

（3）有关地方政府对停产整顿煤矿监督检查不力的违法行为。被责令停产整顿的煤矿企业往往存在重大事故隐患或不具备安全生产条件，继续生产极易导致生产安全事故。除煤矿企业应自觉严格执行行政处罚决定外，有关地方人民政府应强化属地责任，加强监督检查，因监督检查不力导致煤矿企业在停产整顿期间继续生产的，应承担相应法律责任。

（4）有关政府关闭煤矿未达到规定要求的违法行为。关闭是一种严厉的处罚措施，必须严格依法定程序进行。尤其是从提请到实施关闭要经过一段时间，为防止煤矿企业关闭期间继续非法生产，县级以上地方人民政府负有组织相关部门实施的法定义务，包括吊销、注销相关证照、停止供电等。关闭煤矿未达到要求的，应承担相应法律责任。

（5）有关部门不及时处理安全生产举报的违法行为。设立举报制度旨在及时发现并有效查处生产经营单位违法违规行为，提高政府监管效率。要保证举报制度取得实效，必须畅通举报和受理渠道，这就要求受理举报的部门在接到举报后依法及时处理。否则就属于不依法履行法定职责的行为，应依照本条规定追究法律责任。

（6）政府及有关部门要求不具备安全生产条件的煤矿企业进行生产的违法行为。包括对不符合安全生产条件的安全生产的事项予以批准或者验收通过。“安全生产条件”是指《中华人民共和国安全生产法》以及有关法律、行政法规和国家标准或者行业标准规定的安全生产条件，比如对于存在重大事故隐患的煤矿企业，有关部门未经停产整顿且验收合格，便允许煤矿企业生产，即属于此类情形。

（7）存在其他滥用职权、玩忽职守、徇私舞弊情形的。实践中违法行为的情况比较复杂，除了上述几种形式外，还可能有其他情形，也应承担相应的法律责任。

第七十五条 违反本条例规定，构成犯罪的，依法追究刑事责任。

学习要点 本条是关于安全犯罪的规定。

要点 1 ☞ 构成犯罪的四要件

（1）犯罪主体，是指实施犯罪行为、依法应当负刑事责任的自然人和单位。

（2）犯罪客体，是指刑法所保护而被犯罪行为所侵害的社会关系。

（3）主观要件，体现的是行为人在怎样的心理状态的支配下实施危害社会行为的，刑法对犯罪构成的心理状态有哪些具体的要求。

（4）客观要件，是指犯罪行为的具体表现。

要点 2 ☞ 刑事责任

刑事责任是指犯罪人因实施犯罪行为应当承担的法律责任，按刑事法律的规定追究其法律责任，包括主刑和附加刑两种刑事责任。主刑，是对犯罪分子适用的主要刑罚。主刑分为管制、拘役、有期徒刑、无期徒刑和死刑。附加刑分为罚金、剥夺政治权利、没收财产。

要点 3 ☞ 安全犯罪

对违反本条例规定的要进行分析研究，是否符合犯罪的要件构成，如果具备了四要件构成，就构成了犯罪，依法追究刑事责任。特别要重视《刑法修正案（十一）》安全犯罪罪名，预防安全犯罪。

《刑法修正案（十一）》规定的涉及煤矿安全生产的犯罪主要有以下几种：

（1）重大责任事故罪。在生产、作业中违反有关安全管理的规定，因而发生重大伤亡事故或者造成其他严重后果的，处三年以下有期徒刑或者拘役；情节特别恶劣的，处三年以上七年以下有期徒刑。

（2）强令、组织他人违章冒险作业罪。强令他人违章冒险作业，或者明知存在重大事故隐患而不排除，仍冒险组织作业，因而发生重大伤亡事故或者造成其他严重后果的，处五年以下有期徒刑或者拘役；情节特别恶劣的，处五年以上有期徒刑。

（3）危险作业罪。在生产、作业中违反有关安全管理的规定，有下列情形之一，具有发生重大伤亡事故或者其他严重后果的现实危险的，处一年以下有期徒刑、拘役或者管制：

① 关闭、破坏直接关系生产安全的监控、报警、防护、救生设备、设施，或者篡改、隐瞒、销毁其相关数据、信息的；

② 因存在重大事故隐患被依法责令停产停业、停止施工、停止使用有关设备、设施、场所或者立即采取排除危险的整改措施，而拒不执行的；

③ 涉及安全生产的事项未经依法批准或者许可，擅自从事矿山开采、金属冶炼、建筑施工，以及危险物品生产、经营、储存等高度危险的生产作业活动的。

（4）重大劳动安全事故罪。安全生产设施或者安全生产条件不符合国家规定，因而发生重大伤亡事故或者造成其他严重后果的，对直接负责的主管人员和其他直接责任人员，处三年以下有期徒刑或者拘役；情节特别恶劣的，处三年以上七年以下有期徒刑。

（5）不报、谎报安全事故罪。在安全事故发生后，负有报告职责的人员不报或者谎报事故情况，贻误事故抢救，情节严重的，处三年以下有期徒刑或者拘役；情节特别严重的，处三年以上七年以下有期徒刑。

第六节　附　　则

第七十六条　本条例自2024年5月1日起施行。《煤矿安全监察条例》和《国务院关于预防煤矿生产安全事故的特别规定》同时废止。

学习要点　本条是关于条例施行日期的规定。

要点 1 ☞ 生效日期

法律的生效日期，是指法律开始施行并发生法律效力的日期。这是任何一部法律不可缺少的基本要素，一般都在法律的最后一条加以规定。法律施行起始日期，一般根据该部法律在施行前是否需要做必要的准备工作确定。从我国已制定的法律来看，对生效日期的规定，大体上可以分为以下三种情况：其一，直接在法律中规定“本法自×年×月×日起施行”。其二，在法律条文中没有直接规定具体的生效日期，而只是规定“本法自公布之日起施行”，由国家主席发布主席令公布通过的法律。其三，规定一部法律的生效日期取决于另一部法律的生效日期。本条例的生效日期，属于上述第一种情况，即直接规定了“本条例自 2024 年 5 月 1 日起施行”。

《条例》已经 2023 年 12 月 18 日国务院第 21 次常务会议通过，国家总理李强签署中华人民共和国国务院令第 774 号，2024 年 1 月 24 日予以公布，自 2024 年 5 月 1 日起施行。本条例的颁布与施行日期之间留有一定的时间间隔，主要是为了使有关方面利用这段时间充分做好本条例实施的各项必要准备工作，如对现行的法规、规章以及一些规范性文件进行清理，与本条例不一致的，及时加以修改或者废止；制定一些配套的规定；对本条例进行必要的学习宣传等，以确保本条例的贯彻实施。

要点 2 ☞ 废止法规

《煤矿安全监察条例》和《国务院关于预防煤矿生产安全事故的特别规定》同时废止。

国务院于 2000 年、2005 年先后出台了《煤矿安全监察条例》《国务院关于预防煤矿生产安全事故的特别规定》，对预防煤矿事故发生、保障煤矿安全生产发挥了积极作用。随着经济社会发展，煤矿安全生产出现了一些新情况，存在安全生产责任落实不到位、风险隐患排查治理不彻底、安全管理体制机制不完善等突出问题。2020 年国家矿山安全监察体制进行了改革，2021 年修改的《中华人民共和国安全生产法》对安全生产的原则要求和具体制度作了进一步完善，2023 年中办、国办印发了《关于进一步加强矿山安全生产工作的意见》。

《矿山安全法》制定年代久远，《安全生产法》虽历经多次修改，但作为一部调整全行业、各领域的综合性法律，在煤矿安全生产领域直接适用一直面临“不够用”的尴尬。国务院分别于 2000 年和 2005 年出台了《煤矿安全监察条例》和《国务院关于预防煤矿生产安全事故的特别规定》，但随着煤矿安全生产改革发展，基于煤矿安全生产法律法规规范体系化的理性分析和从遏制重特大事故的现实考量出发，需要制定一部综合性的行政法规，既适应新时代新要求，做好煤矿安全生产治理的顶层设计，又能对制约煤矿安全生产发展的诸多堵点、难点开出法治良方，真正在煤矿安全生产法律法规体系中发挥承上启下的重要作用。《条例》继承了《煤矿安全监察条例》《国务院关于预防煤矿生产安全事故的特别规定》等法规施行过程中的有效做法，吸收了《煤矿安全监察条例》和《国务院关于预防煤矿生产安全事故的特别规定》中的有益做法契合了当前煤矿安全生产的实际情况，既科学合理又特色鲜明。

第三章

贯 彻 落 实

学习要点

要点1 ☞ 加强学习宣传，牢固树立安全发展理念

煤矿企业各层级要把学习领会《条例》精神与学习贯彻习近平总书记关于安全生产工作的重要指示批示精神结合起来，与学习贯彻总体国家安全观结合起来，把《条例》列入重要学习议程，要抓住主要负责人这个“关键少数”，切实解决思想认知不足、安全发展理念不牢和抓落实能力不足等突出问题，坚决树牢安全发展理念，强化底线思维和红线意识，扛起安全生产的重大政治责任。

要点2 ☞ 加强教育培训，推动安全生产文化落地生根

各煤矿企业要加大教育培训力度，要从安全生产管理人员中选派专业人员，运用煤矿生产人员喜闻乐见的形式开展宣讲活动，组织开展“班前会”交流学习体会，推动《条例》入脑入心。结合事故案例，持续开展警示教育。开展形式多样的培训，将学习《条例》覆盖到井下每一个一线工人、地面每一个辅助生产人员和管理人员。将全员安全生产责任制的理念贯穿和融合于各项工作中，把安全文化的软实力发展成安全的硬道理。

要点3 ☞ 加强制度建设，做好外规内化工作

煤矿企业要对照《条例》的每一项规定，对本单位的相关制度立即进行“立改废”，确保安全生产管理有法可依、有法必依。结合工作实际，分解细化《条例》明确的任务和要求，逐项完善配套措施。凡是不符合《条例》规定的，要及时废止或者修订。凡是没有按照《条例》规定建立相应制度的，要尽快建立，如对煤（岩）与瓦斯（二氧化碳）突出的煤矿，未设立专门防治机构、未配备专职副总工程师的，煤矿企业安全管理部门应当立即向企业组织人事部门反映该项要求，依规尽快设立专门防治机构并配备专职副总工程师。

人命关天，发展决不能以牺牲人的生命为代价，这必须作为一条不可逾越的红线。随着《条例》的实施，我国煤矿企业安全生产主体责任监管进入新阶段，煤矿企业安全生产主体责任体系不断健全，《条例》必将为保护人民群众生命财产安全，促进煤矿行业健康可持续发展提供强大的制度保障。煤矿企业应当自觉行动起来，深入贯彻落实《条例》有关要求，全面推进煤矿安全生产工作。

附　　录

附录一

《意见》考试试卷

一、填空题（每题 2 分，共 30 分）

1. 停止新建产能低于________万吨/年的煤与瓦斯突出、冲击地压、水文地质类型极复杂的煤矿。

2. 新建煤与瓦斯突出、冲击地压、水文地质类型极复杂的煤矿原则上应按________智能化设计。

3. 严格按照________要求，科学合理设置矿山。

4. 除符合规定的情形外，新设采矿权范围不得与已设采矿权垂直投影范围重叠，可集中开发的同一矿体不得设立________个以上采矿权。

5. 煤矿、金属非金属地下矿山、尾矿库等矿山的________审批由省级以上矿山安全监管部门负责，不得下放或者委托。

6. 1 个采矿权范围内原则上只能设置________个生产系统。审批首次申请安全生产许可证的，应进行现场核查。

7. 推动中小型矿山机械化升级改造和大型矿山自动化、智能化升级改造，加快________等矿山智能化建设，打造一批自动化、智能化标杆矿山。

8. 地下矿山应当建立________等系统。

9. 尾矿库应当建立________，新建四等、五等小型尾矿库应当采用一次性建坝。

10. 推进________和机器人研发及应用。

11. 矿山企业应当健全以________双重预防机制为核心的安全生产标准化管理体系。

12. 严格开展风险辨识评估并实施________，定期开展全员全覆盖隐患排查治理，建立风险隐患台账清单，实行闭环管理。

13. 各级矿山安全监管监察部门应当推动企业切实提高________，建立重大隐患治理督办制度，在重大隐患消除前跟踪监管，并监督整改销号。

14. 矿山企业应当查明________，实施煤与瓦斯突出、冲击地压、水害等重大灾害分区管理、超前治理。将煤矿灾害等级鉴定纳入安全检测检验范围，及时公示鉴定结果。

15. 完善矿山井下特种设备________。定期对取得矿山井下特种设备安全标志的在用设备设施开展安全可靠性检验。

二、选择题（每题3分，共30分）

1. 尾矿库排洪构筑物每（　　）年应进行一次质量检测。

A. 1　　B. 2　　C. 3

2. 大中型金属非金属地下生产矿山采掘工程承包单位数量不得超过（　　）家，小型金属非金属地下生产矿山采掘工程承包单位数量不得超过1家，承包单位严禁转包和分包采掘工程及爆破作业项目。

A. 3　　B. 2　　C. 1

3. 金属非金属地下基建矿山掘进工程承包单位数量不得超过（　　）家。

A. 2　　B. 1　　C. 3

4. 停工停产整改的矿山应当制定整改方案，限定单班下井人数，同一作业地点控制在（　　）人以内，并向矿山安全监管监察部门报告后方可进行整改作业。

A. 10　　B. 15　　C. 20

5. 力争到（　　）年年底，生产矿山建立本单位采掘（剥）施工队伍或者委托具备相应条件的企业整体管理。

A. 2024　　B. 2025　　C. 2026

6. 加强矿山安全监管机构和队伍建设，专业监管人员配备比例不低于在职人员的（　　）%。

A. 70　　B. 75　　C. 80

7. 尾矿库"头顶库"、采深超（　　）米或者单班下井人数超（　　）人的金属非金属地下矿山、边坡高度超200米的金属非金属露天矿山等高风险矿山安全监管，原则上不得下放至县级部门。

A. 500、100　　B. 400、300　　C. 800、30

8. 对（　　）、瞒报谎报重大及以下矿山生产安全事故，视情况提级调查。

A. 一般事故　　B. 单人伤亡事故　　C. 较大涉险事故

9. 发生（　　）以上死亡事故的矿山，应当停产整顿，经验收符合安全生产条件后方可恢复生产。

A. 一般　　B. 较大　　C. 重大

10. 对运行到设计最终标高、不再排尾作业、停用超过（　　）年或者没有生产经营主体的尾矿库，应当及时闭库治理并销号。

A. 3　　　　B. 4　　　　C. 5

三、简答题（每题10分，共40分）

1.《关于进一步加强矿山安全生产工作的意见》出台的重要意义是什么？

2. 严格灾害严重煤矿安全准入都有哪些要求？

3. 提高科技创新支撑能力都有哪些要求？

4. 加强执法保障建设都有哪些要求？

参 考 答 案

一、填空题

1. 90
2. 采煤、掘进
3. 矿产资源规划、国土空间规划和用途管制
4. 2
5. 安全设施设计审查和安全生产许可证
6. 1
7. 灾害严重、高海拔
8. 人员定位、安全监测监控、通信联络、压风自救和供水施救
9. 在线安全监测系统
10. 矿山信息化、智能化装备
11. 安全风险分级管控和隐患排查治理
12. 分级管控
13. 风险隐患排查和整改质量
14. 隐蔽致灾因素
15. 安全标志审核发放和监督机制

二、选择题

1. C　2. B　3. C　4. A　5. B　6. B　7. C　8. C　9. B　10. A

三、简答题

1. 答：(1)《意见》是贯彻落实习近平总书记关于安全生产重要指示精神的迫切需要。

(2)《意见》是加快推进矿山安全治理模式向事前预防转型的迫切需要。

（3）《意见》是大力提升矿山安全治理效能的迫切需要。

（4）《意见》是压紧压实矿山安全各方责任的迫切需要。

（5）《意见》是不断推进矿山行业高质量发展的迫切需要。

2. 答：停止新建产能低于 90 万吨/年的煤与瓦斯突出、冲击地压、水文地质类型极复杂的煤矿。新建煤与瓦斯突出、冲击地压、水文地质类型极复杂的煤矿原则上应按采煤、掘进智能化设计。

3. 答：强化矿山安全科技支撑体系建设。加强矿山重大灾害预防与治理研究，组织重大关键技术攻关。推进矿山信息化、智能化装备和机器人研发及应用。实施一批矿山安全类重大科技项目。研究推进建设矿山安全领域全国重点实验室。

4. 答：推动修订矿山安全法，制定煤矿安全生产条例，加强矿山安全标准化建设工作。完善矿山安全监管监察专业人才培养机制，提高待遇保障。加强在线监控联网和矿山安全综合信息化平台建设，强化执法装备保障。

附录二

《硬措施》考试试卷

一、填空题（每题 3 分，共 45 分）

1. 矿山企业主要负责人（含实际控制人，下同）必须依法到现场严格履行安全生产第一责任人责任，严格执行________________。

2. 对安全管理责任不落实、安全生产投入不足、冒险组织作业等造成事故或者瞒报谎报事故的，依法从严从重处理处罚，按照________________严肃追究主要负责人法律责任。

3. 对应当发现的安全生产基本条件类的重大事故隐患长期失察、只检查不执法、问题隐患描述避重就轻的，启动责任倒查机制，按照________________依法严肃追责问责。

4. 对履行职责不力、推诿扯皮等造成事故的，按照________________依法严肃追责问责。

5. 各地要严格落实矿山安全属地责任，加强矿山安全监管机构和队伍建设，细化落实________________地方政府领导包保煤矿、金属非金属地下矿山和尾矿库安全生产责任制，组织开展区域性矿山隐蔽致灾因素普查治理，严厉打击无证开采、隐蔽工作面作业、非法盗采矿产资源等行为。

6. 矿山企业必须建立健全安全风险分级管控制度和重大事故隐患自查自改常态化机制，常态化开展“三违”行为自查自纠，严格________________等关键环节风险管控，加强地面吊篮等设备、“三堂一舍”等设施消防安全隐患排查。

7. 对同类重大事故隐患反复出现、屡改屡犯、弄虚作假的，依法从重处罚，并从严追究________________，有上级公司的，严肃倒查上级公司主要负责人责任。

8. 矿山安全监管监察部门要借鉴中央生态环境保护督察做法，采取________________等检查方式，综合运用通报曝光、追责问责、行刑衔接、联合惩戒等处理手段，去在关键时、打到要害处。

9. 要统筹________________，配齐配强专业执法人员，发挥行业专家、退休技安人员作用，奔着具体问题去，直插现场深入开展排查整治，严禁搞形式走过场。

10. 各级矿山安全监管监察部门要严厉打击矿山各类非法违法生产建设行为，对________________的企业，依法依规从严惩处并公开曝光。

11. 要建立便捷、有效的举报途径，鼓励社会公众和从业人员举报违法违规行为，对报告________________的有功人员实行重奖。

12. 矿山企业必须按规定采用________________等方法相互验证，查清隐蔽致灾因素并采取有效措施后方可进行采掘作业。

13. 对灾害矿井该鉴定不鉴定、该戴帽不戴帽、不按灾害等级设防或者鉴定弄虚作假的，责令立即________________。

14. 对发生________________以及瓦斯高值超限的煤矿，必须停止作业、严肃追究责任，并由地方煤矿安全监管部门对企业瓦斯防治的机构、人员、装备、制度等方面进行全方位评估，经评估不具备防治能力的，不得恢复生产。

15. 对探放水造假、禁采区采掘作业、极端天气不撤人的，必须按________________严格处罚。

二、选择题（每题3分，共15分）

1. 矿山企业必须严格实施安全生产教育和培训计划，大力提升从业人员安全意识和安全素养，配备安全生产管理机构和人员（“五职”矿长必须有主体专业大专以上学历且有（　　）年以上矿山一线从业经历，“五科”专业技术人员必须为主体专业毕业且有5年以上矿山一线从业经历）。

A. 10　　　B. 8　　　C. 5

2. “五职”矿长和主要负责人每年必须接受矿山安全监察机构会同监管部门组织的专门安全教育培训，新上岗的从业人员岗前安全培训时间不得少于（　　）学时并经培训考核合格后方可上岗，取消井下劳务派遣用工。

A. 24　　　B. 72　　　C. 48

3. 新建和改扩建后煤矿产能不得低于（　　）万吨/年，停止新建产能低于90万吨/年的煤与瓦斯突出、冲击地压、水文地质类型极复杂的煤矿。

A. 60　　　B. 90　　　C. 30

4. 对无证照或者证照不全从事生产的，（　　）个月内2次或者2次以上发现有重大事故隐患仍然进行生产的，依法依规提请地方政府关闭。

A. 1　　　B. 2　　　C. 3

5.《关于防范遏制矿山领域重特大生产安全事故的硬措施》于（　　）印发。

A. 2024 年 1 月 16 日　B. 2024 年 1 月 15 日　C. 2023 年 12 月 16 日

三、简答题（每题 10 分，共 40 分）

1. 一体压实各级矿山安全生产责任，矿山企业都有哪些要求？

2. 切实提高风险隐患排查整改质量，矿山企业都有哪些要求？

3. 大力提升从业人员素质，矿山企业都有哪些要求？

4. 严格事故调查和警示教育，矿山企业都有哪些要求？

参　考　答　案

一、填空题

1. 全员安全生产岗位责任制

2. “谁投资、谁受益、谁负责”

3. “谁检查、谁签名、谁负责”

4. “管行业必须管安全、管业务必须管安全、管生产经营必须管安全”

5. 市级、县级

6. 动火作业、爆破施工、煤仓清理、运输提升、密闭启封

7. 企业主要负责人责任

8. “四不两直”、明察暗访、突击夜查、杀“回马枪”

9. 井上和井下、露天和井工、煤矿和非煤

10. 顶风作案、屡禁不止

11. 重大事故隐患或者举报安全生产违法行为

12. 钻探、物探、化探

13. 停止生产、排除隐患

14. 瓦斯亡人事故、瓦斯涉险事故

15. 重大事故隐患

二、选择题

1. A　2. B　3. C　4. C　5. A

三、简答题

1. 答：矿山企业主要负责人（含实际控制人，下同）必须依法到现场严格履行安全生产第一责任人责任，严格执行全员安全生产岗位责任制；对安全管理责任不落实、安全生产投入不足、冒险组织作业等造成事故或者瞒报谎报事故

的，依法从严从重处理处罚，按照“谁投资、谁受益、谁负责”严肃追究主要负责人法律责任。

2. 答：矿山企业必须建立健全安全风险分级管控制度和重大事故隐患自查自改常态化机制，常态化开展“三违”行为自查自纠，严格动火作业、爆破施工、煤仓清理、运输提升、密闭启封等关键环节风险管控，加强地面吊篮等设备、“三堂一舍”等设施消防安全隐患排查。对同类重大事故隐患反复出现、屡改屡犯、弄虚作假的，依法从重处罚，并从严追究企业主要负责人责任，有上级公司的，严肃倒查上级公司主要负责人责任。

3. 答：矿山企业必须严格实施安全生产教育和培训计划，大力提升从业人员安全意识和安全素养，配备安全生产管理机构和人员（“五职”矿长必须有主体专业大专以上学历且有 10 年以上矿山一线从业经历，“五科”专业技术人员必须为主体专业毕业且有 5 年以上矿山一线从业经历）；“五职”矿长和主要负责人每年必须接受矿山安全监察机构会同监管部门组织的专门安全教育培训，新上岗的从业人员岗前安全培训时间不得少于 72 学时并经培训考核合格后方可上岗，取消井下劳务派遣用工。从业人员必须熟知各类灾害避灾路线、地面建筑场所的安全疏散通道和自救逃生方法；不熟悉避灾逃生路线，或者不能熟练使用自救器等紧急自救装备的，不得安排上岗作业。严厉整治封闭占堵消防通道、逃生通道行为，确保生命通道畅通。

4. 答：矿山企业和有关部门必须严格事故信息报送，对事故信息报送不及时造成严重后果的，严肃追究相关单位和人员责任。建好用好入井人员唯一性识别、活动轨迹动态监测等技防系统，加大瞒报谎报事故举报奖励、联合惩戒、提级调查力度，构建“不敢瞒”“瞒不住”的长效机制。发生重大事故的，由国务院安委会挂牌督办并全程跟踪督导事故调查。发生死亡事故的矿山，必须停产整顿，经验收符合安全生产条件后方可恢复生产。灾害严重矿井、发生较大以上事故的矿井，必须进行智能化改造。因中介机构弄虚作假导致事故发生的，对责任人员依法移送司法机关追究刑事责任，对责任单位列入严重失信主体名单管理。

附录三

《条例》考试试卷

一、填空题（每题 2 分，共 30 分）

1. 为了加强煤矿安全生产工作，________煤矿生产安全事故，保障人民群众生命财产安全，制定本条例。

2. 煤矿安全生产工作坚持________的领导。

3. ________以上人民政府负有煤矿安全生产监督管理职责的部门对煤矿安全生产实施监督管理，其他有关部门按照职责分工依法履行煤矿安全生产相关职责。

4. 煤矿企业从业人员有依法获得安全生产保障的________，并应当依法履行安全生产方面的义务。

5. 煤矿企业应当遵守有关安全生产的法律法规以及________，执行保障安全生产的国家标准或者行业标准。

6. 煤矿建设项目的建设单位应当对参与煤矿建设项目的________等单位进行统一协调管理，对煤矿建设项目安全管理负总责。

7. 煤矿企业________应当通过安全生产知识和管理能力考核，并持续保持相应水平和能力。

8. 井工煤矿企业的________应当轮流带班下井，并建立下井登记档案。

9. 煤矿企业使用的安全设备的设计、制造、安装、使用、检测、维修、改造和报废，应当符合________。

10. 煤矿企业及其有关人员不得________直接关系生产安全的监控、报警、防护、救生设备、设施，或者篡改、隐瞒、销毁其相关数据、信息，不得以任何方式影响其正常使用。

11. 井工煤矿应当有符合煤矿安全规程和国家标准或者行业标准规定的安全出口、独立通风系统、安全监控系统、防尘供水系统、防灭火系统、供配电系统、运送人员装置和反映煤矿实际情况的图纸，并按照规定进行________鉴定。

12. 煤矿企业应当依法制定________，与所在地县级以上地方人民政府组织制定的生产安全事故应急救援预案相衔接，并定期组织演练。

13. 煤矿企业不得超能力、超强度或者超定员组织生产。正常生产煤矿因________等发生变化导致生产能力发生较大变化的，应当依法重新核定其生产能力。

14. 省、自治区、直辖市人民政府负有煤矿安全生产监督管理职责的部门负责煤矿企业安全生产许可证的颁发和管理，并接受________及其设在地方的矿山安全监察机构的监督。

15. 设在地方的矿山安全监察机构应当对所辖区域内煤矿安全生产实施监察；对事故多发地区，应当实施________。国家矿山安全监察机构根据实际情况，组织对全国煤矿安全生产的全面监察或者重点监察。

二、选择题（每题 3 分，共 30 分）

1.《煤矿安全生产条例》自（　　）起施行。《煤矿安全监察条例》和《国务院关于预防煤矿生产安全事故的特别规定》同时废止。

A. 2024 年 3 月 1 日　　B. 2024 年 5 月 1 日　　C. 2024 年 1 月 24 日

2. 对被责令停产整顿的煤矿企业经验收合格恢复生产的，应当自恢复生产之日起（　　）个工作日内向社会公告。

A. 3　　B. 5　　C. 7

3. 未依法取得安全生产许可证等擅自进行煤矿生产的，应当责令立即停止生产，没收违法所得和开采出的煤炭以及采掘设备；违法所得在（　　）万元以上的，并处违法所得 2 倍以上 5 倍以下的罚款；没有违法所得或者违法所得不足 10 万元的，并处 10 万元以上 20 万元以下的罚款。

A. 20　　B. 100　　C. 10

4. 对存在重大事故隐患仍然进行生产的煤矿企业，责令停产整顿，明确整顿的内容、时间等具体要求，并处 50 万元以上 200 万元以下的罚款；对煤矿企业主要负责人处（　　）万元以上 15 万元以下的罚款。

A. 5　　B. 3　　C. 1

5. 煤矿企业有安全生产违法行为或者重大事故隐患依法被责令停产整顿的，应当制定整改方案并进行整改。整改结束后要求恢复生产的，县级以上地方人民政府负有煤矿安全生产监督管理职责的部门应当组织验收，并在收到恢复生产申请之日起（　　）日内组织验收完毕。

A. 5　　B. 10　　C. 20

6. 擅自开采保安煤柱或者采用可能危及相邻煤矿生产安全的决水、爆破、贯通巷道等危险方法进行采矿作业的，责令立即停止作业，没收违法所得；违法所得在 10 万元以上的，并处违法所得 2 倍以上 5 倍以下的罚款；没有违法所得或者违法所得不足 10 万元的，并处 10 万元以上（　　）万元以下的罚款；造成损失的，依法承担赔偿责任。

A. 30　　B. 50　　C. 20

7. 发生一般事故的，处（　　）万元以上 100 万元以下的罚款。

A. 50　　B. 10　　C. 30

8. 发生煤矿生产安全事故，情节特别严重、影响特别恶劣的，可以按照前款罚款数额的 2 倍以上（　　）倍以下对负有责任的煤矿企业处以罚款。

A. 10　　B. 8　　C. 5

9.《煤矿安全生产条例》已经 2023 年 12 月 18 日国务院第（　　）次常务会议通过。

A. 20　　B. 21　　C. 19

10. 发生特别重大事故的，处（　　）万元以上 2000 万元以下的罚款。

A. 1000　　B. 500　　C. 800

三、简答题（每题 10 分，共 40 分）

1. 发生煤矿生产安全事故，对负有责任的煤矿企业除要求其依法承担相应的赔偿等责任外，依照哪些规定处以罚款？

2. 煤矿企业主要负责人未依法履行安全生产管理职责，导致发生煤矿生产安全事故的，依照哪些规定处以罚款？

3. 煤矿企业存在哪些情形之一的，应当提请县级以上地方人民政府予以关闭？

4. 县级以上地方人民政府负有煤矿安全生产监督管理职责的部门依法对煤矿企业进行监督检查，并将煤矿现场安全生产状况作为监督检查重点内容。监督检查可以采取哪些措施？

参 考 答 案

一、填空题

1. 防止和减少

2. 中国共产党

3. 县级
4. 权利
5. 煤矿安全规程
6. 设计、施工、监理
7. 主要负责人和安全生产管理人员
8. 负责人和生产经营管理人员
9. 国家标准或者行业标准
10. 关闭、破坏
11. 瓦斯等级、冲击地压、煤层自燃倾向性和煤尘爆炸性
12. 生产安全事故应急救援预案
13. 地质、生产技术条件、采煤方法或者工艺
14. 国家矿山安全监察机构
15. 重点监察

二、选择题

1. B　2. B　3. C　4. B　5. C　6. C　7. A　8. C　9. B　10. A

三、简答题

1. 答：(1) 发生一般事故的，处 50 万元以上 100 万元以下的罚款。

(2) 发生较大事故的，处 150 万元以上 200 万元以下的罚款。

(3) 发生重大事故的，处 500 万元以上 1000 万元以下的罚款。

(4) 发生特别重大事故的，处 1000 万元以上 2000 万元以下的罚款。

发生煤矿生产安全事故，情节特别严重、影响特别恶劣的，可以按照前款罚款数额的 2 倍以上 5 倍以下对负有责任的煤矿企业处以罚款。

2. 答：(1) 发生一般事故的，处上一年年收入 40% 的罚款。

(2) 发生较大事故的，处上一年年收入 60% 的罚款。

(3) 发生重大事故的，处上一年年收入 80% 的罚款。

(4) 发生特别重大事故的，处上一年年收入 100% 的罚款。

3. 答：(1) 未依法取得安全生产许可证等擅自进行生产的。

(2) 3 个月内 2 次或者 2 次以上发现有重大事故隐患仍然进行生产的。

(3) 经地方人民政府组织的专家论证在现有技术条件下难以有效防治重大灾害的。

(4) 有《中华人民共和国安全生产法》规定的应当提请关闭的其他情形。

4. 答：(1) 进入煤矿企业进行检查，重点检查一线生产作业场所，调阅有关资料，向有关单位和人员了解情况。

（2）对检查中发现的安全生产违法行为，当场予以纠正或者要求限期改正。

（3）对检查中发现的事故隐患，应当责令立即排除；重大事故隐患排除前或者排除过程中无法保证安全的，应当责令从危险区域内撤出作业人员，责令暂时停产或者停止使用相关设施、设备。

（4）对有根据认为不符合保障安全生产的国家标准或者行业标准的设施、设备、器材予以查封或者扣押。监督检查不得影响煤矿企业的正常生产经营活动。